丁玉英 主编

梁克瑞 副主编

高等职业教育教材

# 化学实验
# 基本操作技术

U0161279

化学工业出版社

·北京·

# 内 容 简 介

《化学实验基本操作技术》从岗位能力需求和分析检验岗位典型工作任务出发，提炼出化验工作必需的专业知识和技能，把分析工应掌握的无机化学、有机化学、分析化学和基础化学当中最基本的技术技能知识提炼出来，将分析工应知应会的知识和技能全面完整地融合在一起，从化学检验工职业标准中提取相关技能点和知识点，进行项目的设置、内容的选取。

《化学实验基本操作技术》采用了最新的国家标准，使学生能够掌握分析检验最前沿知识，与企业接轨，与时俱进，并注意了与化学分析检验技术、仪器分析检验技术等后续课程的衔接。

《化学实验基本操作技术》以技能为主线，理论、技能、考核训练合一的编写模式，确保理论够用、技能实用，内容简明扼要，文字通俗易懂。全书共设置六个项目，包括每个项目后有配套的试题及参考答案，本书具有较强的指导性和实用性，为学生后续专业课程的学习及将来从事化工、环境、制药、冶金、食品等企事业单位分析检验工作打下良好的基础。本书也可作为分析化验工基础培训教材。

**图书在版编目（CIP）数据**

化学实验基本操作技术/丁玉英主编. —北京：化学工业出版社，2021.4（2024.8 重印）

高等职业教育教材

ISBN 978-7-122-38430-0

Ⅰ.①化… Ⅱ.①丁… Ⅲ.①化学实验-实验技术-高等职业教育-教材 Ⅳ.①O6-33

中国版本图书馆 CIP 数据核字（2021）第 017186 号

责任编辑：刘心怡　　　　　　　　　　　　　　文字编辑：刘　璐　陈小滔
责任校对：李　爽　　　　　　　　　　　　　　装帧设计：刘丽华

出版发行：化学工业出版社（北京市东城区青年湖南街 13 号　邮政编码 100011）
印　　装：涿州市般润文化传播有限公司
787mm×1092mm　1/16　印张 14　字数 315 千字　2024 年 8 月北京第 1 版第 5 次印刷

购书咨询：010-64518888　　　　　　　　　　售后服务：010-64518899
网　　址：http://www.cip.com.cn
凡购买本书，如有缺损质量问题，本社销售中心负责调换。

定　　价：39.80 元

# 前言

　　本书是以《中华人民共和国职业分类大典》（2015 年版）中工业分析技术职业工种为依据，以化学检验员职业资格证书技能鉴定标准为核心，依据《高等职业学校专业教学标准（试行）》，融入石油化工行业岗位需求，按照学院工业分析技术专业教学标准对本课程的具体要求编写而成的。

　　本课程是高职院校工业分析技术及相关专业必修的专业基础课程。 为适应分析检验企业对高素质专业技术技能人才的需求，编者团队经过多次广泛而深入的企业调研，通过与业界专家的共同研讨，从岗位能力需求和分析检验岗位典型工作任务出发，提炼出化验工作必需的专业知识和技能，进行课程的设置、内容的选取；以技能为主线，采用理论、技能、考核训练合一的编写模式，确保理论够用、技能实用，并与最新的技术标准同步。 全书符合高职高专教育特点，内容简明扼要，文字通俗易懂。 本书是一本具有较强指导性和实用性的课程用书，为后续专业课程的学习及将来从事化工、环境、制药、冶金、食品等企事业单位分析检验岗位打下良好的基础，本书也可作为分析化验工基础培训教材。

　　全书共设置六个项目。 主要包括：实验室安全与管理、化学实验基本操作、称量及溶液的配制、滴定分析基本操作、样品的采集、物质的物理常数测定。 每个项目后都有配套的试题及参考答案，通过学生自查自测巩固检验学习成效及知识的掌握情况。

　　全书由吉林工业职业技术学院丁玉英主编、吉林工业职业技术学院梁克瑞副主编，吉林工业职业技术学院白立军、周宝龙、贺丽、李春哲、赵志国参编。 白立军完成了大部分图表的制作和排版工作。 全书由吉林工业职业技术学院赫奕梅主审。 在编写过程中，得到了吉林石化公司技术专家王秀萍、吉林工业职业技术学院姜洪文教授和初玉霞教授的大力帮助，并提出具体修改意见和建议，在此表示诚挚谢意！

　　由于时间仓促和编者水平所限，书中难免存在不足之处，敬请批评指正。

编者

**2020 年 12 月**

# 目录

## 项目四
### 滴定分析基本操作　/ 119

## 项目五
### 样品的采集　/ 150

## 项目六
### 物质的物理常数测定　/ 177

## 附录一

## 附录二

## 附录三

## 附录四

## 参考文献

# 项目一
# 实验室安全与管理

**1. 基本知识**

① 实验室危险因素的种类；

② 实验室常见事故产生的原因、预防及急救知识；

③ 危险化学品相关知识；

④ 实验室废弃物的处理方法；

⑤ 常用电气设备使用知识；

⑥ 化学试剂的规格及分类；

⑦ 实验室常用玻璃仪器的名称、用途及使用注意事项。

**2. 技术技能**

① 会正确使用常用电器设备、消防器材、安全防护用品；

② 能正确使用气瓶；

③ 能对实验室常见意外事故进行急救与处理；

④ 能识别和选用实验室常用玻璃仪器，并能按规定的操作程序进行玻璃仪器的洗涤、干燥与保管；

⑤ 会正确选用分析所需化学试剂，规范管理化学试剂及剧毒品；

⑥ 能正确处置实验中产生的废弃物。

**3. 品德品格**

① 具有社会责任感，能够在分析检验技术技能实践中理解并遵守职业道德和职业规范，履行责任；

② 具有关于健康、安全、环境的责任理念，良好的质量服务意识，应对危机与突发事件的初步能力。

# 任务一
## 实验室危险因素分析

实验室的安全管理是关系实验室工作人员和周围群体安全和健康的一项系统工程，它是一门涉及知识面非常广泛的科学。保护实验室人员的安全和健康，防止环境污染，保证实验室工作安全而有效地进行是实验室安全管理工作的重要内容。做好实验室常见伤害的预防措施，防止意外事故发生；掌握各种事故的急救方法，一旦事故发生时，能够有效、合理处置。

**学习目标：**
① 掌握实验室存在的危险因素的种类及预防措施；
② 掌握实验室安全知识。

**1. 实验室存在的危险因素的种类**
根据实验室工作的特点，实验室可能存在以下几种危险性：
（1）火灾爆炸
化学实验中经常使用易燃易爆物品、高压气体（各种气体钢瓶）等，如处理不当或操作失误，再遇上高温、明火、撞击、容器破裂或没有遵守安全防火要求，往往会酿成火灾爆炸事故。轻则造成仪器设备损坏，人身伤害，重则造成房屋破坏、多人伤亡。

（2）有毒气体
在分析实验中经常使用到煤气、各种有机试剂，不仅易燃易爆而且有毒，在有些实验中还会由于化学反应产生有毒气体，如 $SO_2$、$H_2S$ 等。如不做好安全防护就有引起中毒的可能性。

（3）触电
分析实验离不开电气设备，不仅常用 22V 的低压电，而且还要用几千乃至上万伏的高压电。分析工作者应懂得如何防止触电事故。

（4）机械伤害
分析实验室常用到玻璃器皿，尤其进行玻璃管加工、胶塞打孔等操作时，若不遵守安全操作规程、疏忽大意或思想不集中，可能发生手指割伤事故。

（5）危险化学品
实验室存放着一定量的危险化学药品，有潜在危险。

（6）其他
放射性：放射性物质分析及 X 射线衍射分析所可能带来的辐射危险。
微生物：致病菌污染的危险。

**2. 事故案例分析**
案例一：原子吸收分光光度计爆炸事故
（1）事故经过
某实验室新进一台原子吸收分光光度计，但该仪器在调试过程中发生爆炸，爆炸产生的冲击波将窗户玻璃全部震碎，仪器上的盖崩起 2 米多高后崩离 3 米多远。当场炸伤 3 人，其中 2 人轻伤，另外 1 人由于一块长约 0.5cm 的玻璃射入眼内而住院治疗。

（2）事故原因

该仪器内部使用的是由聚乙烯管连接的乙炔燃气，由于接头处漏气，分析人员在使用过程中安全检查不到位，没有发现气体泄漏，从而发生事故。查明原因后，厂家更换了一台新的原子吸收分光光度计，并将仪器内部的连接管全部换成不锈钢管。

案例二：润滑油开口闪点分析燃烧事故

（1）事故经过

某厂实验室分析工在做润滑油开口闪点分析时，加热速率过快，使润滑油达到燃烧温度并燃烧起来。该分析工当时过于惊慌，没有采用适当的灭火措施，并打开了通风橱。结果在通风橱的风力作用下，火焰更大，燃着了旁边放置的脱脂棉、滤纸等易燃物。其他人听到喊叫声冲进实验室，及时用旁边的灭火器将大火扑灭。

（2）事故原因

实验员没有按照操作规程进行分析，升温速率过快；同时精力不集中，致使油品着火。发生事故后慌作一团，放在附近的灭火器忘记使用，主要是平时安全演练次数少，遇事不冷静。附近放置易燃物，缺乏安全常识。

**3. 实验室安全工作预防措施**

① 实验室应做好防火防爆工作，防止中毒，防止腐蚀、化学灼伤、烫伤、割伤，防触电，保证压力容器和气瓶的安全、电气安全，防止环境污染等几方面工作。加强以上方面的管理，创造安全、良好的实验室工作环境，是每个实验室工作者必须认真完成的工作。

② 各实验室新录用的人员进入实验室实习和上岗前都必须经过安全知识培训，安全考核达到要求后方可从事操作技能方面的工作。在岗分析检验人员每半年至少进行一次实验室安全知识培训，强化安全知识。

③ 严格执行各项安全操作规程及规章制度，只有规定动作，杜绝自选动作。

**4. 实验室安全守则**

① 实验前应认真预习，了解实验中所用危害性药品的安全操作方法。

② 进入实验室后，应首先熟悉水、电、煤气开关及灭火器材等安全用具的放置地点和使用方法。

③ 实验前应认真检查所用仪器是否完整无损，装置是否正确稳妥，确保无误后方可进行实验。

④ 实验中所用的任何化学药品，都不得随意散失、遗弃和污染，使用后必须放回原处。试剂瓶都必须贴有标签，绝对不允许在瓶内盛装与标签内容不符的试剂。

⑤ 实验过程中要穿戴好劳动防护用品。打开浓酸浓碱的瓶塞时，应在通风橱中进行操作，瓶口不要对着自己或他人；稀释浓酸时，应将浓酸分批缓慢地沿壁注入水中，并不断搅拌，待冷却至室温后再转入细口瓶中储存。切记不可将水倒入浓酸中。

⑥ 实验过程中不得擅离岗位，应随时观察反应现象是否正常、仪器有无漏气和破裂

等。要如实详细地记录实验现象和结果。

⑦ 实验室内严禁吸烟、饮食、嬉笑和打闹。在进行加热、蒸馏、高温设备等操作时严禁使用手机。

⑧ 实验完毕后应及时清理实验台面，化学试剂、玻璃器皿、仪器设备等要摆放有序；实验中产生的残渣、废液等应倒入指定容器内，统一处理；离开实验室时要关好水、电、门窗。

知识点
链接

知识点
链接

**知识点 1　我国安全生产的方针及安全教育要求**

我国安全生产的方针：安全第一、预防为主、综合治理。

三级安全教育：厂级教育、车间级教育、班组级教育。

**知识点 2　危险化学品的种类**

① 易爆和不稳定物质。如浓的过氧化氢、酮的过氧化物、有机酸的过氧化物、乙炔等。

② 氧化性物质。如液态空气和液态氧、氧化性酸及其盐类等。

③ 可燃性物质。除易燃的气体、液体、固体（以氢、燃料油和煤为代表）外，还包括在潮气中会产生可燃物的物质，如碱金属的氢化物、碳化钙及接触空气自燃的物质（如白磷）等；还应注意可燃物质的尘埃，如面粉、淀粉、煤粉等，这些如果飞扬起来也会形成爆炸性的混合物。

④ 有毒物质。叠氮化钠、三氧化二砷等。

⑤ 腐蚀性物质。如酸、碱等。

⑥ 放射性物质。

许多物质具有不止一种危险性，例如，苯有毒又易燃，它的蒸气还能与空气混合，形成爆炸性混合物。

**知识点 3　实验室危险源辨识与分析**（表 1-1）

表 1-1　实验室危险源辨识与分析

| 序号 | 活动点或部位 | 危险源及其风险 | 预防措施 | 安全标志 |
|---|---|---|---|---|
| 1 | 微生物室紫外线灯杀菌 | 紫外线灯开启时，直接接触会对人体和眼睛造成伤害 | 按规定时间开启紫外线杀菌灯，开启时人员不直接接触。更换紫外线灯及放取物品时须将紫外线灯关闭后再操作 | |
| 2 | 硫酸及盐酸的储存 | 硫酸及盐酸储存不当易造成火灾及人员皮肤灼伤 | 存放化学品的区域应贴有醒目标识；避免与易腐蚀性物质接触，远离火源，化学品柜专人专柜上锁储存，交接班时对危险化学品领用、使用和结存情况进行交接，确认品名和数量 | |

| 序号 | 活动点或部位 | 危险源及其风险 | 预防措施 | 安全标志 |
|---|---|---|---|---|
| 3 | 有毒有害物品的储存 | 有毒有害物品储存不当易造成人员中毒 | 存放化学品的区域应贴有醒目标识,化学品柜专人专柜上锁储存 | |
| 4 | 高压蒸汽灭菌器 | 有烫伤、触电、爆炸的危险 | 定期检定灭菌锅、压力表、安全阀,严格按照操作规程操作,待灭菌锅降温、降压后再开启取放灭菌物品 | |
| 5 | 配制检验药品 | 有毒有害药品 | 建立有毒有害药品使用台账,专柜储存,双人双锁保管 | |
| 6 | 易燃易爆挥发药品 | 易燃易爆挥发药品,易发生火灾、爆炸、腐蚀事故 | 远离火源,在阴凉避光处保存,配制使用时在通风橱内进行 | |
| 7 | 强酸强碱药品 | 易对人体皮肤、眼睛造成伤害 | 酸碱药品单独存放,配制时佩戴防护眼镜、耐酸碱手套、耐酸碱围裙。发生意外及时用水冲洗,如不小心进入眼内及时用洗眼器进行冲洗 | |

| 序号 | 活动点或部位 | 危险源及其风险 | 预防措施 | 安全标志 |
|---|---|---|---|---|
| 8 | 酒精灯 | 引起火灾 | 灯内液体勿超过三分之二,熄灭时用盖熄灭 | |
| 9 | 电炉子、电热恒温干燥箱、水浴锅 | 触电、烫伤、引起火灾 | 在使用前检查电源线是否破损;电炉附近不能放置易燃物品,不使用时及时关掉电源;水浴锅炉内不能断水;不能用手直接接触高温物品 | |
| 10 | 理化检验 | 检验时需加入一些有刺激性或有毒有害的挥发性物质 | 尽量在通风橱内进行,若没有通风橱则打开空调,戴上口罩或防毒面罩,防毒面罩定期更换,发生事故后按实验室危险品应急预案进行处理 | |
| 11 | 高空作业 | 高空作业未按要求系安全带,梯子未放好,人员摔落致残 | 两人在场,按要求系好安全带,梯子放平稳 | |

## 任务二
## 实验室常见事故预防措施及急救常识

　　化学实验是在较为特殊的环境中进行的科学实验。在化学实验中,往往要使用一些易燃(如酒精、丙酮)、易爆(如金属钠、乙炔)、有毒(如重铬酸钾)或有腐蚀性(如浓硫酸)的化学试剂。这些化学试剂如使用不当,就有可能发生着火、爆炸、中毒和灼伤等事故,造成人身伤亡并使国家财产遭受损失。此外,玻璃器皿、电器设备等如使用或处理不当还会发生割伤或触电事故。为有效维护人身安全、确保实验顺利进行,每个实验者必须熟悉和遵守实验室规则,严格按实验规程进行操作,了解常用仪器设备和化学药品的性能与危害、一般事故的预防与处理等安全防护知识。

　　**学习目标:**
　　① 能根据火灾的类型,选用合适的灭火器;
　　② 掌握灭火器的使用方法及火灾逃生的方法;

③ 了解毒物侵入人体的途径，掌握常见中毒的症状及急救方法；

④ 掌握烧伤、化学灼烧、创伤的救治方法；

⑤ 掌握触电的急救方法。

**仪器与试剂：**

① 仪器。灭火器，石棉布，急救箱，防毒面具，防护眼镜，防酸服，防酸手套，防护面罩，急救箱，创可贴，医用镊子，剪刀，消毒纱布，棉签，电炉，烘箱，高温炉。

② 试剂。烫伤膏，碘酒。

**1. 防火防爆安全规程**

（1）实验室引起火灾的原因分析

① 明火的直接作用；

② 和灼热物体的接触；

③ 静电或摩擦等产生的火花；

④ 化学反应放出的热；

⑤ 光能的影响，如盛满水的圆底烧瓶放在木质的工作台上或附近有纸等可燃物，受到日光的照射会起聚光的作用而引起爆炸。

（2）预防措施

实验室的着火和爆炸事故的发生，与易燃易爆物质的性质有密切关系，与操作者粗心大意的工作态度有直接关系。因此，根据实验室起火和爆炸发生的原因，预防工作可采取下列针对性措施。

① 在加热的热源附近严禁放置易燃易爆物品，不能在烘箱中烘烤能放出易燃蒸气的物料。

② 灼热的物品不能直接放在木制的实验台上，应放置在石棉板上。

③ 蒸馏、蒸发和回流易燃物时，绝不允许用明火直接加热，可采用水浴、砂浴或在严密的电热板上缓慢加热。操作人员不能离开现场，要注意观察仪器和冷凝器是否正常运行。

④ 加热用的酒精灯、煤气灯、电炉等加热设备使用完毕后，应立即关闭。

⑤ 禁止用火焰检查可燃气体（如煤气、乙炔等）泄漏的地方，应该用肥皂水来检查漏气。如果在实验室已经闻到煤气的气味，应立即关闭阀门，打开门窗通风，不要接通任何电器开关，以免发生火花。

⑥ 倾注或使用易燃物时，附近不得有明火。瓶塞打不开时，不得用火加热。

⑦ 身上或手上沾有易燃物时，应立即清洗干净，不得靠近火源，以防着火。

⑧ 易燃液体的废液应收集于专用的容器中统一处理，不得倒入下水道，以免引起燃爆事故。

⑨ 实验室内应配备灭火用具、急救箱和个人防护用品。

（3）火灾逃生方法

① 熟悉环境。了解我们经常或临时所处建筑物的消防安全环境，要知道逃生出口、路线和方法。

② 迅速撤离。逃生行动是争分夺秒的行动，一旦听到火灾警报或意识到自己可能被

烟火包围，千万不要迟疑，要立即设法脱险，切不可延误逃生良机。

③ 毛巾保护。逃生时常用的防烟措施是用干、湿毛巾捂住口鼻。穿越烟雾区时，即使感到呼吸困难，也不能将毛巾从口鼻上拿开。

④ 通道疏散。楼房着火时，应根据火势情况，优先选用最便捷、最安全的通道，切记不可乘坐电梯。可向头部、身上浇些凉水，用湿衣服、湿床单、湿毛毯等将身体裹好，要低势行进或匍匐爬行，穿过险区。

⑤ 绳索滑行。当各通道全部被浓烟烈火封锁时，可利用结实的绳子，或将窗帘、床单、被褥等撕成条，拧成绳，用水沾湿，然后将其拴在牢固的暖气管道、窗框、床架上，被困人员逐个顺绳索滑到地面或下到未着火的楼层而脱离险境。

⑥ 低层跳离。如果被火困在二楼内，若无条件采取其他自救方法并得不到救助，在烟火威胁、万不得已的情况下，也可以跳楼逃生。但在跳楼之前，应先向地面扔一些棉被、枕头、床垫、大衣等柔软物品，以便"软着陆"。然后用手扒住窗台，身体下垂，头上脚下，自然下滑，以缩小跳落高度，并使双脚先着落在柔软物上。如果被烟火围困在三层以上的高层内，千万不要急于跳楼。因为距地面太高，跳下易造成重伤和死亡。

⑦ 火场求救。发生火灾时，可在窗口、阳台或屋顶处向外大声呼叫，白天应挥动鲜艳布条发出求救信号，晚上可挥动手电筒或白布条引起救援人员的注意。

⑧ 利人利己。在众多被困人员逃生过程中，极易出现拥挤、甚至践踏的现象，造成通道堵塞和不必要的人员伤亡。在逃生过程中对拥挤的人员应给予疏导或选择其他疏散方向予以分流，减轻单一疏散通道的压力，竭尽全力保持疏散通道畅通，以最大限度减少人员伤亡。

（4）初期火灾的扑救方法

一旦发生火灾，工作人员应冷静沉着，快速选择合适的灭火器材进行扑救，同时注意自身的安全保护。

① 首先切断电源，关闭煤气阀门，快速移走附近的可燃物。

② 根据起火的原因及性质，冷静地选用灭火方法。如闪点杯中的油着火时，可把容器用盖子或石棉布盖住，使其与空气隔绝。撒在实验台上的少量易燃液体着火，用干砂土或石棉布熄灭是最方便的。切忌惊慌失措，把已燃着并盛有易燃液体的容器乱扔而使小火扩大。

③ 火势较猛时，应根据具体情况，选用适当的灭火器灭火，并立即报警，请求救援。

（5）灭火时的注意事项

① 一定要根据火源类型选择合适的灭火器材。如能与水发生猛烈作用的金属钠、过氧化物等失火时或比水轻的易燃物失火时，不能用水灭火。

② 电器设备及电线着火时要先关闭总电源。

③ 在回流加热时，由于安装不当或冷凝效果不佳而失火，应先切断加热源，再进行扑救。

④ 实验过程中，若敞口的器皿中发生燃烧，在切断加热源后，再设法找一个适当材料（不燃物）盖住器皿口，使火熄灭。

⑤ 对于扑救有毒气体火情时，一定要注意防止中毒。

⑥ 衣服着火时，不可慌张乱跑，应立即用湿布等物品灭火，如燃烧面积较大，可躺在地上打滚，熄灭火焰。

（6）灭火器的使用方法

① 先拔出保险销，喷嘴对准火焰根部，迅速压下手柄，由近及远反复横扫，直到火源完全熄灭。

② 泡沫灭火器使用前先把灭火器颠倒过来呈垂直状态，用劲上下晃动几下，然后再使用。

**2. 防止中毒安全规程**

中毒是指某些侵入人体的少量物质引起局部刺激或整个机体功能障碍的任何疾病。把能够引起中毒的物质称为毒物。实验室的分析检验工作离不开化学试剂，而大多数化学试剂是有毒的。实验人员应了解毒物的性质、侵入途径、中毒症状和急救方法，减少事故发生。一旦发生中毒事故，争分夺秒地采取正确的自救措施，直至医生到来，使毒害物对身体的损伤降到最低。

（1）毒物侵入人体的途径

毒物侵入人体的途径有呼吸中毒、摄入中毒和接触中毒三种。

（2）预防措施

① 要熟知本岗位的检验项目以及所用药品的性质，所用的化学药品必须有标签，剧毒药品要有明显的标志。

② 严禁试剂入口，用移液管吸取试液时应用洗耳球操作而不能用嘴；严禁在实验室内饮食。

③ 严禁用鼻子贴近试剂瓶口鉴别试剂。正确做法是将试剂瓶远离鼻子，以手轻轻煽动稍闻其味即可。

④ 对于能够产生有毒气体或蒸气的实验，尽量用低毒品代替高毒品；采取有毒试样时，一定要事先做好预防工作。如佩戴防护眼镜、防毒面具、防护服等；使用毒物实验的操作者，在实验过程中，一定要严格地按照操作规程并在通风橱内完成；尽量避免手与有毒物质直接接触。实验结束后，必须用肥皂充分洗手。

（3）常见毒物的中毒症状和急救方法

实验过程中如出现头晕、四肢无力、呼吸困难、恶心等症状，说明可能中毒，应立即离开实验室，到户外呼吸新鲜空气，严重的送往医院救治。

① 口服中毒。患者应首先催吐，并给患者饮用清水，直至呕吐物为清水为止。如食入的是强酸强碱、石油产品等腐蚀性毒物，则不能催吐，应饮用牛奶或蛋清，以保护胃黏膜。

② 皮肤接触。强腐蚀性物质引起的中毒，应立即脱去污染的衣着，用大量流动的清水冲洗。冲洗时间不少于 15min。

③ 呼吸中毒。一氧化碳和煤气主要经呼吸道使人中毒。轻度中毒时头晕、恶心、全

身无力，重度中毒时立即陷入昏迷、呼吸停止而死亡。急救方法：移至新鲜空气处，注意保温，人工呼吸、输氧，送至医院治疗；途中某些急救措施（如输氧、人工心肺复苏等）不能中断。

④ 施救者要做好个人防护，佩戴合适的防护器具。

### 3. 防止腐蚀、化学灼烧、烫伤、割伤安全规程

（1）化学灼伤的救治

化学灼伤是操作者的皮肤触及腐蚀性化学试剂所致。

皮肤接触强腐蚀性物质引起的灼烧，应立即脱去污染的衣着，用大量流动的清水冲洗；眼睛受污染时，应用流水彻底冲洗不短于 15min，边冲边转动眼珠，如果是碱灼伤，再用 4％的硼酸溶液冲洗；如果是酸灼伤，可用 2％的碳酸氢钠溶液冲洗，然后送至医院进行诊治。

（2）烧伤的救治

迅速将伤者救离现场，扑灭身上的火焰，再用自来水冲洗掉烧坏的衣服，并慢慢地用剪刀剪除或脱去没有被烧坏的部分，注意避免碰伤烧伤面，对于轻度烧伤的伤口可用水洗除污物，再用生理盐水冲洗，并涂上烫伤油膏（不要挑破水泡），必要时用消毒纱布轻轻包扎予以保护，对于面积较大的烧伤要尽快送至医院治疗，不要自行涂敷烫伤油膏，以免影响医院治疗。

（3）创伤处理

创伤处理常用的方法是用消毒镊子或消毒纱布把伤口清理干净，然后用碘酒擦抹伤口周围，对于创伤较轻的毛细管出血，伤口消毒后即可用止血粉外敷，最后用消毒纱布包扎处理。

创伤后不论是毛细管出血（渗出血液，出血少）、静脉出血（暗红色血，流出慢），还是动脉出血（喷射状出血，血多），都可以用压迫法止血，即直接压迫损伤部位进行止血。注意：由玻璃碎片造成的外伤，必须先除去碎片，否则当压迫止血时，碎片也被压深，这会给后期处理带来麻烦。

### 4. 防止触电安全规程

分析检验工作经常用到电器设备，如电炉、高温炉、烘箱、水浴及其他一些辅助电器，如电冰箱、真空泵和电磁搅拌器等。为了保证电器设备在使用过程中的安全，要掌握有关设备的性能、使用方法。

（1）安全用电常识

实验室工作离不开电，如果对用电设备和仪器的性能不了解，使用不当就会引起电气事故。此外，加上实验室某些不良环境，如潮湿、腐蚀性气体、易燃易爆物品等危险因素的存在，故更易造成电气事故。

① 一切电气设备在使用前，应检查是否漏电，外壳是否带电，接地线是否脱落；打开电源之前，必须认真思考 30s，确认无误时方可送电。

② 安置电气设备的房间、场所必须保持干燥，不得有漏水或地面潮湿现象，操作电

器时，手必须干燥。注意保持电线干燥，严禁用湿布擦电源开关。

③ 一切电源裸露部分都应有绝缘装置，如电线接头应裹以胶布。

④ 修理或安装电器设备时，必须先切断电源，不允许带电工作；临时停电时，要关闭一切电气设备的电源开关，待恢复供电时再重新开始工作。

⑤ 已损坏的插座、插头或绝缘不良的电线应及时更换，不能用试电笔去试高压电。

⑥ 下班前认真检查所有电气设备的电源开关，确认完全关闭后方可离开。

（2）触电的急救

① 发现有人触电后，应立即切断电源，拉下电闸，用木棍将导电体与触电者分开。

② 对呼吸和心跳停止者，立即进行人工呼吸和心脏胸外挤压。

③ 在就地抢救的同时，尽快向医疗单位求援。

（3）心肺复苏的急救

心肺复苏（CPR）是针对各种原因导致的心搏骤停，在 4～6min 内所必须采取的急救措施之一。目的在于尽快挽救脑细胞在缺氧状态下坏死（4min 以上开始造成脑损伤，10min 以上即造成脑部不可逆的伤害），因此施救时机越快越好。心肺复苏术适用于心脏病突发、溺水、窒息或其他意外事件造成的意识昏迷并有呼吸及心跳停止的状态。

第一步：评估环境

到了患者旁边，首先观察周围环境安全，疏散看热闹的人群。

第二步：判断意识

拍打患者的两侧肩膀，在耳边呼叫患者，判断意识。

第三步：判断患者生命体征

生命体征，也就是呼吸、心跳。趴到患者脸部，耳朵侧脸感受患者呼吸，同时看胸廓起伏。一看二听三感觉。在 10s 以内判断患者生命体征，绝不可过长，抢救患者，分秒必争。如患者呼吸心跳停止，马上请求他人帮忙报警，拨打 120。

第四步：开放气道，进行人工呼吸

将患者平躺放在硬床或者木板上。

将患者头部偏向一侧（注意：转动颈部的时候，首先判断颈部有没有骨折），用纱布等清洁患者口腔异物，然后把头摆正。用左手的小鱼际压住患者额头，右手中指和食指在左手按压的同时抬起下颌。使下颌角、耳垂与地面垂直，这样呼吸道就打通了。用左手捏住患者鼻子，嘴对嘴吹气。吹气时间为 1s；吹气之后，松开手；立即侧脸贴患者脸部，在感受患者有无呼吸的同时，去看有没有胸廓起伏；吹气两次后检查颈动脉是否有搏动（喉结旁 1～2cm，判断时间 5～10s）；若无搏动，立即进行胸部按压。

第五步：心脏按压

按压点为两乳头的连线与前正中线的交点；手指重叠，左手打开，右手在上；左手手指按压的时候，不可握拳，要张开；按压时，手臂要垂直向下，不可弯曲；按压同时观察病人面部；按压次数为 30 次；按压深度为 4～5cm；按压频率为 100 次/min；胸部按压与人工呼吸的比例为 30∶2，重复 5 个循环后再次检查病人的呼吸情况。

第六步：再次检查患者的生命体征

如果患者仍然不清醒，需再次重复直至患者呼吸心跳恢复。注意：心脏抢救的最佳时机是4~6min；10min如果还无意识，抢救过来的概率就会降低。

① 口对口吹气量不宜过大，胸廓稍起伏即可。

② 心脏按压只能在患（伤）者心脏停止跳动下才能施行。

③ 口对口吹气和心脏按压应同时进行，严格按吹气和按压的比例操作。

④ 心脏按压的位置必须准确。不准确容易损伤其他脏器。按压的力度要适宜，过大过猛容易使胸骨骨折，引起气胸、血胸；按压的力度过轻，胸腔压力小，不足以推动血液循环。

⑤ 施行心肺复苏时应将患（伤）者的衣扣及裤带解松，以免引起内脏损伤。

知识点
链接

### 知识点1　燃烧的三要素

物质起火的根本原因是该物质同时具备了起火的三要素，即可燃物、助燃物（也叫氧化剂）、着火源。

### 知识点2　火灾的分类

按照燃烧的对象，火灾分为：

A类　普通固体可燃物燃烧；

B类　油脂及一切可燃液体燃烧引起的火灾；

C类　可燃气体燃烧引起的火灾；

D类　可燃金属燃烧引起的火灾，锂、钠、钾、钙、锶、镁等；

E类　带电火灾；

F类　烹饪器具内的烹饪物引发的火灾。

### 知识点3　常用灭火器的种类及适用范围

常见、常用的灭火器主要是干粉灭火器、泡沫灭火器、二氧化碳灭火器、推车式干粉灭火器。

① 干粉灭火器。适用于扑救易燃固体、液体、气体和电气设备火灾。

② 泡沫灭火器。适用于扑救各种油类火灾、木材、纤维、橡胶等固体可燃物火灾。

③ 二氧化碳灭火器。主要适用于各种易燃液体、气体火灾，还可扑救仪器仪表、图书档案、工艺器和低压电器设备等的初起火灾；不适用于扑灭金属钾、钠、镁、铝、金属氧化物及某些在惰性介质中燃烧的物质的火灾。

### 知识点4　灭火器使用和维护注意事项

① 灭火器应设置在明显和便于取用的地点，且不得影响安全疏散。

② 防止日晒及热辐射，勿放倒使用。

③ 干粉灭火器使用年限为10年；手提式二氧化碳灭火器使用年限为12年。

④ 灭火器每年检修一次，若手提式二氧化碳灭火器的质量减少了原质量的5%，应补足；干粉灭火器若工作压力低于绿色区域，应及时检修并补足氮气。

### 知识点5　毒物的分级

毒物依据毒性大小进行分级。所谓毒性是毒物的剂量与效应之间的关系，半致死剂量或半致死浓度是衡量毒性大小的指标。其最高允许浓度越小毒性越大。

我国常见的56种毒物按危害程度分为4级。汞及其化合物、苯属于Ⅰ级危害毒物；铅及其化合物、苯胺属于Ⅱ级危害毒物；甲醇、甲苯、二甲苯、苯酚属于Ⅲ级危害毒物；丙酮、溶剂汽油属于Ⅳ级危害毒物。

### 知识点6　职业中毒急救方法

职业中毒是指在生产过程中使用的有毒物质或有毒产品，以及生产中产生的有毒废气、废液、废渣引起的中毒。

① 现场出现职业中毒，应立即将患者移至上风向空气新鲜处（注意急救人员的自身防护），松解患者衣扣腰带，清除口腔异物，并立刻通知医疗部门。

② 搬运中毒患者过程中避免强拖硬拉，以免对中毒患者造成进一步伤害。

③ 根据中毒原因迅速采取有效措施。若毒物是经皮肤侵入的，应立即将中毒者被污染的衣服鞋帽脱去，用清水彻底洗净皮肤；若毒物是经口腔侵入人体的，应立即采取催吐或是保护胃黏膜的方式；若中毒者呼吸、心跳停止，应立即进行心肺复苏，在医务人员到来之前，抢救不得中途停止。

④ 医院接现场救护电话，问清中毒场所、中毒人数、中毒程度、已经采取的急救措施等，立即组织医疗救护队，赶赴中毒现场，了解患者各项生命体征，进行现场医疗救护工作，根据情况入院治疗或转上级医院治疗。

### 知识点7　高温电炉

高温电炉常作为称量分析中的沉淀灼烧、灰分测定、挥发分测定及样品熔融等操作的加热设备。炉膛是由耐高温材料构成的。使用注意事项如下。

① 高温电炉必须安装在稳固的水泥台上，周围不得存放易燃易爆物品，更不能在炉内灼烧有爆炸危险的物质。

② 使用时不要超过安全温度，以免烧毁电热丝。

③ 将物料放入炉膛时，切勿碰及热电偶，防止折断。

④ 将物质放入高温电炉时，必须置于瓷坩埚或瓷皿中，或垫一块石棉板，防止与炉膛黏在一起，使用高温电炉期间，不得随意离开，以防自控系统失灵，造成意外事故。

⑤ 高温电炉用完后，立即切断电源，关好炉门，防止耐火材料受潮漏电。

### 知识点8　电热恒温干燥箱

电热恒温干燥箱简称烘箱，是实验室中最常用的电热设备。常用温度为100～150℃，最高工作温度可达300℃。常用于基准物质处理、干燥试样、烘干玻璃器皿等。使用注意事项如下。

① 烘箱应放置于平稳的地方，不得倾斜和振动。

② 使用烘箱时，顶端的排气孔应撑开，不用时把排气孔关好，防止灰尘及其他有害气体侵入。

③ 烘箱使用时，不要常打开玻璃门，以免影响恒温。

④ 烘干试样时，应放在表面皿上或称量瓶、瓷质容器中，不应将试样直接放在烘箱内的隔板上。

⑤ 在烘箱内干燥恒重滤纸时，不能同时放入潮湿的物品。

⑥ 烘箱内严禁烘易燃易爆、有腐蚀性的物品，严禁在烘箱中烘烤食品。

⑦ 烘箱加热温度不应超过该烘箱的极限温度。用完后应及时切断电源，并把调温旋钮调至零位。

## 任务三
### 常用玻璃仪器的洗涤、干燥与保管

**学习目标：**

① 掌握实验室常用玻璃仪器的名称、用途及使用注意事项；

② 能根据污染物的不同选用合适的洗涤液；

③ 掌握常用玻璃仪器干燥与保管的方法。

**仪器与试剂：**

① 仪器。酸式滴定管，碱式滴定管，容量瓶，带分度吸量管，移液管，量筒（量杯），试剂瓶，锥形瓶，碘量瓶，烧杯，比色皿，称量瓶，瓷坩埚，洗瓶，分液漏斗，洗耳球，干燥器，烘箱。

② 试剂。乙醇，蒸馏水，铬酸洗液，洗衣粉。

**1. 实验室常用玻璃仪器及其他器材的认知**

化学实验常用玻璃仪器及其他器材的名称、图示和主要用途见表 1-2。

表 1-2　常用玻璃仪器及其他器材的名称、图示和主要用途

| 名称与图示 | 主要用途 | 备注 |
| --- | --- | --- |
| 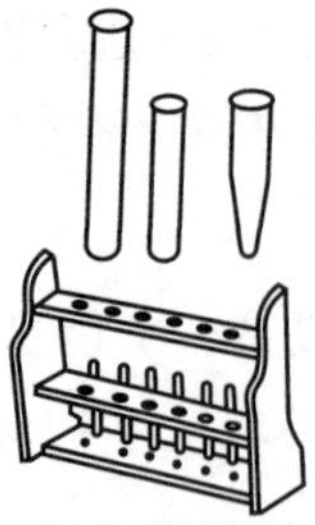 试管与试管架 | 用作少量试剂的反应容器或收集少量气体<br>试管架用于盛放试管 | 可直接加热 |

| 名称与图示 | 主要用途 | 备注 |
|---|---|---|
| 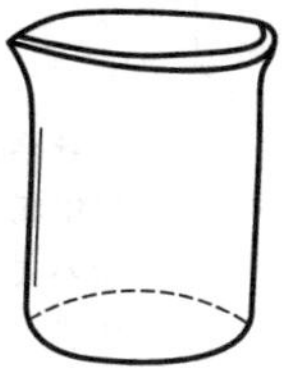 烧杯 | 用于溶解固体、配制溶液、加热或浓缩溶液等 | 可放在石棉网或电炉上直接加热 |
|  锥形瓶 | 用于储存液体、混合溶液及少量溶液的加热,在滴定分析中用作滴定反应容器 | 可放在石棉网或电炉上直接加热,但不能用于减压蒸馏 |
|  碘量瓶 | 用途与锥形瓶相同。因带有磨口塞,封闭较好,可用于防止液体挥发和固体升华的实验 | 与锥形瓶相同 |
|  表面皿 | 用来盖在烧杯或蒸发皿上,防止液体溅出或落入灰尘。也可用作称取固体试剂的容器 | 不能用火直接加热 |
| 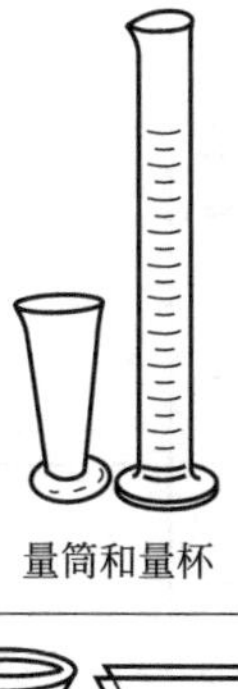 量筒和量杯 | 量取液体 | 不能加热,不能作反应容器 |
| 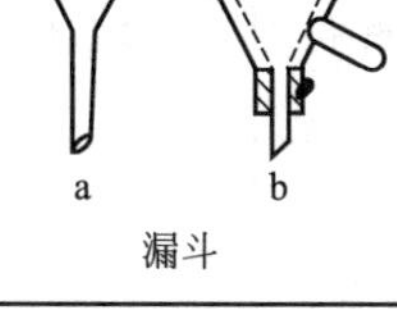 漏斗 | a 可用于普通过滤或将液体倾入小口容器中<br>b 可用于保温过滤 | a 不能用火直接加热<br>b 可用小火加热支管处 |

| 名称与图示 | 主要用途 | 备注 |
|---|---|---|
|  比色管 | 用于盛装溶液进行比色分析 | ①比色时必须选用质量和规格相同的一套比色管<br>②不能用毛刷擦洗,不能加热 |
|  试剂瓶 | 可分为广口、细口、棕色和无色等几种<br>广口瓶用于盛放固体试剂。细口瓶用于盛放液体试剂。棕色瓶用于盛放见光易分解的试剂 | ①不能加热<br>②试剂瓶上标签必须保持完好,倾倒试剂时标签要对着手心 |
| 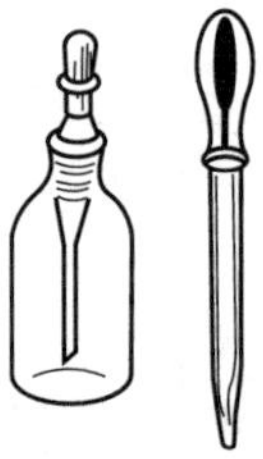 滴瓶 滴管 | 滴瓶用于盛放少量液体试剂<br>滴管用于取用少量液体试剂 | 滴管专用。不能倒置,应保证液体不进入胶帽 |
|  称量瓶 | 在定量分析中用于盛放被称量的试剂或试样 | ①不能加热<br>②塞子不能互换<br>③不用时洗净,在磨口处垫上纸条 |
| 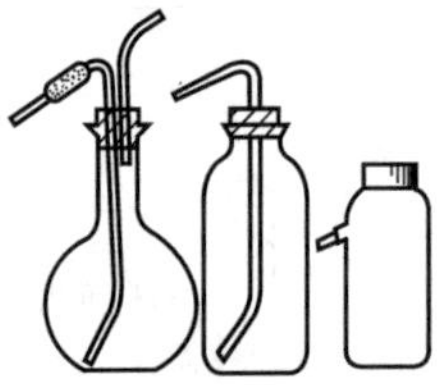 洗瓶 | 有玻璃瓶和塑料瓶两种。盛装蒸馏水,用于洗涤沉淀或冲洗容器内壁 | |
| 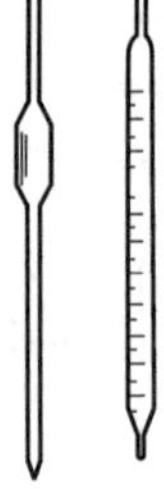 吸量管 | 用于准确量取一定体积的液体 | 不能加热 |

| 名称与图示 | 主要用途 | 备注 |
|---|---|---|
| 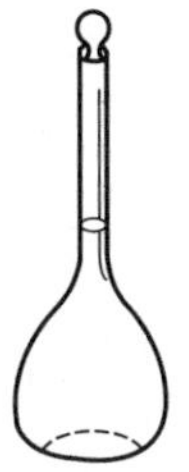 容量瓶 | 用于配制准确浓度的溶液 | 瓶塞配套使用,不能互换 |
| 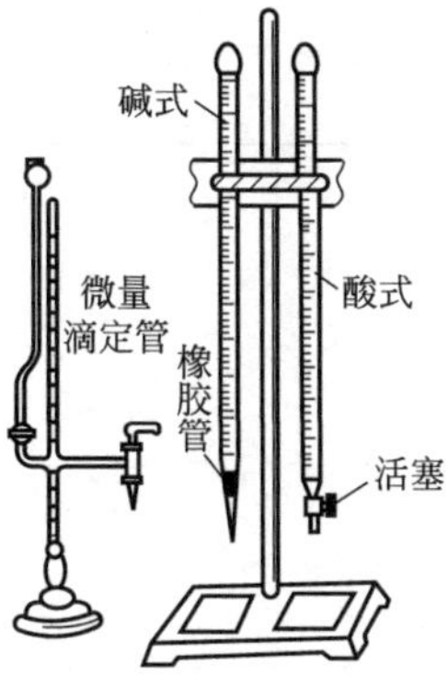 碱式 微量滴定管 橡胶管 酸式 活塞 滴定管 | 用于滴定分析中准确测量溶液的体积 | 酸式滴定管的活塞不能互换,不能盛放碱溶液 |
| 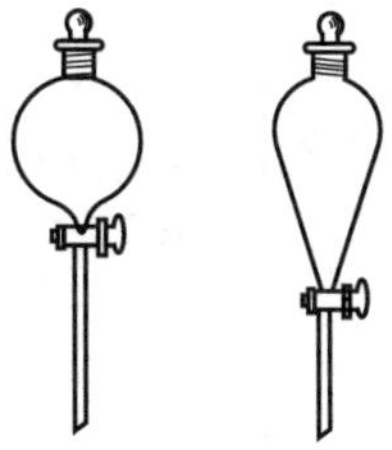 圆形分液漏斗 梨形分液漏斗 分液漏斗 | 用于液体的洗涤、萃取和分离。有时也可用于滴加液体 | 不能直接用火加热。活塞不能互换 |
| 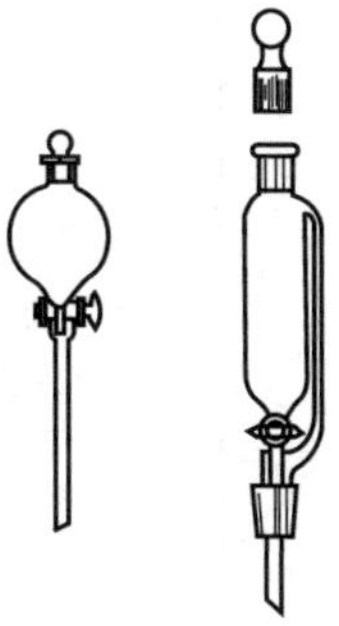 a b 滴液漏斗 | a为用于滴加液体。b为恒压滴液漏斗,当反应体系内有压力时,仍可顺利滴加液体 | 不能直接用火加热。活塞不能互换 |

| 名称与图示 | 主要用途 | 备注 |
|---|---|---|
| 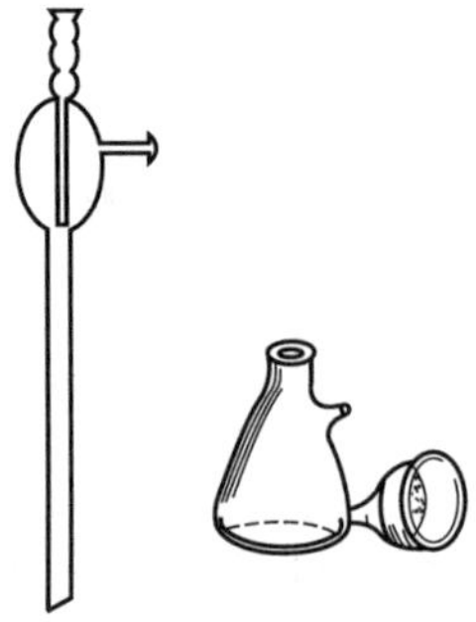 水泵　吸滤瓶　布氏漏斗 | 用于减压过滤 | 不能直接用火加热 |
|  熔点测定管 | 用于测定熔点 | |
|  烧瓶 | 在常温或加热条件下作反应容器。多口的可装配温度计、冷凝管和搅拌器等 | 平底的不耐压,不能用于减压蒸馏 |
| 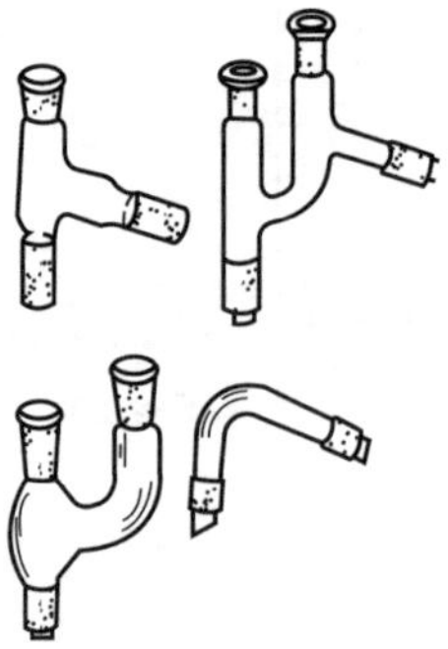 蒸馏头 | 与烧瓶组装后用于蒸馏 | 双口的为克氏蒸馏头,可作减压蒸馏用 |

续表

| 名称与图示 | 主要用途 | 备注 |
| --- | --- | --- |
| 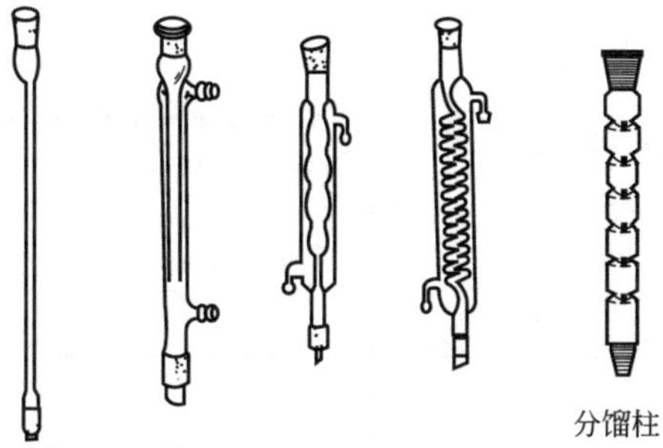 空气冷凝管 直形冷凝管 球形冷凝管 蛇形冷凝管 冷凝管 分馏柱 | 冷凝管用于蒸馏、回流装置中<br>分馏柱用于分馏装置中 | 普通蒸馏常用直形冷凝管，回流常用球形冷凝管，沸点高于140℃时常用空气冷凝管，沸点很低时可用蛇形冷凝管 |
| 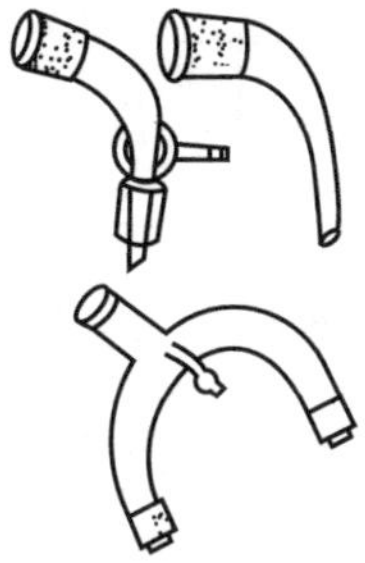 接液管 | 用于蒸馏中承接冷凝液。带支管的用于减压蒸馏中 | |
| 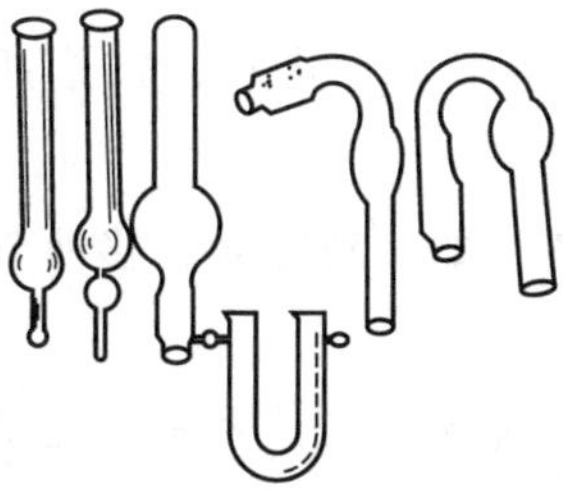 干燥管 | 盛放干燥剂，用于无水反应装置中 | |
| 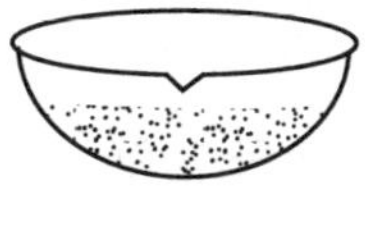 蒸发皿 | 蒸发或浓缩溶液用，也可用于灼烧固体 | 能耐高温，但不宜骤冷 |

| 名称与图示 | 主要用途 | 备注 |
|---|---|---|
|  研钵 | 用于混合、研磨固体物质 | 常为玻璃或瓷质,不能加热 |
|  水浴锅 | 用于盛装浴液 | 可加热 |
| 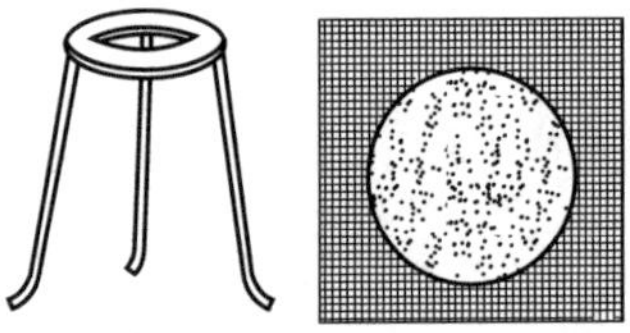 三角架与石棉网 | 常配合使用,盛放受热容器并使其受热均匀 | |

**2. 常用洗涤剂的选用**

① 肥皂液、洗衣粉。用于可以用刷子直接刷洗的仪器。如：烧杯、锥形瓶、试剂瓶等。

② 洗液。用于不便于用刷子或不能用刷子刷洗的器皿。如：滴定管、移液管、容量瓶、比色管、比色皿等。

③ 有机溶剂。根据污染物的不同选用不同的有机溶剂洗除。如：甲苯、氯仿、汽油等。如要除去已洗净仪器上带有的水分可以用乙醇、丙酮最后再用乙醚。

**3. 常用玻璃仪器的洗涤**

玻璃仪器的洗涤应根据实验的要求、污物的性质及沾污程度，有针对性地选择不同的洗涤方法进行清洗。

① 用水刷洗。先用肥皂液洗净双手，然后用毛刷刷洗仪器里外表面，用水冲去可溶性物质及表面的灰尘。

② 用肥皂液、洗衣粉刷洗。水洗后，用毛刷蘸肥皂液、洗衣粉等刷洗，必要时可短时间浸泡。然后用自来水冲干净，再用蒸馏水按照少量多次的原则洗三次以上，每次冲洗

应充分振荡后，倾倒干净，再进行下一次冲洗。洗干净的玻璃仪器应该以器壁上不挂水珠为准。残留水分用 pH 试纸检查应为中性。

### 4. 玻璃仪器的干燥

玻璃仪器的干燥除水常用以下方法：

① 晾干。对于不急用的仪器，可在洗净后，在无尘处倒置控水自然晾干。

② 烘干。将洗净的玻璃仪器放入烘箱前，应尽量将水沥干，然后按瓶口朝下、自上而下的顺序放入 105~110℃ 的烘箱中烘干。

③ 热（冷）风吹干。对于急于干燥或不适合烘干的仪器，如试剂瓶、吸滤瓶、比色皿、容量瓶、滴定管和吸量管等，可用吹干的办法。通常是将少量乙醇或丙酮倒入已控出水分的仪器中进行摇洗，然后用电吹风机吹。其方法是先用热风吹至干燥，再用冷风吹去残余的溶剂蒸汽。最好在通风橱内进行，并要远离明火。使用气流干燥器也能使玻璃仪器较快干燥。方法是将仪器倒置在气流干燥器的气孔柱上，打开干燥器的热风开关，气孔中排出的热气流即把仪器烘干。

④ 烘烤干燥。对于可直接用火加热的仪器，如试管、烧杯、烧瓶等，可先将仪器外壁擦干，然后用小火烘烤。烧杯可放在石棉网上烘干，试管可用试管夹夹持在灯焰上来回移动烘烤，开始时试管口应倾斜向下，以便使水流出，直至试管内不见水珠后，再将管口倾斜朝上，以便赶尽水汽。

### 5. 玻璃仪器的保管

洗净的玻璃仪器要分门别类的存放，以便取用。

① 滴定管。洗净后倒置在滴定管架上（涂油的滴定管倒置时活塞不要打开，以免凡士林或真空油脂进入滴定管内壁）或装满纯水后正置，上盖小帽。长期不用时，要除掉凡士林后垫纸，用皮筋拴好活塞保存。

② 称量瓶。晾干或烘干后放在干燥器中保存。

③ 移液管。带帽正置于架上或置于防尘的盒中。

④ 容量瓶。在磨口处垫上纸片保存。

⑤ 比色皿。洗净后倒置在滤纸上，晾干后收于盒中。

⑥ 烧杯、锥形瓶、表面皿、试管等可自然控干或烘干后，在有门的柜中保存。

**知识点链接**

**知识点 1　选择洗涤液的原则及几种特殊污染物的清洗**

针对仪器沾污物的性质，采用不同的洗涤液洗净仪器。如铬酸洗液、工业盐酸、碱性洗液、碘-碘化钾溶液、有机溶剂等。要考虑既能有效地除去污染物，又不引进新的干扰物质（特别是微量分析）和腐蚀器皿。如强碱性洗液在玻璃器皿中的停留时间不应超过 20min。

① 测定微量元素用的玻璃器皿用10%HNO₃浸泡8h以上，然后直接用纯水冲洗干净。

② 测铬、锰的仪器不能用铬酸洗液洗涤。

③ 测铁的玻璃仪器不能用铁丝柄毛刷刷洗。

④ 测锌、铁用的玻璃仪器酸洗后不能再用自来水冲洗，必须直接用纯水洗净。

⑤ 测定分析水中微量有机物的器皿可用铬酸洗液浸泡15min以上，然后用自来水、蒸馏水洗净。

⑥ 有细菌的器皿，可在170℃用热空气灭菌2h。

### 知识点2　比色皿

要注意保护好透光面，拿取时手持毛玻璃面，不要接触透光面。根据污染情况，可用2%的碳酸钠溶液浸泡，也可用铬酸洗液洗涤（测Cr和紫外区测定时不用），对于有色物质的污染可用HCl(3mol/L)-乙醇(1+1)溶液洗涤。依次用自来水、蒸馏水充分洗净后倒立在滤纸上控去水，光度测定前可用滤纸吸去光学镜面的液珠，将擦镜纸折叠为四层轻轻擦拭至透明。

### 知识点3　打开粘住的磨口塞的方法

① 当磨口活塞打不开时，如用力拧就会拧碎，可用木器轻轻敲击或加热磨口塞的外层（用热水、电吹风、小火烤等）来打开。

② 装有试剂的试剂瓶塞打不开时，要在瓶外放好塑料圆桶以防瓶破裂，操作时最好在通风橱进行或佩戴好防护面具，操作者脸部不要离瓶太近。可用洗瓶吹洗一点蒸馏水润湿磨口，再用木棒轻敲瓶盖。

③ 对于因结晶及强碱粘住的瓶塞，可把瓶口泡在水中，经过一段时间可打开。

④ 将粘住的活塞部位置于超声波清洗机的水槽里，通过超声波的震动和渗透作用打开活塞。

### 知识点4　铬酸洗液

铬酸洗液是由重铬酸钾和浓硫酸配制而成。它对玻璃器皿侵蚀作用较小，具有很强的氧化能力，去污力强，能除油污和有机残渣，可反复使用，当变为黑绿色时方可弃去。其缺点是$Cr^{6+}$有毒，污染水质，现多被合成洗涤剂代替。

使用时，先用自来水冲去沾污的大量有机物质，尽量把水控干后再用洗液浸泡。实验室常用的滴定管、容量瓶、吸管等玻璃量器主要用铬酸洗液洗涤。吸收池只要用洗液反复洗几次即可，长时间浸泡会脱胶散开。

### 知识点5　石英玻璃仪器简介

石英玻璃的化学成分是二氧化硅，能透过紫外线，在分析仪器中常用来制作紫外应用的光学零件。能耐急冷急热，耐酸性能好，但氢氟酸和磷酸除外。不耐强碱溶液，包括碱金属碳酸盐也能腐蚀石英。在实验室常用的石英玻璃仪器有石英烧杯、石英管、石英比色皿等，因其价格昂贵，应与玻璃仪器分开存放及保管。

洗净后的器皿应壁不挂水珠。

## 任务四
## 化学试剂的保存与管理

**学习目标：**

① 掌握化学试剂的分类及规格；

② 掌握化学试剂的存放要求；

③ 了解剧毒药品的保管、发放、使用管理制度。

**仪器与试剂：**

优级纯试剂、分析纯试剂、基准试剂、指示剂、标准物质。

**1. 药品储存室的要求**

实验室只宜存放少量短期内需用的药品，较大量的化学药品应放在药品储存室内，专人保管。储存室应在阴面避光、通风良好、严禁明火。室内温度最好在 15～20℃，相对湿度在 40%～70%。

**2. 实验室试剂存放及使用要求**

化学试剂大部分都有一定的毒性，并且易燃易爆。对其加强管理不仅是保证分析数据质量的需要，而且是确保安全的需要。

① 易燃易爆试剂应储存于铁柜（壁厚在 1mm 以上）中，柜子的顶部都有通风口；腐蚀性试剂宜放在塑料或搪瓷的盘或桶中，以防因瓶子破裂而造成事故；相互混合或接触后可以产生激烈反应、燃烧、爆炸、放出有毒气体的两种或两种以上的物质称为不相容物质，不能混放。

② 药品柜和试剂溶液均应避免阳光直晒及靠近暖气等热源。

③ 化学试剂应定位放置，用后复位，并节约使用，但多余的化学试剂不准倒回原瓶。

④ 要注意化学药品的存放期限，一些试剂在存放过程中会逐渐变质，甚至形成危害；发现试剂瓶上标签掉落或将要模糊时，应立即重新贴好标签。

**3. 剧毒品的管理**

① 剧毒品仓库和保存箱必须双人双锁管理，两人同时到场才能开锁。

② 领用单位必须双人领取、双人送还。

③ 对剧毒品发放时应准确登记（试剂的剂量、发放时间和经手人）。

④ 使用剧毒试剂时一定要严格遵守分析操作规程。使用后产生的废液，应倒入指定

的废液桶内，然后在指定的安全区域处理；要建立废液处理记录。

知识点
链接

## 知识点1　化学试剂的分类

按用途不同，化学试剂可分为一般化学试剂和特殊化学试剂两大类。

① 一般化学试剂。根据国家标准，一般化学试剂的等级是根据试剂的纯度划分的，通常可分为三个等级；其规格和适用范围见表1-3。正确选择化学试剂的等级是保证分析测试质量的重要内容。

表1-3　化学试剂的规格和适用范围

| 试剂级别 | 名称 | 符号 | 标签颜色 | 适用范围 |
|---|---|---|---|---|
| 一级品 | 优级纯 | GR | 深绿色 | 精密科学研究和测定工作 |
| 二级品 | 分析纯 | AR | 金光红色 | 一般的科学研究 |
| 三级品 | 化学纯 | CP | 中蓝色 | 工厂、教学实验等一般分析工作 |

② 特殊化学试剂。是一些高纯度的专用试剂，如基准试剂、光谱纯试剂、色谱试剂、指示剂等。

## 知识点2　化学试剂的存放

一般化学试剂要按无机物、有机物、指示剂、生物培养剂分类存放。

① 无机物按酸、碱、盐分类存放，酸类按盐酸、硫酸、硝酸、高氯酸等顺序存放，碱类按氢氧化钾、氢氧化钠、氨水、氢氧化钡、氢氧化镁顺序存放，盐类按钾、钠、铵、钙、镁、锌、铁、镍、铜等顺序存放。

② 有机物类按官能团分类存放，即按烃类、醇类、醛类、酮类、酯类、羧酸类、胺类、卤代烷、苯系物、酚类等顺序存放。

③ 指示剂类按酸碱指示剂、氧化还原指示剂、金属指示剂、沉淀指示剂等顺序存放。

④ 生物培养剂按培养菌群不同分类存放。

⑤ 剧毒及贵重试剂单独保管。

## 知识点3　化学试剂的选用

化学试剂的纯度越高，其价格越贵。选用的原则是在满足分析检验要求的前提下，尽可能选择级别低的试剂，既不能盲目追求高纯度而造成不必要的浪费，也不可随意降低级别而影响实验结果的准确性。试剂的选择要考虑以下几点。

① 滴定分析中用直接法配制标准溶液要用基准试剂配制，而用间接法配制标准溶液，应选择分析纯试剂，再用基准试剂标定。

② 在仲裁分析中，一般选择优级纯和分析纯试剂。

③ 在进行痕量分析时要选用高纯或优级纯试剂以降低空白值或避免杂质干扰。

④ 仪器分析实验中一般选用优级纯或专用试剂。

⑤ 选用试剂的级别越高，分析检验用水的纯度及容器的洁净度要求也越高，必须配合使用，方能满足实验的要求。

### 知识点4　实验室三废的处理

实验室的废弃物主要是指实验中产生的废气、废液和废渣（简称"三废"）。

（1）废气处理

废气处理，主要是对那些实验中产生的危害健康和环境的气体的处理，如一氧化碳、甲醇、氨、汞、氯化氢、氟化物气体或蒸气等。实际上，进行这一类的实验都是在通风橱内完成的，操作者只要做好防护工作就不会受到任何伤害。在实验过程中所产生的危害气体或蒸气，可直接通过排风设备排到室外。这对少量的、低浓度的有害气体来说是允许的，因为少量的危害气体在大气中通过稀释和扩散等作用，危害能力大大降低。但对于大量的高浓度的废气，在排放之前，必须进行预处理，使排放的废气达到国家规定的排放标准。

实验室对废气预处理最常用的方法是吸收法。即根据被吸收气体组分的性质，选择合适的吸收剂（液）。例如，氯化氢气体可用氢氧化钠溶液吸收，二氧化硫、氧化氮等气体可用水吸收，氨可被水或酸吸收，氟化物、氰化物、溴、酚等均可被氢氧化钠溶液吸收，硝基苯可被乙醇吸收等。除吸收法外，常用的预处理方法还有吸附法、氧化法、分解法等。

（2）废液处理

实验室废液的处理意义重大，因为直接排出的废液会渗入地下，流入江河，会直接污染水源、土壤和环境，危及人体健康，检验人员必须引起高度重视。

① 无机酸（碱）类。可将废酸（碱）缓慢地倒入过量的碱（酸）溶液中，边倒边搅拌，中和后，再用大量水冲洗排放。

② 含重金属的废液。采用氢氧化物共沉淀法，用 $Ca(OH)_2$ 将废液 pH 调至 $9\sim10$，再加入 $FeCl_3$，充分搅拌，放置后，过滤沉淀。检查废液不含重金属离子后，再将废液中和排放。

③ 混合废液。调节废液（不含氰化物）的 pH 为 $3\sim4$，加入铁粉，搅拌半小时，再用碱调节 $pH\approx9$，继续搅拌，加入高分子絮凝剂，清液可排放，沉淀物按废渣处理。

④ 汞及含汞盐废液。不慎将汞散落或打破压力计、温度计，必须立即用吸管、毛刷或在酸性硝酸汞溶液中浸过的铜片收集起来，并用水覆盖。在散落过汞的地面、实验台上应撒上硫黄粉或喷上 $20\%FeCl_3$ 水溶液，干后再清扫干净。含汞盐的废液可先调节 pH 至 $8\sim10$，加入过量的 $Na_2S$，再加入 $FeSO_4$ 搅拌，使 $Hg^{2+}$ 与 $Fe^{3+}$ 共同生成硫化物沉淀。检查上层液不含汞后排放，沉淀可用焙烧法回收汞，或再制成汞盐。

（3）废渣处理

废弃的有害固体药品或反应中得到的沉淀严禁倒在生活垃圾上，必须进行处理。废渣处理方法是先解毒后深埋。首先根据废渣的性质，选择合适的化学方法或通过高温分解方式等，使废渣中的毒性减小到最低限度，然后将处理过的残渣挖坑深埋掉。

## 任务五
### 气瓶的安全使用

气瓶在实验室中主要作为气相色谱分析和原子吸收分析时提供载气、燃气和助燃气的气源。为了保证压力气瓶的安全使用，保护工作人员和国家财产的安全，检验人员必须掌握气瓶安全使用知识。

**学习目标：**
① 掌握各种高压气瓶的颜色；
② 了解气瓶发生燃烧和爆炸事故的原因；
③ 掌握气瓶的安全使用方法及注意事项。

**仪器与试剂：**
① 仪器。氩气钢瓶，氮气钢瓶，铜扳手，皂膜流量计。
② 试剂。肥皂水。

**1. 气瓶的存放**

① 应符合阴凉、干燥、严禁明火、远离热源、不受日光暴晒、室内通风良好等条件，气瓶与明火距离不小于10m。

② 存放和使用中的气瓶一般都应直立，并有固定支架，防止倒下。

③ 存放剧毒气体或相互混合能引起燃烧爆炸气体的钢瓶，必须单独放置在单间内，并在该室附近设置防毒、消防器材。

**2. 气瓶的安全操作规程**

（1）气瓶的搬运

搬运气瓶时严禁摔掷、敲击、剧烈震动，瓶外必须有两个橡胶防震圈，戴上并旋紧安全帽。

（2）气瓶的操作

取下气瓶上的安全帽，缓慢开启瓶阀，以防高速放气而产生静电火花引起燃烧和爆炸。禁止用铁扳手等工具敲击瓶阀或瓶体。将气阀打开四分之一，让气瓶放气1～2s，气瓶放气时，人不应站在连接管的对面，而应站在其侧旁，以免气体的气流射在脸上。关闭总气阀。

（3）减压阀的安装

气瓶要装上专门的减压阀以后才能使用，不同的气体配专用的减压阀，为防止气瓶充气时装错发生爆炸，可燃气体钢瓶（如氢气、乙炔）的螺纹是反扣（左旋）的，非可燃气体则为正扣（右旋）。安装减压表时，应先用手旋进，证明确已入扣后，再用扳手旋紧，一般应旋进6~7扣。

（4）检验气瓶及其附件的严密性

开启钢瓶前，应先关闭分压表；缓慢均匀地打开气阀，观察压力表的压力。

可用肥皂水检测，泄漏时会有气泡产生，或能听到"嘶嘶"的声音。如泄漏需关闭总阀，重新安装减压表。不漏，可按照仪器的使用压力要求打开分压表。

（5）氧气瓶的操作

一切附件的连接都要用脱脂的衬垫，禁止用沾油脂的手套或工具操作。氧气瓶与可燃气体钢瓶不能储存在同一房间内。

（6）关闭钢瓶

瓶内气体不得全部用尽，剩余压力一般不得小于0.2MPa；瓶内气体用完的气瓶应用粉笔在瓶身标字"空瓶"；用完后，关闭总阀，拧上安全帽。

**3. 气瓶的存放及安全使用要求**

① 气瓶必须存放在阴凉、干燥、严禁明火、远离热源的房间，并且要严禁明火，防暴晒。除不燃性气体外，一律不得进入实验楼内。使用中的气瓶要直立固定在专用支架上。

② 搬运气瓶要轻拿轻放，防止摔掷、敲击、滚滑或剧烈震动。搬前要戴上安全帽，以防不慎摔断瓶嘴发生事故。钢瓶必须具有两个橡胶防震圈。乙炔瓶严禁横卧滚动。

③ 气瓶应按规定定期做技术检验、耐压试验。

④ 易起聚合反应的气体钢瓶，如乙烯、乙炔等，应在储存期限内使用。

⑤ 高压气瓶的减压器要专用，安装时螺口要上紧，不得漏气。开启高压气瓶时操作者应站在气瓶出口的侧面，动作要慢，以减少气流摩擦，防止产生静电。

⑥ 氧气瓶及其专用工具严禁与油类接触，氧气瓶不得有油类存在。

⑦ 氧气瓶、可燃性气体瓶与明火距离应不少于10m。

知识点
链接

**知识点1  瓶装气体的分类**

（1）按气瓶内所装气体物理性质分类

① 永久气体，如氧气、氮气、氢气、空气、氩气；

② 液化气体，如氨气、氯气、硫化氢气体；

③ 溶解气体，如乙炔气体。

（2）按照气体化学性质的安全性能分类

① 剧毒气体，如氟气、氯气；

② 易燃气体，如氢气、乙炔气体；

③ 助燃气体，如氧气、氧化亚氮气体；

④ 不燃气体，如氮气、二氧化碳气体；

⑤ 惰性气体，如氦气、氩气。

**知识点 2　气瓶不能放空的原因分析**

① 避免空气或其他气体渗入气瓶中。

② 便于确定气瓶中装的是什么气体，避免充错气瓶。

③ 便于检验气瓶及其附件的严密性。

**知识点 3　常用高压气瓶的颜色**

气瓶涂上各种颜色是为了更好地区别它们，以保证运输、装卸及使用上的安全。常用高压气瓶的颜色见表 1-4。

**表 1-4　常用高压气瓶的颜色**

| 气瓶名称 | 瓶体颜色 | 字样 | 字样颜色 |
| --- | --- | --- | --- |
| 氧气瓶 | 天蓝色 | 氧 | 黑色 |
| 氢气瓶 | 深绿色 | 氢 | 红色 |
| 氮气瓶 | 黑色 | 氮 | 白色 |
| 氩气瓶 | 灰色 | 氩 | 绿色 |
| 液化空气瓶 | 黑色 | 空气 | 白色 |

**知识点 4　气瓶发生燃烧和爆炸事故的原因分析**

由于气瓶内充装的是极易膨胀和扩散的压缩气体和液化气体，如储存和使用不当，就会造成爆炸、燃烧和中毒事故，造成事故的原因有以下几方面。

① 若气瓶充装时气温较低，储存后由于温度升高，瓶内气体受热膨胀，内压升高超过气瓶承受压力而发生爆炸。

② 气瓶过于陈旧或材质不良，致使瓶内压力超过气瓶承受压力而发生爆炸。

③ 若气瓶内盛可燃气体，发生泄漏后溢出的可燃气体，在空气中迅速扩散，遇火源就会发生燃烧和爆炸。

④ 若气瓶储存不妥，瓶帽又未旋紧，跌倒时撞开气瓶阀门，气体高速冲出，产生静电火花，如果内盛可燃气体，就会立即引起燃烧和爆炸。

⑤ 性质相互抵触的气体（如氯气与氢气）存放一起，如果渗漏接触混合，就会发生燃烧和爆炸。

⑥ 氧气瓶上沾有油脂或仓库内有油脂类可燃物品，氧气渗漏时就会发生燃烧，甚至爆炸。

⑦ 有毒气瓶发生爆炸或渗漏，会引起中毒事故。

⑧ 瓶内气体不得全部用尽，一般应保持 0.2MPa 的余压，备充气单位检验取样所需及防止其他气体倒灌。

## 任务六
### 考核

**玻璃器皿的洗涤**

（1）操作步骤

① 清点玻璃仪器的数量。

② 根据污染程度，依次用铬酸洗液、洗衣粉、自来水进行洗涤，最后用蒸馏水润洗三次以上。

（2）考核表

玻璃器皿的洗涤考核表见表1-5。

表 1-5　玻璃器皿的洗涤考核表

| 序号 | 作业项目 | 考核内容 | 配分 | 操作要求 | 扣分说明 | 扣分 | 得分 |
|---|---|---|---|---|---|---|---|
| 1 | 仪器检查 | 检查数量和完好性 | 10 | 检查玻璃仪器的数量是否正确 | 没有检查扣10分；少检查一件扣2分 | | |
| | | | | 检查玻璃仪器是否完好无损 | | | |
| 2 | 玻璃仪器洗涤 | 洗涤 | 30 | 先用肥皂洗净双手 | 少洗一件扣5分；冲洗不干净，一件扣5分；其他每错一项扣5分，扣完为止 | | |
| | | | | 根据污染物选择不同洗涤剂 | | | |
| | | | | 按照由内到外的顺序洗涤 | | | |
| | | | | 用毛刷刷洗仪器的内外壁 | | | |
| | | | | 仪器口边缘、磨口塞等全部洗到位 | | | |
| | | | | 用自来水冲洗干净 | | | |
| | | 润洗 | 40 | 用蒸馏水润洗 | 没润洗扣10分；少润洗一件扣2分；少润洗一次扣5分；一件挂水珠扣5分；扣完为止 | | |
| | | | | 润洗次数不少于3次 | | | |
| | | | | 洗净的玻璃仪器应不挂水珠 | | | |
| 3 | 试验管理 | 文明操作 | 20 | 仪器摆放整齐 | 仪器破损一件扣10分；其他每错一项扣5分，扣完为止 | | |
| | | | | 台面整洁 | | | |
| | | | | 仪器无破损 | | | |
| | 合计 | | 100 | | | | |

一、单选题

1. 氧气瓶、可燃性气瓶与明火距离应不少于（　　）m。

A. 2　　　　　　B. 5　　　　　　C. 10　　　　　　D. 15

2. 优级纯试剂主成分含量高，杂质含量低，主要用于（　　）。

A. 一般的科学研究　　　　　　　　B. 精密的科学研究

C. 重要的测定　　　　　　　　　　D. 工厂实验

3. 分析纯试剂主成分含量高，杂质含量略高，主要用于（　　）。

A. 一般的科学研究　　　　　　　　B. 精密的科学研究

C. 一般的测定　　　　　　　　　　D. 工厂实验

4. 有鼓风的干燥箱，在加热和恒温过程中必须将鼓风机（　　）。

A. 关闭　　　　　B. 启开　　　　　C. 加热　　　　　D. 切断

5. 通用试剂优级纯常用（　　）符号表示。

A. GR　　　　　B. AR　　　　　C. CP　　　　　D. LR

6. 通用试剂分析纯常用（　　）符号表示。

A. GR　　　　　B. AR　　　　　C. CP　　　　　D. LR

7. 进行有关化学液体的操作时，应使用（　　）保护面部。

A. 太阳镜　　　　B. 防护面罩　　　C. 毛巾　　　　　D. 纱布

8. 我国国家标准 GB 15346—2012 规定通用试剂优级纯标签颜色为（　　）。

A. 深绿色　　　　B. 红色　　　　　C. 蓝色　　　　　D. 棕色

9. 我国国家标准 GB 15346—2012 规定通用试剂分析纯标签颜色为（　　）。

A. 深绿色　　　　B. 金光红色　　　C. 蓝色　　　　　D. 棕色

10. 比色皿洗净后，可（　　）。

A. 直接收于比色皿盒中　　　　　　B. 正置晾干

C. 倒置于滤纸上晾干　　　　　　　D. 用滤纸擦干

11. 关于干燥箱的说法错误的是（　　）。

A. 干燥箱应安装在干燥和水平处，防止震动和腐蚀

B. 放入样品时应注意排列不能太密

C. 散热板上不能放样品

D. 要频繁地打开箱门观察样品烘干情况

12. 干燥箱装有指示灯，红灯亮表示（　　）。

A. 不加热　　　　B. 恒温　　　　　C. 加热　　　　　D. 出现故障

13. 往干燥箱中放称量瓶或其他玻璃器皿时，应（　　）放。

A. 从下往上　　　B. 从上往下　　　C. 从中间　　　　D. 任意

14. 为避免腐蚀玻璃，不应在玻璃器皿中停留超过 20min 的是（　　）。

A. 铬酸洗液 　　　　 B. 工业盐酸 　　　　 C. 强碱性洗液 　　　　 D. 酸性草酸

15. 比色皿被有机试剂污染着色后，可用（　　）。

A. 硝酸-氢氟酸洗液 　　　　　　　　 B. 洗涤剂＋去污粉

C. 1：2 的盐酸-乙醇溶液 　　　　　　 D. 氢氧化钠溶液

16. 下列毒气中（　　）是无色无味的。

A. 氯气 　　　　 B. 硫化氢 　　　　 C. 一氧化碳 　　　　 D. 二氧化硫

17. 若浓硫酸溅到皮肤上，应立即用大量清水冲洗，接着用（　　）冲洗。

A. 2％的盐酸溶液 　　　　　　　　 B. 2％的碳酸氢钠溶液

C. 2％的硼酸溶液 　　　　　　　　 D. 20％的氯化钠溶液

18. 若浓氢氧化钠溅到皮肤上，应立即用大量清水冲洗，接着用（　　）冲洗。

A. 20％的盐酸溶液 　　　　　　　 B. 2％的烧碱溶液

C. 2％的硼酸溶液 　　　　　　　　 D. 20％的氯化钠溶液

19. 电烘箱不能烘烤（　　）。

A. 放出易燃蒸气的物料 　　 B. 水洗的烧杯 　　 C. 烧瓶 　　 D. 称量瓶

20. 若对试剂进行鉴别时，正确的方式是（　　）。

A. 以手感知

B. 以鼻直接接近瓶口加以鉴别

C. 少量入口进行鉴别

D. 将试剂远离鼻子，以手轻轻煽动，稍闻即止

21. 劳动者有权拒绝（　　）的指令。

A. 安全人员 　　　　 B. 违章作业 　　　　 C. 班组长 　　　　 D. 厂长

22. 从业人员经过安全教育培训，了解岗位操作规程，但未遵守而造成事故的，行为人应负（　　）责任，有关负责人应负管理责任。

A. 领导 　　　　 B. 管理 　　　　 C. 直接 　　　　 D. 间接

23. 对气瓶的正确操作是（　　）。

A. 气瓶内气体用尽后换瓶 　　　　 B. 钢瓶必须具有一个橡胶防震圈

C. 钢瓶必须具有两个橡胶防震圈 　 D. 乙炔瓶可以横卧滚动

24. 蒸馏易燃液体，（　　）。

A. 可以用明火 　　 B. 严禁用明火 　　 C. 严禁用加热套 　　 D. 严禁靠近

25. 对玻璃有明显腐蚀的溶液是（　　）。

A. 稀盐酸 　　　　 B. 浓酸 　　　　 C. 氯化氨 　　　　 D. 浓或热的碱

26. 易燃可燃液体燃烧的火灾为（　　）类火灾。

A. A 　　　　 B. B 　　　　 C. C 　　　　 D. D

27. 任何场所的防火通道内，都要装置（　　）。

A. 防火标语及海报 　　　　　　　 B. 出路指示灯及照明设备

C. 消防头盔和防火服装 　　　　　 D. 灭火器材

28.由于很强烈地腐蚀玻璃，故不能用玻璃仪器进行含有（　　　）的实验。

A.氢氟酸　　　　　　　B.盐酸　　　　　　　　C.硫酸　　　　　　　　D.芒硝

二、多选题

1.化验人员要了解毒物的（　　　）。

A.性质　　　　　　　　B.侵入途径　　　　　　C.中毒症状　　　　　　D.急救方法

2.实验室"三废"是（　　　）。

A.废液　　　　　　　　B.废气　　　　　　　　C.废渣　　　　　　　　D.废仪器

3.扑救危险品火灾总的要求是（　　　）。

A.先控制，后消灭　　　　　　　　　　　B.扑救在上风或侧风

C.选择适宜的灭火剂和灭火方法　　　　　D.佩戴适宜的防护用品

4.实验室预防中毒的措施主要是（　　　）。

A.改进方法，用低毒品代替高毒品　　　　B.通风排毒

C.消除二次污染　　　　　　　　　　　　D.选用有效的防护用具

5.根据毒物侵入的途径，中毒分为（　　　）。

A.摄入中毒　　　　　　B.呼吸中毒　　　　　　C.接触中毒　　　　　　D.局部中毒

6.燃烧的要素是（　　　）。

A.着火源　　　　　　　B.空气　　　　　　　　C.可燃物　　　　　　　D.助燃物

7.具有腐蚀性的物品是（　　　）。

A.氢氧化钠　　　　　　B.乙醇　　　　　　　　C.脱盐水　　　　　　　D.硫酸

8.危险化学品储藏，应（　　　）。

A.标识明确　　　　　　B.定期检查　　　　　　C.控制温湿　　　　　　D.混合存放

9.三级水储存于（　　　）。

A.不可储存，使用前制备　　　　　　　　B.密闭的、专用聚乙烯容器

C.密闭的、专用玻璃容器　　　　　　　　D.普通容器即可

10.下列有关实验室安全知识说法正确的是（　　　）。

A.稀释硫酸必须在烧杯等耐热容器中进行，且只能将水在不断搅拌下缓缓注入硫酸

B.有毒、有腐蚀性液体操作必须在通风橱内进行

C.氰化物、砷化物的废液应小心倒入废液缸，均匀倒入水槽中，以免腐蚀下水道

D.易燃溶剂加热应采用水浴加热或沙浴，并避免明火

三、判断题

1.可燃气体钢瓶的螺纹是反扣，非可燃气体则为正扣。　　　　　　　　　　　　（　　　）

2.玻璃管与胶管、胶塞等拆装时，应先用水润湿，手上垫棉布，以免玻璃管折断扎伤。

（　　　）

3.打开浓盐酸、浓硝酸、浓氨水试剂瓶塞时，应先用冷水冷却，瓶口不要对着人。

（　　　）

4.蒸馏易燃液体尽量不用明火。　　　　　　　　　　　　　　　　　　　　　　（　　　）

5.操作易燃液体时应远离火源，瓶塞打不开时，切忌用火加热或贸然敲打。　　（　　　）

6. 在烘箱内烘干称量瓶时，瓶盖应盖严。 （　）

7. 使用烘箱时要注意将排气孔打开，不能超过临界温度。 （　）

8. 不得把含有大量易燃易爆溶剂的物品送入烘箱加热。 （　）

9. 从高温电炉里取出灼烧后的坩埚，应立即放入干燥器中予以冷却。 （　）

10. 实验中应该优先使用纯度较高的试剂以提高测定的准确度。 （　）

11. 凡遇有人触电，必须用最快的方法使触电者脱离电源。 （　）

12. 进行油浴加热时，由于温度失控，导热油着火，此时可用水来灭火。 （　）

13. 用纯水洗涤玻璃仪器时，使其既干净又节约用水的方法原则是少量多次。 （　）

14. 压缩气体钢瓶应避免日光照射或远离热源。 （　）

15. 烘箱和高温炉内都绝对禁止烘、烧易燃、易爆及有腐蚀性的物品和非实验用品，更不允许加热食品。 （　）

16. 配制硫酸、盐酸和硝酸溶液时都应将酸倾入水中。 （　）

17. 为防止静电对仪器及人体本身造成伤害，在易燃易爆场所应该穿化纤类织物、胶鞋及绝缘底鞋。 （　）

18. 玻璃器皿不可盛放浓碱液，但可以盛酸性溶液。 （　）

19. 可把乙炔钢瓶放在操作时有电弧火花发生的实验室里。 （　）

20. 滴定管内壁不能用去污粉清洗，以免划伤内壁，影响体积准确测量。 （　）

## 四、识图题（写出下列仪器名称）

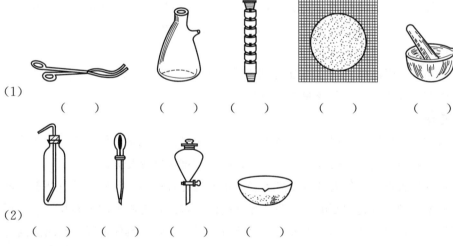

（1）　　（　　）　　（　　）　　（　　）　　（　　）　　（　　）

（2）　　（　　）　　（　　）　　（　　）　　（　　）

## 五、思考题

1. 实验室安全工作应注意几防？

2. 如何扑救初期火灾？

3. 发现可燃气体（如煤气、乙炔气等）泄漏，应该如何处理？

4. 火灾逃生时有哪些注意事项？

5. 实验过程中，若敞口的器皿中发生燃烧应如何处理？

6. 灭火器的使用方法？

7. 发现有人煤气中毒时如何急救？

8. 进行有毒物质的化学实验应采取哪些预防措施？

9. 使用高压气瓶时有哪些注意事项？

10. 发现有人触电应如何急救？

11. 稀释浓硫酸时应如何操作？

12. 使用烘箱有哪些注意事项？

### 六、实践训练任务

1. 灭火器的使用练习；

2. 玻璃仪器的洗涤与干燥。

## 参考答案

### 一、单选题

1. C　2. B　3. A　4. B　5. A　6. B　7. B　8. A　9. B　10. C　11. D　12. C　13. B 14. C　15. C　16. C　17. B　18. C　19. A　20. D　21. B　22. C　23. C　24. B　25. D 26. B　27. B　28. A

### 二、多选题

1. ABCD　2. ABC　3. ABCD　4. ABCD　5. ABC　6. ACD　7. AD　8. ABC 9. BC　10. BD

### 三、判断题

1. √　2. √　3. √　4. ×　5. √　6. ×　7. √　8. √　9. ×　10. ×　11. √　12. × 13. √　14. √　15. √　16. √　17. ×　18. ×　19. ×　20. √

### 四、识图题

(1) 坩埚钳、吸滤瓶（或抽滤瓶）、刺形分馏柱、石棉网、研钵

(2) 洗瓶、胶头滴管、分液漏斗、蒸发皿

### 五、思考题

1. 实验室应做好防火防爆工作，防止中毒，防止腐蚀、化学灼伤、烫伤、割伤，防触电，保证压力容器和气瓶的安全、电气安全，防止环境污染等几方面工作。

2. 一旦发生火灾，工作人员应冷静沉着，快速选择合适的灭火器材进行扑救，同时注意自身的安全保护。首先切断电源，关闭煤气阀门，快速移走附近的可燃物；然后根据起火的原因及性质，冷静地选用灭火方法；火势较猛时，应根据具体情况，选用适当的灭火器灭火，并立即报警，请求救援。

3. 应立即关闭阀门，打开门窗通风，不要接通任何电器开关，以免发生火花。

4. 查看逃生出口、路线，用毛巾等捂住口鼻迅速撤离，不要贪恋钱财。穿过险区时要低势行进或匍匐爬行。

5. 先切断加热源，再设法找一个适当材料（不燃物）盖住器皿口，使火熄灭。

6. 先拔出保险销，喷嘴对准火焰根部，迅速压下手柄，由近及远反复横扫，直到火源完全熄灭。

7. 移至新鲜空气处，人工呼吸、输氧，送至医院治疗。

8.事先要做好预防工作，佩戴防护眼镜、防毒面具、防护服等。在实验过程中，一定要严格地按照操作规程并在通风橱内完成；尽量避免手与有毒物质直接接触。

9.存放在阴凉、干燥、严禁明火、远离热源、不受日光暴晒、通风良好处；搬运时轻拿轻放，乙炔瓶严禁横卧滚动；开启气瓶时站在气瓶出口的侧面，动作要慢，防止产生静电；氧气瓶、可燃性气瓶与明火距离应不少于10m；瓶内气体不得全部用尽，剩余压力一般不得小于0.2MPa。

10.发现有人触电后，应立即切断电源，用木棍将导电体与触电者分开；对呼吸和心跳停止者，立即进行人工呼吸和心脏胸外挤压，同时向医疗单位求援。

11.应将浓硫酸分批缓慢地沿壁注入水中，并不断搅拌，待冷却至室温后再转入细口瓶中储存。

12.使用时，顶端的排气孔应撑开；不要常打开玻璃门，以免影响恒温；不应将试样直接放在烘箱内的隔板上烘干；严禁烘易燃易爆、有腐蚀性的物品及食品；加热温度不应超过该烘箱的极限温度，用完后应及时切断电源。

# 项目二
# 化学实验基本操作

## 1. 基本知识

① 常见元素及其化合物的性质与鉴定;

② 化学实验中常用的基本操作技术、操作方法及注意事项;

③ 萃取、蒸馏、分馏等方法分离提纯物质的基本原理;

④ 原始记录的填写要求,有效数字的运算和修约规则;

⑤ 实验室用水知识、玻璃量器的名称、用途和选用。

## 2. 技术技能

① 能运用化学基本知识进行离子和化合物的鉴别;

② 能应用加热、溶解、搅拌、蒸发、沉淀、结晶、过滤等基本操作技术;

③ 能根据标准选用化学试剂和实验用水;

④ 会使用分液漏斗进行液体的萃取和分离操作;

⑤ 能熟练安装与操作普通蒸馏、简单分馏等仪器装置。

## 3. 品德品格

① 具有社会责任感和职业精神,能够在分析检验技能实践中理解并遵守职业道德和规范,履行责任;

② 具有安全、健康、环保的责任理念,良好的质量服务意识,应对危机与突发事件的基本能力;

③ 能够进行交流,有团队合作精神与职业道德,可独立或合作学习与工作;

④ 培养正确、及时、简明记录实验原始数据的习惯。

## 任务一
### 元素及其化合物的性质与鉴定

**学习目标：**
① 掌握重要元素及其化合物的性质；
② 掌握常见阳离子和阴离子重要反应；
③ 能根据元素及化合物的性质，进行物质的鉴定与鉴别。

**仪器与试剂：**
① 仪器。试管，烧杯，点滴板，玻璃棒，pH 试纸。
② 试剂。氯化钠，盐酸，氢氧化钠，碳酸钠，硫代硫酸钠，淀粉，碘，碘化钾，高锰酸钾，四氯化碳，镁试剂，氯化钙，氯化钡。

**1. 常见阴、阳离子的鉴定**

（1）鉴定原理

对未知物需要鉴别时，通常可根据以下几个方面进行判断：①物态；②溶解性；③酸碱性；④热稳定性；⑤特征反应。

（2）鉴定步骤

① 常见阴离子的鉴定。常见阴离子主要有以下几种：$SO_4^{2-}$、$SiO_3^{2-}$、$PO_4^{3-}$、$CO_3^{2-}$、$SO_3^{2-}$、$S_2O_3^{2-}$、$S^{2-}$、$Cl^-$、$Br^-$、$I^-$、$NO_3^-$、$NO_2^-$、$Ac^-$。

a. 酸碱性试验——测定阴离子钠盐溶液的 pH 值：阴离子试液一般呈中性或碱性。若阴离子试液呈酸性，则 $S_2O_3^{2-}$ 不存在，$NO_2^-$ 和 $I^-$、$S^{2-}$ 不能共存。

b. 挥发性试验——测 $CO_3^{2-}$、$SO_3^{2-}$、$S_2O_3^{2-}$、$S^{2-}$、$NO_2^-$：在适当较高浓度的阴离子溶液中加入稀硫酸或盐酸，$CO_3^{2-}$、$SO_3^{2-}$、$S_2O_3^{2-}$、$S^{2-}$、$NO_2^-$ 均有气泡产生。其中：$S_2O_3^{2-}+2H^+\longrightarrow SO_2+S+H_2O$，溶液变为乳白色浑浊，放置变黄，这是 $S_2O_3^{2-}$ 的一个重要特征。但会存在 $S^{2-}$ 干扰。

c. 氧化性阴离子试验—测 $NO_2^-$：试验用硫酸酸化后，加入碘化钾溶液和四氯化碳，若四氯化碳呈紫红色，说明有 $NO_2^-$ 存在。$2I^-+2NO_2^-+4H^+$（HAc 酸化）$\longrightarrow 2NO+I_2+2H_2O$。

d. 还原性阴离子试验——测 $SO_3^{2-}$、$S_2O_3^{2-}$、$S^{2-}$、$Br^-$、$NO_2^-$、$I^-$、$Cl^-$，用硫酸酸化：

Ⅰ. 滴加 1～2 滴 $KMnO_4$ 溶液，褪色，则上述 6 种阴离子存在，$Cl^-$ 需加热。

Ⅱ. 滴加 $I_2$＋淀粉溶液，褪色，则 $SO_3^{2-}$、$S_2O_3^{2-}$、$S^{2-}$ 存在。

Ⅲ. 滴加氯水和 $CCl_4$，$CCl_4$ 层呈紫红色，则 $I^-$ 存在。

e. 分组试验——难溶盐分组：

Ⅰ. $BaCl_2$ 分组——测 $SO_4^{2-}$、$CO_3^{2-}$、$SO_3^{2-}$、$S_2O_3^{2-}$、$PO_4^{3-}$：

在中性或弱碱性条件下，于阴离子试液中加入 $BaCl_2$ 溶液，有沉淀生成，则 $SO_4^{2-}$、$CO_3^{2-}$、$SO_3^{2-}$、$S_2O_3^{2-}$、$PO_4^{3-}$ 可能存在。

在盐酸酸化条件下，于阴离子试液中加入 $BaCl_2$ 溶液，仅 $SO_4^{2-}$、$S_2O_3^{2-}$ 有沉淀生成，但 $S_2O_3^{2-}$ 产生的是乳白色浑浊，而 $SO_4^{2-}$ 为细晶。

Ⅱ. $AgNO_3$ 分组——测 $S^{2-}$、$Cl^-$、$Br^-$、$I^-$（$S_2O_3^{2-}$）：

在 $HNO_3$ 酸化的澄清阴离子试液中滴加 $AgNO_3$ 溶液，仅 $S^{2-}$、$Cl^-$、$Br^-$、$I^-$ 沉淀。

在中性或弱碱性条件下，于阴离子试液中加入 $AgNO_3$ 溶液，若无 $S^{2-}$ 干扰，沉淀颜色：白、黄、棕、黑变化，这是 $S_2O_3^{2-}$ 存在的另一重要特征。这一现象还能排除 $S^{2-}$ 的干扰。

$$Ag_2S_2O_3(白色) + H_2O \longrightarrow Ag_2S(黑色) + SO_4^{2-} + 2H^+$$

在阴离子试液中滴加 $AgNO_3$ 溶液，若迅速产生黑色沉淀，则有 $S^{2-}$ 存在。

通过以上初步分析基本能确定试液中是否有 $NO_2^-$、$S_2O_3^{2-}$、$S^{2-}$、$I^-$ 等存在，同时得出某些阴离子肯定不存在、某些阴离子可能存在的结论。初步检验结论如表 2-1 所示。

表 2-1　初步检验判断及结论表

| 内容 | 操作 | 现象 | 判断及结论 |
|---|---|---|---|
| ①试液的酸碱性试验 | 观察颜色<br>测 pH | 为强酸性 | $S^{2-}$、$SO_3^{2-}$、$S_2O_3^{2-}$、$CO_3^{2-}$、$NO_2^-$ 等不存在 |
| ②挥发性实验：与稀酸的作用 | 试液 $\longrightarrow$ 稀 $H_2SO_4$（或稀 HCl） | 有气体生成 | 可能存在 $S^{2-}$、$SO_3^{2-}$、$S_2O_3^{2-}$、$CO_3^{2-}$、$NO_2^-$，需要注意各自现象所对应阴离子 |
| ③氧化性阴离子的试验：与还原剂的作用 | 试液 $\longrightarrow$ 稀 $H_2SO_4$<br>试液 $\longrightarrow$ KI-淀粉试液 | 溶液呈蓝色 | 存在 $NO_2^-$ |
| ④还原性阴离子的试验：与氧化试剂的作用<br>与 $KMnO_4$ 作用<br>与 $I_2$-淀粉作用 | 试液 $\longrightarrow$ 稀 $H_2SO_4$<br>试液 $\longrightarrow$ 稀 $KMnO_4$ | $KMnO_4$ 溶液褪色 | 可能存在 $S^{2-}$、$SO_3^{2-}$、$S_2O_3^{2-}$、$NO_2^-$、$Cl^-$、$Br^-$、$I^-$ |
| | 试液 $\longrightarrow$ 稀 $H_2SO_4$<br>试液 $\longrightarrow$ $I_2$-淀粉 | $I_2$-淀粉溶液褪色 | 可能存在 $S^{2-}$、$SO_3^{2-}$、$S_2O_3^{2-}$ |
| ⑤难溶盐阴离子试验<br>与钡盐的作用<br>与银盐的作用 | 试液 $\longrightarrow$ $BaCl_2$（可酸化） | 白色沉淀 | 可能存在 $SO_4^{2-}$、$SO_3^{2-}$、$S_2O_3^{2-}$、$CO_3^{2-}$、$PO_4^{3-}$ |
| | 试液 $\longrightarrow$ $AgNO_3$<br>试液 $\longrightarrow$ 稀 $HNO_3$ | 出现沉淀，加入 $HNO_3$ 后沉淀，不溶 | 可能存在 $Cl^-$、$Br^-$、$I^-$、$S^{2-}$、$S_2O_3^{2-}$ |

对可能存在的某些离子，经其特征反应进行确认即可知道未知液的组成，如表 2-2 所示。

表 2-2 确证性试验现象及结论表

| 鉴定离子名称 | 加入试剂 | 反应条件 | 反应现象 |
|---|---|---|---|
| 硝酸根($NO_3^-$) | $FeSO_4$ 晶体,浓硫酸 | 常温常压 | 在 $FeSO_4$ 晶体周围出现棕色 |
| 亚硝酸根($NO_2^-$) | 2mol/L HAc 溶液,磺胺酸和 $\alpha$-萘胺 | 常温常压,酸性环境 | 溶液呈现玫瑰红色(红色偶氮染料) |
| 硫酸根($SO_4^{2-}$) | 6mol/L HCl 溶液<br>0.1mol/L $Ba^{2+}$ 溶液 | 常温常压,酸性环境 | 溶液中出现白色沉淀 |
| 亚硫酸根($SO_3^{2-}$) | 1mol/L $H_2SO_4$<br>0.01mol/L $KMnO_4$ 溶液 | 常温常压 | $KMnO_4$ 的紫色褪去(如果先在试管中,加入 $KMnO_4$ 紫色试剂褪色的现象更为明显) |
| 硫代硫酸根($S_2O_3^{2-}$) | 0.1mol/L $AgNO_3$ 溶液 | 常温常压 | 首先出现白色沉淀,接着沉淀变黄,变棕,最后变成黑色沉淀 |
| 磷酸根($PO_4^{3-}$) | 6mol/L $HNO_3$ 溶液,$(NH_4)_2MoO_4$ 试剂 | 常温常压 | 出现黄色的沉淀(如果 $PO_4^{3-}$ 的浓度高时,黄色的沉淀会溶解) |
| 硫离子($S^{2-}$) | 2mol/L NaOH 溶液,亚硝基铁氰化钠试剂 | NaOH 创造的碱性环境 | 加入试剂后,溶液呈现紫色,形成了紫色的配位化合物 |
| 氯离子($Cl^-$) | 6mol/L $HNO_3$ 溶液,0.1mol/L $AgNO_3$ 溶液,6mol/L 氨水 | 温水浴第一步硝酸酸化 | 首先出现白色沉淀,加入氨水后沉淀消失,再加入硝酸后,又出现沉淀 |
| 碘离子($I^-$) | 2mol/L $H_2SO_4$ 溶液,$CCl_4$ 溶液,氯水 | 常温常压,酸性环境 | 第一次加入氯水振荡后,$CCl_4$ 层呈紫红色,水层无色;再次加入氯水,$CCl_4$ 层的紫红色消失 |
| 溴离子($Br^-$) | 2mol/L $H_2SO_4$ 溶液及 $CCl_4$,再加入氯水 | 常温常压,酸性环境 | $CCl_4$ 层呈现黄色(橙红色)(因 $Br_2$ 的浓度不同而显色深浅不同) |

② 常见阳离子的鉴定:

$Mg^{2+}$ 的鉴定:$Mg^{2+}$ 与对硝基苯偶氮间苯二酚(镁试剂Ⅰ)在碱性介质中反应生成蓝色螯合物沉淀。除碱金属外,其余阳离子都不应存在。

$Ca^{2+}$ 的鉴定:$Ca^{2+} + C_2O_4^{2-} \longrightarrow CaC_2O_4 \downarrow$ (白色沉淀不溶于 6mol/L HAc 而溶于 2mol/L HCl)

$Ba^{2+}$ 的鉴定:$Ba^{2+} + CrO_4^{2-} \longrightarrow BaCrO_4 \downarrow$ (黄色)(pH=4)

$Al^{3+}$ 的鉴定:$Al^{3+}$ 与铝试剂(Ⅰ)在 pH=6~7 介质中反应,生成红色絮状螯合物沉淀。

**2. 常见气体的检验与鉴定**

(1)氧气检验

带火星的木条放入瓶中,现象为:若木条复燃,则是氧气。

（2）氢气检验

在玻璃尖嘴点燃气体，罩一干冷小烧杯，观察杯壁是否有水滴，往烧杯中倒入澄清的石灰水，现象为：若不变浑浊，则是氢气。

（3）二氧化碳检验

通入澄清的石灰水，现象为：若变浑浊则是二氧化碳。

（4）氨气检验

试管口放湿润的紫红色石蕊试纸，现象为：若试纸变蓝，则是氨气。

（5）水蒸气

通过无水硫酸铜，现象为：若白色固体变蓝，则含水蒸气。

### 3. 常见离子的检验与鉴定

（1）氢离子

滴加紫色石蕊试液/加入锌粒，现象为：紫色石蕊变红/有氢气产生。

（2）氢氧根离子

滴加酚酞试液/硫酸铜溶液，现象为：酚酞试液变红/蓝色沉淀。

（3）碳酸根离子

加入稀盐酸和澄清的石灰水，现象为：有使澄清石灰水变浑浊的气体产生。

（4）氯离子

加入硝酸银溶液和稀硝酸，现象为：产生白色沉淀不溶于稀硝酸。

（5）硫酸根离子

滴加硝酸钡溶液和稀硝酸/先滴加稀盐酸再滴入氯化钡，现象为：产生不溶于稀硝酸的白色沉淀/有白色沉淀产生。

（6）铵根离子

滴加氢氧化钠溶液并加热，把湿润的红色石蕊试纸放在试管口，现象为：湿润的红色石蕊试纸变蓝。

（7）铜离子

滴加氢氧化钠溶液，现象为：有蓝色沉淀产生。

（8）铁离子

滴加氢氧化钠溶液，现象为：产生红褐色沉淀。

### 4. 设计实验

（1）检验 NaOH 是否变质

滴加稀盐酸，若产生气泡则变质。

（2）检验生石灰中是否含有石灰石

滴加稀盐酸，若产生气泡则含有石灰石。

（3）检验 NaOH 中是否含有 NaCl

先滴加足量稀硝酸，再滴加 $AgNO_3$ 溶液，若产生白色沉淀，则含有 NaCl。

（4）检验三瓶试液分别是稀 $HNO_3$，稀 $HCl$，稀 $H_2SO_4$

向三支试管中分别滴加 $Ba(NO_3)_2$ 溶液，若产生白色沉淀，则是稀 $H_2SO_4$；再分别滴加 $AgNO_3$ 溶液，若产生白色沉淀则是稀 $HCl$，剩下的是稀 $HNO_3$。

（5）检验是否含淀粉

加入碘溶液，若变蓝则含淀粉。

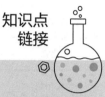

知识点
链接

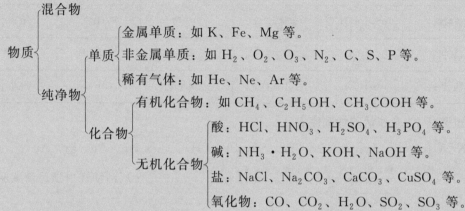

**知识点 1　物质的分类**

物质

- 混合物
- 纯净物
  - 单质
    - 金属单质：如 K、Fe、Mg 等。
    - 非金属单质：如 $H_2$、$O_2$、$O_3$、$N_2$、C、S、P 等。
    - 稀有气体：如 He、Ne、Ar 等。
  - 化合物
    - 有机化合物：如 $CH_4$、$C_2H_5OH$、$CH_3COOH$ 等。
    - 无机化合物
      - 酸：$HCl$、$HNO_3$、$H_2SO_4$、$H_3PO_4$ 等。
      - 碱：$NH_3 \cdot H_2O$、$KOH$、$NaOH$ 等。
      - 盐：$NaCl$、$Na_2CO_3$、$CaCO_3$、$CuSO_4$ 等。
      - 氧化物：$CO$、$CO_2$、$H_2O$、$SO_2$、$SO_3$ 等。

酸：电解质电离时所生成的阳离子全部是氢离子的化合物叫做酸。

碱：电解质电离时所生成的阴离子全部是氢氧根离子的化合物叫做碱。

盐：由金属离子和酸根离子组成的化合物叫做盐。

氧化物：氧和另一种元素组成的化合物叫做氧化物。

酸性氧化物：凡能跟碱起反应生成盐和水的氧化物叫做酸性氧化物。

碱性氧化物：凡能跟酸起反应生成盐和水的氧化物叫做碱性氧化物。

两性氧化物：既能跟酸作用，又能跟碱作用，都生成盐和水的氧化物叫做两性氧化物。

**知识点 2　元素周期律和元素周期表**

元素的性质随着元素原子序数的递增而呈周期性的变化，这个规律叫元素周期律。根据元素周期律把现已知的元素中电子层数相同的各种元素按原子序数递增的顺序，由左到右排成横行，再把不同横行中最外层电子数相同的元素，按原子层数递增的顺序，由上而下排成纵列，这样得到的一个表，叫元素周期表。一个横行称为一个周期，一个纵列称为一个族。

**知识点 3　常见物质的俗称**

常见物质的俗称见表 2-3。

表 2-3 常见物质的俗称

| 物质 | 化学式 | 俗称 | 物质 | 化学式 | 俗称 |
|---|---|---|---|---|---|
| 氯化钠 | NaCl | 食盐 | 甲烷 | $CH_4$ | 沼气 |
| 碳酸钠 | $Na_2CO_3$ | 纯碱,苏打 | 甲醇 | $CH_3OH$ | 木醇 |
| 氢氧化钠 | NaOH | 火碱,烧碱,苛性钠 | 乙醇 | $C_2H_5OH$ | 酒精 |
| 氧化钙 | CaO | 生石灰 | 甲酸 | HCOOH | 蚁酸 |
| 氢氧化钙 | $Ca(OH)_2$ | 熟石灰,消石灰 | 乙酸 | $CH_3COOH$ | 醋酸 |
| 硫酸铜 | $CuSO_4 \cdot 5H_2O$ | 蓝矾,胆矾 | 丙三醇 | $C_3H_8O_3$ | 甘油 |
| 过氧化氢 | $H_2O_2$ | 双氧水 | 苯酚 | $C_6H_5OH$ | 石炭酸 |
| 碳酸氢钠 | $NaHCO_3$ | 小苏打 | 三氯甲烷 | $CHCl_3$ | 氯仿 |

**知识点 4　金属活动性顺序表**

K、Ca、Na、Mg、Al、Zn、Fe、Sn、Pb、(H)、Cu、Hg、Ag、Pt、Au
(钾、钙、钠、镁、铝、锌、铁、锡、铅、氢、铜、汞、银、铂、金)→金属活动性由强逐渐减弱

说明：

① 越左边的金属活动性就越强，左边的金属可以从右边金属的盐溶液中置换出该金属。

② 排在氢左边的金属，可以从酸（盐酸或稀硫酸）中置换出氢气；排在氢右边的则不能。

③ 钾、钙、钠三种金属比较活泼，它们直接跟溶液中的水发生反应置换出氢气，生成对应的碱。

**知识点 5　化学反应类型**

① 中和反应。酸和碱起作用生成盐和水的反应。

② 置换反应。一种单质和一种化合物起反应，生成另一种单质和另一种化合物的反应。

③ 复分解反应。由两种化合物互相交换成分，生成另外两种化合物的反应。反应能否发生的三个条件为生成水、气体或者沉淀。

④ 氧化还原反应。物质失去电子的反应为氧化反应，得到电子的反应为还原反应。得到电子的物质叫氧化剂，失去电子的物质叫还原剂。

**知识点 6　pH 值**

表示溶液中氢离子活度的一种方法，其定义是溶液中氢离子活度的负对数。

**任务二**
试剂的取用

**学习目标：**

① 掌握托盘天平的使用方法及注意事项；

② 掌握原始数据的记录方法；

③ 掌握固体化学试剂的取用方法，学会用药匙加样基本操作；

④ 掌握量筒（量杯）的使用及读数方法；

⑤ 初步了解有效数字的概念及原始数据的记录方法。

**仪器与试剂：**

① 仪器。托盘天平，100mL烧杯，称量纸，广口瓶，细口瓶，药匙，洗瓶。

② 试剂。固体碳酸钠，液体试剂。

**1. 托盘天平的使用**

（1）使用方法

①"放"。天平放在水平台上（天平放水平）。

②"移"。游码移至标尺左端零刻度处（游码左移"0"）。

③"调"。调节平衡螺母，使指针指在分度盘中央刻线，或指针左右摆动格数相等，表示天平已平衡（左偏右调，右偏左调）。

④"测"。物体放在左盘，用镊子向右盘加、减砝码并调节游码在标尺上的位置，直到天平恢复平衡（当最小的砝码放上太重去掉又太轻时改调游码；加砝码"先大后小"，减砝码"先小后大"；左物右码）。

⑤"读"。物体的质量等于右盘中的砝码总质量加上游码所示的质量（以游码左端所对的刻度值为准）。

⑥"收"。称量完毕，取下被称物，将砝码用镊子取下放回砝码盒内，把游码拨回到标尺左端零点处，右盘放到左盘上（读准质量后收完备）。

（2）注意事项

① 托盘天平和砝码必须配套使用，不能随意调换。

② 要用带骨质或塑料尖的镊子夹取砝码，严禁直接用手取放砝码，以免锈蚀。

③ 砝码只能放在砝码盒和秤盘上，不能随意乱放。

④ 称量不要超过天平的最大载荷，即量程；每一架天平都有一定的测量范围，所测物体的质量不能超过它的测量范围。

⑤ 平衡螺母只能在测量前用来调节横梁的平衡，在测量过程中不能再调节平衡螺母的位置。但天平左右盘互换或位置发生了移动，需要重新调节平衡。

⑥ 不能把化学药品直接放在天平盘上称量，以免腐蚀天平；天平要保持干燥、清洁。

⑦ 热的物品应冷却至室温后再称量，以免造成称量结果不准确。

## 2. 固体样品的称量

固体试剂通常盛放在便于取用的广口瓶中。取用一定质量的固体试剂时，应选用适当容器在天平上称量。

（1）固体化学试剂的取用

① 首先核对试剂瓶标签上的试剂名称、规格及浓度等，确保准确无误后方可取用。

② 把试剂瓶贴有标签的一面握在手心中，打开瓶塞后应将其倒置在桌面上，不能横放，以免受到污染；取完试剂后，应立即盖好瓶塞（绝不可盖错），并将试剂瓶放回原处，注意标签应朝外放置。

③ 要用洁净干燥的药匙取用试剂，不要超过指定用量，多取的试剂不能倒回原瓶，可以放入指定的容器中留作他用。用过的药匙必须洗净干燥后存放在洁净的器皿中。

④ 往试管（特别是湿试管）中加入粉末状固体时，可用药匙伸入平放的试管中约2/3处，然后竖直试管，使试剂落入试管底部。

⑤ 向试管中加入块状固体时，应将试管倾斜，使其沿管壁缓慢滑下。不得垂直悬空投入，以免击破管底。

⑥ 试剂瓶都必须贴有标签，绝对不允许在瓶内盛装与标签内容不符的试剂。

⑦ 化学试剂应定位放置，用后复位，并节约使用，但多余的化学试剂不准倒回原瓶。

（2）操作步骤

① 放水平。将托盘天平放在水平工作台上，将游码拨至标尺左端零刻线处。检查指针是否在刻度盘中央，指针摆动是否正常；天平盘是否清洁干燥（如有污物则用无尘布蘸无水乙醇擦拭干净）。

② 调平衡。在左右托盘中各放一张大小相同的称量纸，调节横梁上的平衡螺母，使天平平衡（使指针位于零刻度中央或者指针在零刻度位置左右摆动幅度一致）；此时即为天平的零点。

③ 称量。用镊子夹取10g砝码放到右盘中央；打开盛装碳酸钠药品的广口瓶（把贴有标签的一面握在手心中，瓶塞倒置在桌面上）；用小药匙混匀样品；把广口瓶拿到左盘上方，用小药匙向左盘中添加样品（注意：不许把化学药品直接放在托盘中进行称量），同时观察指针的摆动情况。当天平趋于平衡时，用左手手指轻敲右手腕或用右手食指轻弹手里的药匙柄，使样品徐徐落入称量纸上，直到指针位于零刻度中央或者指针在零刻度位置左右摆动幅度一致；其指针所停的位置叫做天平的停点，停点与零点应基本相符（托盘天平的停点和零点之间允许有一小格的偏差）。

④ 整理。测量完备，取下被称物，将砝码收回盒中，游码归零。保持秤盘干净，将秤盘放在一侧，以免天平长期处于摆动状态。

## 3. 液体样品的称量

液体试剂和配制的溶液通常放在细口瓶中或带有滴管的滴瓶中。

（1）量筒（或量杯）的使用

① 用量筒量取透明液体的体积时，视线的位置很重要，一定要平视，偏高或偏低都会造成较大的误差。读数时，对于无色透明液体，视线要与凹液面下部最低点相切；对于有色或不透明液体，视线要与凹液面上缘相切；对于水银或其他不浸润玻璃的液体，读数时则需要看液面的最高点。

② 不允许用大容量量筒量取少量的液体。因为用量筒测量体积的准确程度和量筒的直径有关，量筒越粗，所量的体积的准确度就越小。

③ 不能对量筒加热，因量筒底部的玻璃厚薄不均，易破裂且引起容积的改变。也不能骤冷。

④ 不能在量筒内直接配制溶液。

（2）液体试剂的取用

① 从细口瓶中取用试剂。采用倾注法。先将瓶塞取下倒置在桌面上，再把试剂瓶贴有标签的一面握在手心中，然后逐渐倾斜瓶子让试剂沿试管内壁流下。取足所需量后，应将试剂瓶口在试管口靠一下，再逐渐竖起以免遗留在试剂瓶口的液滴流到瓶的外壁。当需要量取一定体积的液体试剂时，可根据试剂用量不同选用适当容量的量筒（或量杯）。

② 从滴瓶中取用少量液体试剂。先提起滴管，使管口离开液面，再用手指紧捏胶帽排出管内空气，然后将滴管插入试液中，放松手指吸入试剂。可反复置换几次，确保所取的样品具有代表性和均匀性。

提起滴管，始终保持胶帽朝上，不能平持或斜持，以防试液流入胶帽中，腐蚀胶帽并沾污试剂。然后将滴管垂直放在承接容器上方将试剂逐滴加入。滴加时，滴管只能接近容器口，不能远离或伸入容器口内。远离容易将试液滴落到容器外部，伸入容器口内则容易沾污滴管，而将其他物质带回滴瓶，使瓶内试剂受到污染。滴管用后，应将剩余试剂挤回滴瓶中。注意不能捏着胶帽将滴管放回滴瓶，以免其中充满试液。

滴瓶上的滴管只能配套专用，不能随意串换。使用后应立即放回原瓶中，不可放在桌面或他处，以免沾污或拿错。

当实验中不需准确要求试剂的用量时，可不必使用天平或量筒量取，根据需要粗略估量即可。用滴管取用液体试剂时，一般滴出 20～25 滴即约为 1mL。当实验中需要较为准确要求试剂的用量时，可使用天平进行称量。

（3）操作步骤

① 放水平。将托盘天平放在水平工作台上，将游码拨至标尺左端零刻度线处。

② 调平衡。调节横梁上的平衡螺母，使天平平衡。

③ 将 100mL 烧杯放在左盘上（注意：烧杯外壁要保持干燥），预先估计小烧杯的质量，在右盘按由大到小的顺序用带塑料尖的镊子加减适当的砝码，大砝码放在盘中央，小砝码放在大砝码周围。移动标尺上游码的位置，直到横梁恢复平衡。记下砝码质量和游码在标尺上的数值，两者相加即为所称量物品的质量。$m_{烧杯} = m_{砝码} + m_{游码}$。以游码左端所对的刻度值为准。记录数据。

④ 测量水的体积。用洗瓶或其他容器沿量筒（量杯）壁加入 50mL 水，读数时视线

与量筒（量杯）刻度线在同一水平面上，偏高或偏低都会造成较大的误差。使凹液面下部最低点与刻度线上缘相切。

⑤ 称量水的质量。将量筒内的水沿烧杯壁倒入烧杯中，用镊子向右盘加、减砝码并调节游码在标尺上的位置，直到天平恢复平衡；右盘内砝码的质量加上游码在称量标尺上所对应的刻度值，即为小烧杯与水的总质量 $m_总 = m_{烧杯} + m_水$。

⑥ 计算水的质量。小烧杯与水的总质量 $m_总$ 减去小烧杯的质量 $m_{烧杯}$ 即为 50mL 水的质量。

⑦ 整理。测量完备，取下被称物，将砝码收回盒中，游码归零。保持秤盘干净，将秤盘放在一侧，以免天平长期处于摆动状态。

**4. 数据处理**

（1）原始记录的填写要求

① 用钢笔或圆珠笔填写，不能用铅笔填写，字迹端正、清晰、数字要用印刷体。

② 必须及时、准确、真实地记录数据和现象。不可回忆、誊写或拼凑伪造数据；不可记录在单页纸、称量纸、滤纸或手上。

③ 记录内容要完整。如日期、实验名称、测定次数、实验数据及实验者、特殊仪器的型号和标准溶液的浓度、温度等都应标明。

④ 记录的数据单位、符号符合法定计量单位的规定。

⑤ 有效数字的记录位数应与测量仪器精度一致。如常量滴定管的读数应记录至 0.01mL。

⑥ 不得随意涂改，不能缺页、缺项。对记错的数据必须按照规定的方法更改。用涂改液、透明胶、小刀刮或撕掉等都是不正确的，这些做法只是为了保持页面的整洁，而忽视了记录的真实性、原始性。应在要更改的数据上画一横线，要保持原始记录的数据能明显辨认，再在上方或近旁书写正确的数字（为了明确责任，应在错误处盖上本人的图章，更改率按每人每月统计，要求小于百分之一）。

⑦ 实验结束后，应对记录认真地核对，判断所测量的数据是否正确、合理、平行测定结果是否超差，以决定是否需要进行重新测定。

（2）报告单

托盘天平称量练习表见表 2-4。

表 2-4　托盘天平称量练习

| 记录项目 | 1 | 2 |
|---|---|---|
| 烧杯＋水的质量/g | | |
| 烧杯的质量/g | | |
| 水的质量/g | | |
| 固体药品的质量/g | | |

### 知识点 1　天平的主要技术指标

天平的主要技术指标有最大载荷、最小分度值和灵敏度。

① 最大载荷（也叫最大称量）是指天平允许称量的最大质量。最大称量＝砝码盒内砝码的总质量＋游码最大的读数。

② 感量（也叫最小分度值）就是标尺上每一小格表示的质量。

③ 灵敏度是分度值的倒数。

### 知识点 2　天平的种类

① 按设计原理分类：可分为扭力天平、杠杆天平、电子天平。

② 按用途和称量范围分类：可分为工业天平、架盘天平、分析天平、微量天平、超微量天平等。

### 知识点 3　托盘天平的构造及称量原理

① 称量原理。杠杆平衡的原理。天平的两臂长度相等，当两盘中放置的物体的质量相等时，横梁就处于平衡状态。

② 构造。底座、横梁、托盘、指针、刻度盘、游码、游码标尺、调零螺母（平衡螺母）、刀口。

③ 特点。最大载重大；称量精度不高，一般能称准到 0.1g，可用于精确度不高的称量（如一般溶液的配制）。

### 知识点 4　原始记录

原始记录是分析检验工作情况的记载，是出具检验报告，判定产品质量的依据，同时它也是分析检验技术水平的反映，也是执行技术标准和计量法规的体现。

### 知识点 5　药品取用的三不原则

不能用手接触药品；不要把鼻孔凑到容器口闻药品的气味；不得尝任何药品的味道。

### 知识点 6　有效数字

定量分析中，不仅要准确地进行各种测量，而且还要正确地记录和计算。对于实验测量数据的记录和结果计算，保留的有效数字位数不是任意的，而应根据测量仪器的精度、分析方法的准确度等来确定。

有效数字是指在分析工作中实际能够测量得到的数字，在保留的有效数字中，只有最后一位数字是不确定的、可疑的，可能有 ±1 的误差，其余数字都是准确的。

以下列出常见分析测量中能得到的有效数字及位数：

| | | |
|---|---|---|
| 试样的质量 $m$ | 1.1430g | 五位有效数字 |
| 溶液的体积 $V$ | 22.06mL | 四位有效数字 |
| 量取试液 $V$ | 25.00mL | 四位有效数字 |
| 标准溶液浓度 $c$ | 0.1000mol/L | 四位有效数字 |
| 吸光度 $A$ | 0.356 | 三位有效数字 |
| 质量分数 $w$ | 38.97% | 四位有效数字 |
| pH 值 | 4.30 | 二位有效数字 |
| 解离常数 $K$ | $1.8 \times 10^{-5}$ | 二位有效数字 |
| 电极电位 $\Phi$ | 0.337V | 三位有效数字 |

几点特别说明：

① 数字"0"在数据中的双重意义。当用来表示与测量精度有关的数字时，是有效数字。只起定位作用与测量精度无关时，不是有效数字。

简单讲，数字间和数字末尾的"0"是有效数字，数字前的"0"不是有效数字，例：0.2130g 为四位有效数字。小数点前的"0"只起到定位作用，不是有效数字，而数字 3 后面的"0"是有效数字。

② 含有对数的有效数字位数，取决于小数部分数字的位数，整数部分只说明相应真数的方次。

如 pH、pM、$\lg k$ 等。pH＝9.70 两位有效数字，9 说明相应真数的方次，不是有效数字。

③ 分数、倍数、常数，视为多位有效数字。如 $\pi$、法拉第常数等，是非测量所得，可视为无限多位有效数字。

④ 单位换算时，要注意有效数字的位数，不能混淆。例如：1.25g 不能记录为 1250mg，应为 $1.25 \times 10^3$ mg。

## 任务三
### 加热与溶解操作

在化学实验中，经常要用到加热、冷却、溶解、蒸发、沉淀、过滤、结晶、干燥、蒸馏、分馏、萃取、升华、玻璃管的简单加工、塞子的钻孔以及仪器的连接等操作，实验者必须熟练掌握这些化学实验的基本操作技术。

**学习目标：**
① 掌握加热与冷却、溶解与蒸发基本操作技术；
② 会使用酒精灯、电炉等加热设备。

**仪器与试剂：**
① 仪器。酒精灯，电炉，铁架台，试管，试管夹，坩埚，烧杯，水浴锅，玻璃棒，

石棉网，电磁搅拌器，电炉。

② 试剂。无水碳酸钠，粗食盐，冰。

**1. 物质的加热**

实验室中常用的加热器具有酒精灯、酒精喷灯、电炉和电加热套等。常用的加热方式有直接加热和间接加热两种。对于热稳定性较好的物质，可在试管、烧杯、烧瓶或坩埚、蒸发皿等耐热容器中直接加热。热稳定性较差的物质，可采用间接加热法，通过水浴、油浴、沙浴和空气浴等进行加热。

（1）**试管中液体的加热**

① 加热试管中的液体时，液体量不得超过试管容积的1/3。

② 用试管夹夹持住试管中上部，管口稍微倾斜向上，先在火焰上方往复移动试管，使其均匀预热后，再放入火焰中加热（图2-1）。

③ 为使其受热均匀，可先加热试管中液体的中上部，再缓慢向下移动加热，以防局部过热产生的大量蒸气带动液体冲出管外。

图2-1　加热试管中的液体

④ 加热试管中的液体时，应避免出现直接用手拿取试管进行加热［图2-2(a)］、试管夹夹取试管中部直立加热［图2-2(b)］、试管口朝向自己或他人进行加热［图2-2(c)］以及集中加热某一部位，致使局部过热液体溅出［图2-2(d)］等错误操作。

(a) 手拿试管加热　　(b) 夹持中部并直立加热　　(c) 试管朝人加热　　(d) 局部过热使液体冲出

图2-2　加热试管中液体的错误操作

（2）**试管中固体的加热**

① 固体试剂应放入试管底部并铺匀，块状或粒状固体一般应先研细后再加入试管中。

② 加热时，用铁夹夹持试管的中上部，将试管口稍微倾斜向下（也可将其固定在铁架台上），先用灯焰对整个试管预热，然后从盛有固体试剂的前部缓慢向后移动加热（图2-3）。

③ 加热试管中的固体时，应避免出现将药品集中堆放在试管底部，致使加热时外层药物形成硬壳而阻止内部继续反应，或内部产生的气体将固体药品冲出试管外［图2-4(a)］，以及将试管口朝上加热，致使产生的液体流向灼热的管底发生炸裂［图2-4(b)］等错误操作。

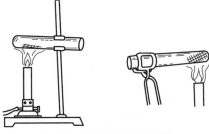
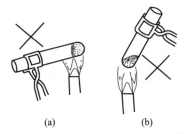

图 2-3　加热试管中的固体　　　　　　图 2-4　加热试管中固体的错误操作

（3）烧杯（或烧瓶）中液体的加热

① 直接加热烧杯（或烧瓶）中的液体时，应在热源上放置石棉网，以防容器因受热不均匀而发生炸裂（见图 2-5）。

② 烧杯中所盛放的液体不得超过其容积的 1/2，烧瓶中所盛放的液体不得超过其容积的 1/3。

（4）坩埚中固体的加热

① 实验室中灼烧或熔融某些固体物质需在坩埚内进行。坩埚通常用泥三角支承，如图 2-6 所示。

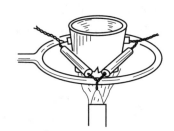

图 2-5　加热烧杯中的液体　　　　　　图 2-6　加热坩埚中的固体

② 加热时，先用小火预热，再加大火力使坩埚烧至红热。停止加热或移动坩埚时，需用预热的坩埚钳夹持坩埚，热的坩埚和坩埚钳应放置在石棉网上。

③ 加热蒸发皿中的液体或固体时，其操作方法与坩埚加热大体相同。

（5）热稳定性较差的物质的加热

① 水浴。加热温度在 80℃ 以下的可采用水浴。水浴加热方便、安全，但不适于需要严格无水操作的实验（如制备格氏试剂或进行付氏反应）。

② 油浴。加热温度在 80～250℃ 之间的可用油浴。常用的油类有甘油、硅油、食用油和液体石蜡等。油类易燃，加热时应注意观察，发现有油烟冒出时，应立即停止加热。

③ 沙浴。加热温度在 250～350℃ 之间的可用沙浴。沙浴使用安全，但升温速率较慢，温度分布不够均匀。

## 2. 物质的冷却

① 最简单的冷却方法就是把盛有待冷却物质的容器浸入冷水或冰水（碎冰与水的混

合物）浴中，以降低温度。

② 如需要冷却的温度在 0℃ 以下时，可采用冰和盐的混合物作冷却剂。

③ 把干冰与某些有机溶剂（如乙醇、氯仿等）混合，可以得到更低的温度（－50～70℃）。当温度低于－38℃时，不能使用水银温度计（水银在－38.87℃凝固）。

**3. 固体的溶解**

在化学实验中，为使反应物混合均匀，以便充分接触、迅速反应，或为提纯某些固体物质，常需将固体溶解，制成溶液。

（1）溶剂的选择

① 根据固体的性质，选择适当的溶剂。水通常是溶解固体的首选溶剂。它具有不易带入杂质、容易分离提纯以及价廉易得等优点。因此凡是可溶于水的物质应尽量选择水作为溶剂。

② 某些金属的氧化物、硫化物、碳酸盐以及钢铁、合金等难溶于水的物质，可选用盐酸、硝酸、硫酸或混合酸等无机酸加以溶解。

③ 大多数有机化合物需要选择极性相近的有机溶剂进行溶解。

（2）影响溶解速度的因素

影响溶解速度的因素主要是温度、是否搅拌和固体颗粒的大小。

① 加热。大多数固体物质的溶解度随温度的升高而增大，即加热能使固体的溶解速率加快。必要时可根据物质的热稳定性，选择适当方式进行加热，促其溶解。

② 研磨。固体块状或颗粒较大的固体，需要在研钵中研细成粉末状，以便使其迅速、完全溶解。

③ 搅拌。先将固体粉末放入烧杯中，再借助玻璃棒加入溶剂（溶剂的用量可根据固体在该溶剂中的溶解度或实验的具体需要来决定），然后轻轻搅拌，直到固体全部溶解并成为均相溶液为止。固体的溶解操作如图 2-7 所示。

(a) 加入溶剂　　　(b) 搅拌　　　(c) 直接加热　　　(d) 水浴加热

图 2-7　固体的溶解操作

（3）搅拌与搅拌器

搅拌可以加快溶解速率，也可以使加热、冷却或化学反应体系中溶液的温度均匀。实验室中常用的搅拌器有玻璃棒、磁力搅拌器和电动搅拌器等。

玻璃棒是化学实验中最常用的搅拌器具。使用时，手持玻璃棒上部，轻轻转动手腕用微力使其在容器中的液体内均匀搅动。

搅拌液体时，应注意不能将玻璃棒沿容器壁滑动 [图 2-8(a)]，也不能朝不同方向乱搅使液体溅出容器［图 2-8(b)］，更不能用力过猛以致击破容器［图 2-8(c)］。

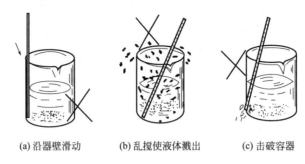

(a) 沿器壁滑动　　　　(b) 乱搅使液体溅出　　　　(c) 击破容器

图 2-8　搅拌时的错误操作

磁力搅拌器又叫电磁搅拌器，其构造如图 2-9 所示。

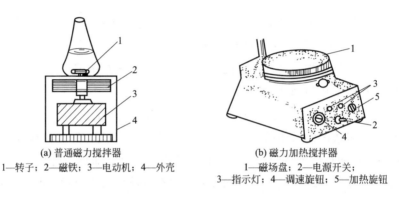

(a) 普通磁力搅拌器　　　　　　　　　(b) 磁力加热搅拌器
1—转子；2—磁铁；3—电动机；4—外壳　　　　1—磁场盘；2—电源开关；
　　　　　　　　　　　　　　　　　　　　　　3—指示灯；4—调速旋钮；5—加热旋钮

图 2-9　磁力搅拌器

使用时，在盛有溶液的容器中放入转子（密封在玻璃或合成树脂内的强磁性铁条），将容器放在磁力搅拌器上。通电后，底座中的电动机使磁铁转动，所形成的磁场使置于容器中的转子跟着转动，转子又带动了溶液的转动，从而起到搅拌作用。

带有加热装置的磁力搅拌器，可在搅拌的同时进行加热，使用十分方便。使用磁力搅拌器时应注意以下几点。

① 转子要沿器壁缓慢放入容器中。

② 搅拌时应逐渐调节调速旋钮，速率过快会使转子脱离磁铁的吸引。如出现转子不停跳动的情况时，应迅速将旋钮调到停位，待转子停止跳动后再逐步加大转速。

③ 实验结束后，应及时清洗转子。

磁力搅拌适用于溶液量较小、黏度较低的情况。如果溶液量较大或黏度较高，可采用电动搅拌器进行搅拌。

**4. 溶液的蒸发**

溶液的蒸发是指用加热的方式使一部分溶剂在液体表面发生汽化，从而提高溶液浓度或使固体溶质析出的过程。

实验室中，蒸发浓缩通常在蒸发皿中进行，因其可耐高温，表面积大，蒸发速率较快。

蒸发皿中盛放溶液的体积不得超过其容积的 2/3。若溶液量较多，可随溶剂的不断蒸发分次添加，有时也可改用大烧杯作为蒸发容器。对于热稳定性较好的物质，蒸发可在石棉网或泥三角上直接加热进行。有些物质遇热容易分解，则应采用水浴控温加热。有机溶剂的蒸发常在通风橱中进行。

随着蒸发的进行，溶液的浓度逐渐变大，应注意适当调节加热温度，并不断加以搅拌，以防局部过热而发生迸溅。

蒸发的程度取决于实验的具体要求和溶质的溶解性能。当蒸发是为了便于结晶析出时，对于溶解度随温度降低而显著减小的物质，如 $KNO_3$、$H_2C_2O_4$ 等，只要将其溶液浓缩至表面出现晶体膜，即可停止加热。对于溶解度随温度变化不大、冷却高温的过饱和溶液也不能析出较多晶体的物质，如 $NaCl$、$KCl$ 等，则需要在溶液中析出结晶后继续蒸发母液，直至呈粥状后再停止加热。

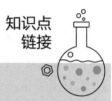

知识点
链接

**知识点 1　化学实验常用仪器**

① 可直接受热的仪器。试管、蒸发皿、燃烧匙、坩埚等。

② 能间接受热的仪器。烧杯、烧瓶、锥形瓶（加热时，需加石棉网）。

③ 可用于固体加热的仪器。试管、蒸发皿、坩埚。

④ 可用于液体加热的仪器。试管、烧杯、蒸发皿、烧瓶、锥形瓶。

⑤ 存放药品的仪器。广口瓶（固体）、细口瓶（液体）、滴瓶（少量液体）、集气瓶（气体）。

⑥ 计量仪器。托盘天平（称固体质量）、量筒（量液体体积）。

⑦ 分离仪器。漏斗分液漏斗。

⑧ 取用仪器。药匙（粉末或小晶粒状）、镊子（块状或较大颗粒）、胶头滴管（少量液体）。

⑨ 夹持仪器。试管夹、铁架台（带铁夹、铁圈）、坩埚钳。

⑩ 其他仪器。长颈漏斗、石棉网、玻璃棒、试管刷、水槽。

**知识点 2　酒精灯及其用法**

酒精灯由灯壶、灯芯和灯帽三部分组成。

酒精灯的加热温度不高，约为 400～500℃。其火焰可分为外焰、内焰和焰心，其中外焰的温度较高，内焰的温度较低，焰心的温度最低。

点燃酒精灯需用燃着的火柴，切不可用燃着的酒精灯对点，以免酒精洒出，引起火灾。需要向灯壶内添加酒精时，可借助小漏斗。酒精不得装得太满，以不超过灯壶容积的 2/3 为宜。绝不允许在灯焰燃着时添加酒精，以防造成着火事故。加热完毕，只要盖上灯帽,灯焰即可自行熄灭,切忌用嘴吹灭。熄灭后应将灯帽提起重盖一次,以便使空气进入,免得冷却后盖内产生负压难以打开。

酒精灯的使用方法如图 2-10 所示。

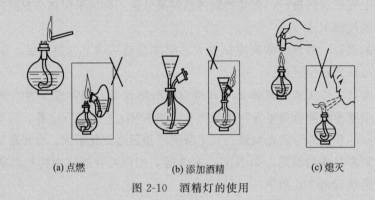

(a) 点燃　　　　　　　(b) 添加酒精　　　　　　(c) 熄灭

图 2-10　酒精灯的使用

### 知识点3　酒精喷灯及其用法

酒精喷灯有挂式和座式两种,其构造如图 2-11 所示,用法如下。

① 装酒精。在酒精储罐中,用漏斗加入 2/3 容积的酒精。

② 排空气。手持酒精储罐,低于灯座后打开储罐开关,缓慢地将储罐上提,赶出胶管中的空气,当灯管的喷嘴中有酒精溢出时,关闭开关,将储罐挂在高处。

③ 预热。开启储罐开关,酒精从喷口溢出,流入预热盆,待将要流满时,关闭开关,点燃预热盆中的酒精。

④ 点燃。当预热盆中的酒精接近燃完时,开启开关,一般可自行喷出火焰。如果只有气体喷出而无火焰时,可用火柴点燃。

⑤ 调节。调节空气开关的螺旋,可控制火焰的大小。

⑥ 熄灭。用毕,先关闭储罐开关,再向右旋紧空气开关的螺丝,即可使灯焰熄灭。

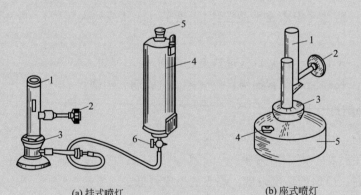

(a) 挂式喷灯　　　　　　　　　　　　(b) 座式喷灯

1—灯管;2—空气调节开关;3—预热盆;　　　1—灯管;2—空气调节开关;3—预热盆;

4—酒精储罐;5—盖子;6—储罐开关　　　　　4—铜帽;5—酒精壶

图 2-11　酒精喷灯的构造

#### 知识点4　电炉及其用法

电炉是实验室经常使用的加热器具之一，最简单的盘式电炉如图 2-12 所示。它由电阻丝、耐火泥盘和金属盘座组成。

常用的可调压电炉如图 2-13 所示，通过调节供电电压，可控制电炉的温度。

图 2-12　盘式电炉　　　　图 2-13　调压电炉

使用电炉时，受热的金属容器不能接触电阻丝，以免造成短路发生触电事故。在受热的玻璃容器和电炉之间最好加置石棉网，这样既可使容器受热均匀，又能避免炉丝受到化学品侵蚀。电炉的耐火泥盘不耐碱性物质，实验时应注意勿把碱类物质洒落炉盘上。应经常清除炉盘内灼烧焦糊的物质，以保证炉丝传热良好，延长电炉使用寿命。

#### 知识点5　电加热套及其用法

它实质上是一种改装的封闭式电炉（图 2-14），其电阻丝包在玻璃纤维内，为非明火加热，使用较为方便、安全。常用调压器调节温度，适当保温时，加热温度可达 400℃ 以上。适用于对圆底容器进行加热， 使用时，将受热容器悬置在电热包中央，不得接触内壁，形成一个均匀的空气浴加热环境。电热包应保持清洁，不得洒入或溅入化学药品。

图 2-14　电加热套

## 任务四
### 粗食盐的提纯

**学习目标：**

① 掌握粗食盐提纯的原理和方法；

② 掌握加热、溶解、搅拌、沉淀、过滤、蒸发、结晶和干燥等基本操作技术。

**仪器与试剂：**

① 仪器。托盘天平，酒精灯，布氏漏斗，石棉网，吸滤瓶，三脚架，减压水泵，玻璃棒，烧杯（200mL），pH 试纸，蒸发皿（100mL），滤纸，玻璃漏斗。

② 试剂。氯化钡溶液（1mol/L），盐酸溶液（2mol/L），氢氧化钠溶液（2mol/L），

碳酸钠溶液（1mol/L），碳酸铵溶液（0.5mol/L），硫氰酸钾溶液（0.5mol/L），粗食盐，镁试剂。

**1. 实验原理**

粗食盐中主要含有钙、镁、铁、钾的硫酸盐、氯化物等可溶性杂质，以及泥沙等不溶性杂质。将粗食盐溶解于水中，不溶性杂质经过滤便可除去。根据可溶性杂质的性质，在溶液中加入适当的化学试剂，使其转变成难溶性物质，即可分离除去，具体方法如下。

① 加入 $BaCl_2$ 溶液，使 $SO_4^{2-}$ 生成难溶的 $BaSO_4$ 沉淀，经过滤分离除去：

$$Ba^{2+} + SO_4^{2-} \longrightarrow BaSO_4 \downarrow （白色）$$

② 加入 NaOH 和 $Na_2CO_3$ 溶液，使 $Mg^{2+}$、$Fe^{3+}$、$Ca^{2+}$ 和稍过量的 $Ba^{2+}$ 等离子生成沉淀，再经过滤除去：

$$Mg^{2+} + 2OH^- \longrightarrow Mg(OH)_2 \downarrow （白色）$$

$$Fe^{3+} + 3OH^- \longrightarrow Fe(OH)_3 \downarrow （红棕色）$$

$$Ca^{2+} + CO_3^{2-} \longrightarrow CaCO_3 \downarrow （白色）$$

$$Ba^{2+} + CO_3^{2-} \longrightarrow BaCO_3 \downarrow （白色）$$

③ 加入盐酸中和过量的 NaOH 和 $Na_2CO_3$：

$$OH^- + H^+ \longrightarrow H_2O$$

$$CO_3^{2-} + 2H^+ \longrightarrow H_2O + CO_2 \uparrow$$

稍过量的盐酸在加热浓缩时，氯化氢即挥发除去；少量可溶性杂质 KCl，由于含量较低，溶解度较大，在 NaCl 结晶时，难于析出仍留在母液中。

**2. 操作步骤**

（1）溶解粗食盐

在托盘天平上称取 10g 粗食盐，置于 200mL 烧杯中，加入 50mL 自来水，在石棉网上用酒精灯加热并不断搅拌，使粗食盐全部溶解。

（2）除去 $SO_4^{2-}$ 和不溶性杂质

在不断搅拌下慢慢向上述溶液中滴加沉淀剂 $BaCl_2$ 溶液，直到溶液中的 $SO_4^{2-}$ 全部生成沉淀为止。操作时，一手持玻璃棒充分搅拌，另一手用滴管滴加沉淀剂，滴管口要接近溶液的液面滴下，以免溶液溅出。再继续加热 10min，使 $BaSO_4$ 颗粒长大，从而便于过滤和洗涤。取下烧杯静置片刻。待沉淀下沉后，沿杯壁向上层清液中滴加 1 滴沉淀剂，观察滴落处是否出现浑浊。如不出现浑浊即表示沉淀完全，否则应补加沉淀剂至沉淀完全为止。

用普通玻璃漏斗过滤，滤液收集在另一干净的烧杯中。用少量水洗涤沉淀，洗涤液并入滤液中。弃去滤渣，保留滤液。

（3）除去 $Ca^{2+}$、$Mg^{2+}$、$Ba^{2+}$、$Fe^{3+}$ 等杂质离子

在搅拌下向上述滤液中加入 1mL NaOH 溶液和 3mL $Na_2CO_3$ 溶液，加热煮沸

10min。取下烧杯静置，用 pH 试纸检验溶液是否呈碱性（pH＝9～10，若 pH 在 9 以下，则应在上层清液中滴加 $Na_2CO_3$ 溶液至不再产生浑浊为止）。用普通玻璃漏斗过滤，弃去滤渣，保留滤液。

（4）中和过量的 NaOH 和 $Na_2CO_3$

向盛有滤液的烧杯中逐滴加入 HCl 溶液并不断搅拌，同时测试 pH，直至溶液呈微酸性（pH＝5～6）。

（5）蒸发结晶

将溶液移入洁净的蒸发皿中，在石棉网上用酒精灯加热，蒸发浓缩至稀粥状稠液为止，不可蒸干。因为此时 KCl 仍留在母液中，可在减压过滤时将其除去。自然冷却使结晶析出完全。

（6）减压过滤

安装减压过滤装置，将冷却后的结晶及母液转移至布氏漏斗中，减压过滤。

（7）干燥、称量

将抽干后的结晶移至洁净干燥的蒸发皿中，在石棉网上用小火缓慢烘干便得精制食盐。冷却至室温后称量质量并计算收率。

（8）检验产品纯度

在台秤上称取 1g 粗食盐和 1g 精制食盐，分别用 5mL 蒸馏水溶解后，再各自分装在 4 支试管中，然后按下列方法检验并比较其纯度。

① $SO_4^{2-}$ 的检验。分别向盛有精盐和粗盐溶液的试管中加入几滴 $BaCl_2$ 溶液，振荡后静置，观察并记录实验现象。精盐溶液中应无沉淀析出。

② $Ca^{2+}$ 的检验。分别向盛有精盐和粗盐溶液的试管中加入 2 滴 $(NH_4)_2CO_3$ 溶液，振荡后静置，观察并记录实验现象。精盐溶液中应无沉淀产生。

③ $Mg^{2+}$ 的检验。先分别向盛有精盐和粗盐溶液的试管中加入 2 滴 NaOH 溶液，使其呈碱性。再各加入 2 滴镁试剂，如溶液变成蓝色，说明有 $Mg^{2+}$ 存在。精盐溶液应无颜色变化。

④ $Fe^{3+}$ 的检验。先分别向盛有精盐和粗盐溶液的试管中加入 2 滴 HCl 溶液，使其呈酸性。再各加入 1 滴 KSCN 溶液，若变成红色，说明有 $Fe^{3+}$ 存在。精盐溶液应无颜色变化。

### 3. 操作要领

（1）滤纸的折叠与安放

选择与漏斗相宜的圆形滤纸，对折两次后展开。为使滤纸和漏斗内壁贴紧，常将三层厚的外两层撕下一小块。滤纸放入漏斗后，用手按住其三层的一边，用洗瓶注入少量水把滤纸润湿，轻压滤纸赶去气泡，使滤纸与漏斗壁贴合。应注意放入的滤纸要比漏斗边缘低 0.5～1cm。滤纸的折叠与安放操作见图 2-15。

（2）滤器的处理

过滤前，先向漏斗中加水至滤纸边缘，使漏斗颈内全部充满水而形成水柱。若颈内不

图 2-15　滤纸的折叠与安放

形成水柱,可用手指堵住漏斗下口,同时稍稍掀起滤纸的一边,用洗瓶向滤纸和漏斗之间的空隙加水,使漏斗颈和锥体的大部分被水充满,然后压紧滤纸边,松开堵在下口的手指,一般即能形成水柱。由于水柱的重力曳引漏斗内的液体,从而加快过滤速率。

（3）沉淀的过滤

将准备好的漏斗置于漏斗架上,漏斗下面放一洁净的烧杯,用以接收滤液。漏斗颈口长的一边应紧靠烧杯壁,以便使滤液沿杯壁留下,不致溅出。

过滤时,左手持玻璃棒,垂直地接近滤纸三层的一边,右手拿烧杯,将杯嘴贴着玻璃棒并慢慢倾斜,使烧杯中上层清液沿玻璃棒流入漏斗中。随着溶液的倾入,应将玻璃棒逐渐提高,避免其触及液面。待漏斗中液面达到距滤纸边缘 5mm 处,应暂时停止倾注,以免少量沉淀因毛细作用越过滤纸上缘,造成损失。停止倾注溶液时,将烧杯嘴沿玻璃棒向上提,并逐渐扶正烧杯,以避免烧杯嘴上的液滴流到烧杯外壁,再将玻璃棒放回烧杯中,但不得放在烧杯嘴处。

（4）沉淀的洗涤与转移

洗涤沉淀时,要本着"少量多次"的原则进行洗涤,即总体积相同的洗涤液,应尽可能分多次洗涤,每次用量要少,以便提高洗涤效率。先用洗瓶沿烧杯壁旋转着吹入少量洗涤液,注入盛有沉淀的烧杯或试管中,再用玻璃棒将沉淀搅起充分洗涤后静置（或离心）,待沉淀沉降后,按前面的方法过滤上层清液,如此重复 4~5 次,一般即可将沉淀洗涤干净。最后,向烧杯中加入少量洗涤液并将沉淀搅起,立即将此混合液转移至滤纸上。残留在烧杯内的少量沉淀可按此法转移:左手持烧杯,用食指按住横架在烧杯口上的玻璃棒,玻璃棒下端应比烧杯嘴长出 2~3cm,并靠近滤纸的三层一边,右手拿洗瓶吹洗烧杯内壁,直至洗净烧杯。沉淀全部转移到滤纸上后,再用洗瓶从滤纸边缘开始向下螺旋形移动吹入洗涤液,将沉淀冲洗到滤纸底部,反复几次,将沉淀洗涤干净。若需要搅拌,应特别注意玻璃棒不得触及滤纸,以免捅破滤纸造成透滤。普通过滤装置及操作见图 2-16。

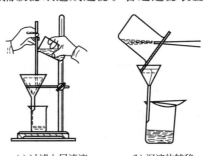

(a) 过滤上层清液　　　　(b) 沉淀的转移

图 2-16　普通过滤装置及操作

进行普通过滤时，应注意避免出现下列错误操作。

① 用手拿着漏斗进行过滤 [图 2-17(a)]；

② 漏斗颈远离烧杯壁和液面 [图 2-17(b)]；

③ 不通过玻璃棒，直接往漏斗中倾倒溶液 [图 2-17(c)]；

④ 引流的玻璃棒指向滤纸单层一边或触及滤纸 [图 2-17(d)]。

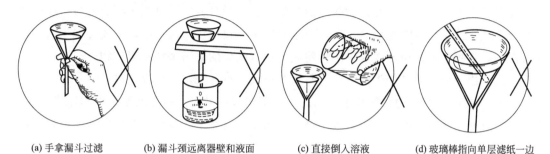

（a）手拿漏斗过滤　　（b）漏斗颈远离器壁和液面　　（c）直接倒入溶液　　（d）玻璃棒指向单层滤纸一边

图 2-17　普通过滤时的错误操作

（5）减压过滤

减压过滤前，需检查整套装置的严密性，布氏漏斗下端的斜口要正对着吸滤瓶的侧管，放入布氏漏斗中的滤纸应剪成比漏斗内径小一些的圆形，以能全部覆盖漏斗滤孔为宜。

母液抽干后，暂时停止抽气。用玻璃棒将晶体轻轻搅动松散（注意玻璃棒不可触及滤纸），加入少量冷溶剂浸润后，再抽干（可同时用玻璃瓶塞在滤饼上挤压）。如此反复操作几次，可将滤饼洗涤干净。

停止抽气时，应先打开缓冲瓶上的二通活塞（避免水倒吸），然后再关闭减压泵。将抽干后的结晶移至洁净干燥的蒸发皿中，在石棉网上用小火缓慢烘干便得精制食盐。冷却至室温后称量质量。

### 4. 数据处理

按式(2-1)计算收率：

$$收率 = \frac{精制食盐的质量}{粗食盐的质量} \times 100\% \qquad (2-1)$$

### 5. 实验指南与安全提示

① 可利用溶液静置或冷却时准备过滤装置、折叠滤纸等，以便节省实验时间。

② 两次普通过滤都不必使溶液冷却，只要稍加静置使沉淀沉降完全即可。但减压过滤前必须使混合物充分冷却，以便结晶析出完全。

③ 向漏斗中转移溶液时，必须借助玻璃棒，不可直接倾倒，以免将溶液倒入滤纸和漏斗的夹层中造成透滤或洒在漏斗外面造成损失。

④ 在热源上取放蒸发皿时，必须使用坩埚钳，切不可直接用手去拿，以防造成烫伤。

知识点1　沉淀技术

沉淀是化学反应生成难溶性物质的过程。生成的难溶性物质通常也简称沉淀。沉淀有时是所需要的产品，有时是欲除去的杂质。在化学分析中，可利用沉淀反应，使待测组分生成难溶化合物沉淀析出，以进行定量测量。在物质的制备中，可通过选用适当的沉淀剂，将可溶性杂质转变成难溶性物质再加以除去的方法来精制粗产物。

无论出于何种目的产生的沉淀，都需与母液分离开来，并加以洗涤。

① 根据沉淀过程的目的和生成物的性质不同，可采用不同的沉淀条件和操作方式。例如，有些沉淀反应要求在热溶液中进行；为使沉淀完全，多数沉淀反应需要加入过量的沉淀剂；等等。

② 沉淀操作通常在烧杯中进行，为了得到颗粒较大、便于分离的沉淀，应在不断搅拌下慢慢滴加沉淀剂。操作时，一手持玻璃棒充分搅拌，另一手用滴管滴加沉淀剂，滴管口要接近溶液的液面滴下，以免溶液溅出。

③ 检查是否沉淀完全时，需将溶液静置，待沉淀下沉后，沿杯壁向上层清液中滴加1滴沉淀剂，观察滴落处是否出现浑浊。如不出现浑浊即表示沉淀完全，否则应补加沉淀剂至沉淀完全为止。

知识点2　沉淀的分离

沉淀的分离可根据沉淀的性质以及实验的需要采用倾泻法、离心法或过滤法。

（1）倾泻法

如果沉淀的颗粒或密度较大，静置后能沉降至容器底部，便可利用倾泻的方法将沉淀与母液快速分离开。

操作时，先使混合物静置，不要搅动，待沉淀沉降完全后，将上层清液小心地沿玻璃棒倾出，使沉淀仍留在容器中（图2-18）。

（2）离心法

当沉淀量很少时，可使用离心机（图2-19）进行分离。使用时，把盛有混合物的离心试管放入离心机的套管内。然后慢慢启动离心机并逐渐加速。由于离心作用，沉淀紧密地聚集于离心试管的底部，上层则是澄清的溶液。可用滴管小心地吸出上层清液（图2-20），也可用倾泻法将其倾出。

图2-18　倾泻法分离沉淀

图2-19　电动离心机图

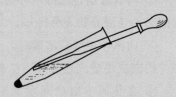
图2-20　用滴管吸取上层清液

使用电动离心机时，应注意以下几点。

① 为防止旋转过程中碰破离心管，离心机的套管底部应铺垫适量棉花或海绵。

② 离心试管应对称放置，若只有一支盛有欲分离物的试管时，可在与其对称的位置上放一支盛有等体积水的离心试管，以使离心机保持平衡。

③ 离心机启动时要先慢后快，不可直接调至高速。用完后，关闭电源开关，使其自然停止转动，决不能强制停止，以防造成事故。

（3）过滤法

过滤法是采用过滤装置将沉淀与母液分离。常用的过滤方法有普通过滤、保温过滤和减压过滤，可根据实验的不同需要进行选择。

### 知识点 3  玻璃棒在粗盐提纯实验中的三个作用

搅拌、引流、转移。

### 知识点 4  普通过滤操作中的三靠

倾倒滤液时烧杯口紧靠玻璃棒；玻璃棒轻靠在三层滤纸的一端；漏斗下端管口紧靠烧杯内壁。

### 知识点 5  过滤两次滤液仍浑浊的原因

滤纸破损，仪器不干净，液面高于滤纸边缘。

### 知识点 6  滤纸

化学实验所用滤纸按其用途不同可分为定量滤纸和定性滤纸；按滤纸孔隙大小不同可分为"快速"、"中速"和"慢速"滤纸。定量滤纸与沉淀一起灼烧时基本无灰烬残留，适用于物质的重量分析。定性滤纸常含有微量杂质，多用于无机物沉淀的分离和有机物重结晶的过滤。"快速"滤纸适于胶状沉淀的过滤（如 $Fe_2O_3 \cdot nH_2O$ 等）；"中速"适于粗晶形沉淀的过滤（如 $MgNH_4PO_4$ 等）；"慢速"滤纸适于细晶形沉淀的过滤（如 $BaSO_4$ 等）。

### 知识点 7  试纸

实验室中常用的试纸有酸碱试纸和特制专用试纸。酸碱试纸是用来检验溶液酸碱性的，常见的有石蕊试纸、刚果红试纸和 pH 试纸等。特制专用试纸通常是专门为检测某种（类）物质的存在而特殊制作的，常见的有淀粉-碘化钾试纸和醋酸铅试纸等。

① 石蕊试纸。石蕊试纸分蓝色和红色两种，蓝色试纸在酸性溶液中变成红色，红色试纸在碱性溶液中变成蓝色。

② 刚果红试纸。刚果红试纸自身为红色，遇酸变为蓝色，遇碱又变回红色。

③ pH 试纸。pH 试纸可分为两种，一种是广范 pH 试纸，另一种是精密 pH 试纸。广范 pH 试纸测试的 pH 范围较宽，在 pH 为 1～14 之间。通常附有标准色阶卡，以便通过比较确定溶液的 pH 范围。精密 pH 试纸按其变色范围分为很多类型，测得的 pH 变化值较小，较为精确。

使用酸碱试纸检验溶液的酸碱性时，先用镊子夹取一条试纸，放在干燥洁净的表面皿中，再用玻璃棒蘸取少量待测溶液滴在试纸上，观察试纸颜色的变化，以确定溶液的酸碱性。

从容器中取出所需试纸后，应立即封闭容器，以免剩余试纸受到空气中某些气体的污染。

## 任务五
### 丙酮-水混合物的分离

蒸馏和分馏是分离、提纯液态混合物常用的方法。根据混合物的性质不同，可分别采用普通蒸馏、简单分馏、水蒸气蒸馏和减压蒸馏等操作技术。丙酮和水都是常用的极性溶剂，彼此互溶。丙酮的沸点为56℃，水的沸点为100℃。本实验利用普通蒸馏和简单分馏分别对它们的混合溶液进行分离，比较分离效果。

**学习目标：**
① 理解蒸馏与分馏方法分离提纯物质的基本原理；
② 掌握蒸馏与分馏基本操作技术；
③ 能安装与操作普通蒸馏和简单分馏等仪器装置，并比较采用蒸馏和分馏分离液体混合物的效果。

**仪器与试剂：**
① 仪器。圆底烧瓶（100mL），刺形分馏柱，直形冷凝管，量筒，蒸馏头，接液管，锥形瓶（100mL），长颈玻璃漏斗，温度计（100℃），沸石，水浴，秒表，脱脂棉，电炉，铁架台，铁夹，胶管。
② 试剂。丙酮，蒸馏水。

**1. 普通蒸馏操作**
在常温下，将液态物质加热至沸腾，使其变为蒸气，然后再将蒸气冷凝为液体，收集到另一容器中，这个过程叫普通蒸馏。通过蒸馏可以将易挥发和难挥发的物质分离开来，也可将沸点不同的物质进行分离。普通蒸馏是在常压下进行的，因此又叫常压蒸馏。适用于分离沸点差大于30℃的液态混合物。

纯净的液体物质，在蒸馏时温度基本恒定，沸程很小，所以通过常压蒸馏，还可测定液体物质的沸点或检验其纯度。

（1）普通蒸馏装置的组成与安装
普通蒸馏装置的组成如图2-21所示。主要包括汽化、冷凝和接收三部分。
① 汽化部分由圆底烧瓶和蒸馏头、温度计组成。液体在烧瓶内受热汽化后，其蒸气由蒸馏头侧管进入冷凝管中。选择烧瓶规格时，以被蒸馏物的体积不超过其容量的2/3、

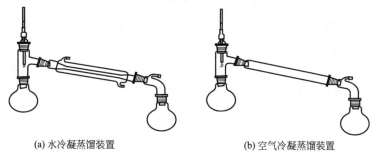

(a) 水冷凝蒸馏装置　　　　　　　(b) 空气冷凝蒸馏装置

图 2-21　普通蒸馏装置

不少于 1/3 为宜。

② 冷凝部分由冷凝管组成。蒸气进入冷凝管的内管时，被外层套管中的冷水冷凝为液体。当所蒸馏液体的沸点高于 140℃时，应采用空气冷凝管，空气冷凝管是靠管外空气将管内蒸气冷凝为液体的。

③ 接收部分由接液管和接收器（常用圆底烧瓶或锥形瓶）组成。在冷凝管中被冷凝的液体经由接液管收集到接收器中。如果蒸馏易燃或有毒物质时，应在接液管的支管上接一根橡胶管，并通入下水道内或引出室外，若被蒸馏物质沸点较低，还要将接收器放在冷水浴或冰水浴中冷却（图 2-22）。

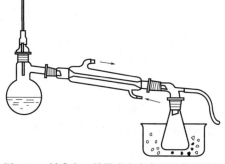

图 2-22　低沸点、易燃或有毒产品的蒸馏装置

按图 2-21(a) 所示安装普通蒸馏装置，用量筒作接收器。

先根据被蒸馏物的性质选择合适的热源。再以热源高度为基准，用铁夹将圆底烧瓶固定在铁架台上，然后由下而上，从左往右依次安装蒸馏头、温度计、冷凝管和接收器。

安装温度计时，应注意使水银球的上端与蒸馏头侧管的下沿处于同一水平线上 [图 2-23(a)]。这样，蒸馏时水银球能被蒸气完全包围，才可测得准确的温度。

在连接蒸馏头与冷凝管时，要注意调整角度，使冷凝管和蒸馏头侧管的中心线成一条

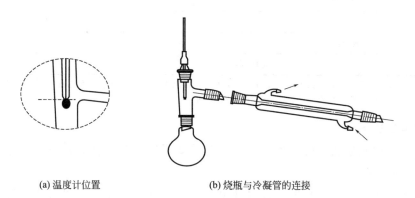

(a) 温度计位置　　　　　　　　(b) 烧瓶与冷凝管的连接

图 2-23　仪器组装示意图

直线［图 2-23(b)］。若采用水冷凝管，冷凝水应从下口进入，上口流出，并使上端的出水口朝上，以使冷凝管套管中充满水，保证冷凝效果。若接液管不带支管，切不可与接收器密封，应与外界大气相通，以防系统内部压力过大而引起爆炸。

整套装置要求准确、端正、稳固。装置中各仪器的轴线应在同一平面内，铁架、铁夹及胶管尽可能安装在仪器背面，以方便操作。检查装置的稳妥性后，便可按下列程序进行蒸馏操作。

（2）加入物料

量取 25mL 丙酮和 25mL 水，通过长颈玻璃漏斗由蒸馏头上口倾入圆底烧瓶中（注意漏斗颈应超过蒸馏头侧管的下沿，以防液体由侧管流入冷凝管中），投入几粒沸石（防止暴沸），再装好温度计。

（3）通冷却水

检查装置的气密性和与大气相通处是否畅通后，打开水龙头，缓慢通入冷却水。

（4）加热蒸馏

开始先用小火加热，逐渐增大加热强度，使液体沸腾。然后调节热源，控制蒸馏速度，以 1s 流出 1～2 滴为宜。此间应使温度计水银球下部始终挂有液珠，以保持气液两相平衡，确保温度计读数的准确。

（5）收集馏分并记录

记录第一滴馏出液滴入接收器时的温度。当温度升至 80℃ 以上时，撤去水浴，直接加热。用量筒收集下列温度范围的各馏分，并进行记录。当温度升至 95℃ 时，停止加热。注意不能蒸干，以免烧瓶炸裂。将各馏分及剩余液分别回收到指定的容器中。

（6）数据处理

按表 2-5 及时准确记录数据。

表 2-5　丙酮-水混合物蒸馏记录

| 温度范围/℃ | 馏出液体积/mL |
| --- | --- |
| 56～60 | |
| 60～70 | |
| 70～80 | |
| 80～95 | |
| 剩余液 | |

检验人：　　　　　　　　复核人：

注：本实验用量筒作接收器，以方便、及时、准确地测量馏出液的体积。由于丙酮易挥发，接收时应在量筒口处塞上少许棉花；80～95℃馏分只有几滴，需要直接用火小心加热。

（7）注意事项

① 安装普通蒸馏装置时，各仪器之间连接要紧密，但接收部分一定要与大气相通，绝不能造成密闭体系。

② 多数液体加热时，常发生过热现象，即在液体已经加热到或超过了其沸点温度，仍不沸腾。当继续加热时，液体会突然暴沸，冲出瓶外，甚至造成火灾。为了防止这种情

况的发生，需要在加热前加入几粒沸石。沸石表面有许多微孔，能吸附空气，加热时这些空气可以成为液体的汽化中心，避免液体暴沸。若事先忘记加沸石，绝不能在接近沸腾的液体中直接加入，应停止加热，待液体稍冷后再补加。若因故中断蒸馏，则原有的沸石即行失效，因而每次重新蒸馏前，都应补加沸石。

③ 蒸馏过程中，加热温度不能太高，否则会使蒸气过热，水银球上的液珠消失，导致所测沸点偏高；温度也不能过低，以免水银球不能充分被蒸气包围，致使所测沸点偏低。

④ 蒸馏过程中若需续加物料，必须在停止加热后进行，但不要中断冷却水。

⑤ 结束蒸馏时，应先停止加热，稍冷后再关冷却水。拆卸蒸馏装置的顺序与安装顺序相反。

**2. 简单分馏操作**

简单分馏是利用分馏柱使液体混合物经多次汽化、冷凝，实现多次蒸馏的过程。对于沸点差较小（＜30℃）的液体混合物可达到较好的分离效果。

（1）装置的安装

简单分馏操作的程序与普通蒸馏大致相同。按图 2-22 所示安装并仔细检查整套装置。

（2）加入物料

在烧瓶中装入 25mL 丙酮和 25mL 水，加 3～4 粒沸石。

（3）通冷却水

检查装置的气密性和与大气相通处是否畅通后，先通冷却水，再开始加热。

（4）加热蒸馏

缓慢升温，使蒸气约 10～15min 后到达柱顶。调节热源，控制分馏速度，以流出液每 2～3s 滴一滴为宜。

（5）收集馏分

收集馏分并按照表 2-5 完成分馏记录。

（6）注意事项

① 待分馏的液体混合物不得从蒸馏头或分馏柱上口直接倾入。

② 为尽量减少柱内的热量损失，提高分馏效果，可在分馏柱外包裹石棉绳或玻璃棉等保温材料。

③ 要随时注意调节热源，控制好分馏速度，保持适宜的温度梯度和合适的回流比。回流比是指单位时间内由柱顶冷凝流回柱中液体的量与馏出液的量之比。回流比越大，分馏效果越好。但回流比过大，分离速率缓慢，分馏时间延长，因此应适当控制回流比为好。

④ 开始加热时，升温不能太快，否则蒸气上升过多，会出现"液泛"现象（即柱中冷凝的液体被上升的蒸气堵住不能回流，而使分馏难以继续进行）。此时应暂时降温，待柱内液体流回烧瓶后，再继续缓慢升温进行分馏。

⑤ 待低沸点组分蒸完后，温度会骤然下降，此时应更换接收器，继续升温，按要求接收不同温度范围的馏分。

**3. 分离效果对比**

在同一张坐标纸上，以温度为横坐标，馏出液体积为纵坐标，将蒸馏和分馏的实验结果分别绘制成曲线。比较蒸馏与分馏的分离效果，做出结论。

**4. 实验指南与安全提示**

① 蒸馏和分馏操作可同时进行，以便节省实验时间。在同一条件下进行操作，严格控制馏出速度，比较蒸馏与分馏的分离效果，有利于得出结论。

② 安装实验装置时，各仪器之间连接要紧密，防止样品挥发造成损失。但接收部分一定要与大气相通，绝不能造成密闭体系。可用量筒作接收器，以方便及时准确地测量馏出液的体积。由于丙酮易挥发，接收时应在量筒口处塞上少许棉花。

③ 在液体加热前，需在烧瓶内加入几粒沸石，防止液体突然暴沸，冲出瓶外，造成火灾事故。但不可向正在加热的液体混合物中补加沸石。

④ 丙酮易燃、易挥发，对中枢神经系统有麻醉作用，对眼、鼻、喉有刺激性。在操作过程中要做好安全防护，穿戴好防护眼镜、防毒面具、防护服、手套。

⑤ 操作前要仔细检查蒸馏瓶是否有裂痕。开始加热时，一定要先通水，再加热。而停止操作时，则应先停止加热，稍冷后方可停通冷却水。加热过程中不要离人，不可蒸干。80～95℃馏分只有几滴，需要直接用火小心加热。

⑥ 温度计安装的位置正确与否直接影响测量的准确性。只有温度计水银球的上沿与蒸馏头侧管的下沿平齐时，水银球才可被即将通过侧管进入冷凝管的蒸气完全包围，所测得的温度才比较准确。

知识点
链接

**知识点 1　简单分馏装置**

简单分馏装置与普通蒸馏装置基本相同，只是在圆底烧瓶与蒸馏头之间安装一支分馏柱。

分馏柱的种类很多，实验室中常用的有填充式分馏柱和刺形分馏柱（又叫韦氏分馏柱）。填充式分馏柱内装有玻璃球、钢丝棉或陶瓷环等，可增加气液接触面积，分馏效果较好；刺形分馏柱结构简单，黏附液体少，但分馏效果较填充式差些。

分馏柱效率与柱的高度、绝热性和填料类型有关。柱身越高分馏效果越好，但操作时间也相应延长，因此选择的高度要适当。

**知识点 2　丙酮**

有机物，分子式为 $C_3H_6O$，无色透明液体，易溶于水和甲醇、乙醇、乙醚等有机溶剂。易燃、易挥发。

消防措施：其蒸气与空气可形成爆炸性混合物，遇明火、高热极易燃烧爆炸。灭火剂：泡沫、二氧化碳、干粉、砂土，用水灭火无效。

健康危害：对中枢神经系统有麻醉作用，可出现乏力、恶心、头痛、头昏，易激动。对眼、鼻、喉有刺激性。皮肤长期接触可导致皮炎。

### 知识点3　仪器的连接与装配原则

组装仪器时，应首先选定主要仪器的位置，再按顺序由下至上、从左到右依次连接并固定在铁架台上。例如在安装蒸馏装置时，应首先根据热源高度来确定蒸馏烧瓶的位置，再依次装配其他仪器。要尽量使仪器的中心线在同一个平面内。

固定仪器用的铁夹上应套有耐热橡胶管或贴有绒布，不能使铁器与玻璃仪器直接接触。铁夹的螺丝旋钮应尽可能位于铁夹的上边或右侧，以便于操作。夹持时，不应太松或太紧，需要加热的仪器，要夹其受热最低的部位，冷凝管应夹其中央部位。

组装好的仪器装置，应正确、稳妥、严密、整齐、美观，符合要求，方便操作。拆除仪器装置时，应按与安装时相反的顺序进行。

## 任务六
### 正己烷水溶液的萃取分离

**学习目标：**
① 掌握分液漏斗的使用方法；
② 能够运用萃取与蒸馏操作，掌握精制液体物质的操作技术。

**仪器与试剂：**
① 仪器。分液漏斗，量筒，具塞锥形瓶，沸石，普通蒸馏装置，铁架台，托盘天平。
② 试剂。丙酮，正己烷，饱和氯化钠溶液，无水硫酸镁。

**1. 实验原理**

利用不同物质在选定溶剂中溶解度的不同进行分离和提纯混合物的操作，叫做萃取。通过萃取可以从混合物中提取出所需要的物质；也可以去除混合物中的少量杂质。通常将后一种情况称为洗涤。

用于萃取的溶剂又叫萃取剂。常用的萃取剂为有机溶剂、水、稀酸溶液、稀碱溶液和浓硫酸等。实验中可根据具体需求加以选择。

（1）有机溶剂

苯、乙醇、乙醚和石油醚等有机溶剂可将混合物中的有机产物提取出来，也可除去某些产物中的有机杂质。

（2）水

用来提取混合物中的水溶性产物，又可用于洗去有机产物中的水溶性杂质。

（3）稀酸（或稀碱）溶液

常用于洗涤产物中的碱性或酸性杂质。

（4）浓硫酸

用于除去产物中的醇、醚等少量有机杂质。

**2. 准备工作**

液体物质的萃取（或洗涤）常在分液漏斗中进行。

（1）洗涤、涂油

将分液漏斗洗净后，取下旋塞，用滤纸吸干旋塞及旋塞孔道中的水分，在旋塞微孔的两侧涂上薄薄一层凡士林，然后小心地将其插入孔道并旋转几周，至凡士林分布均匀呈透明为止。在旋塞细端伸出部分的圆槽内，套上一个橡胶圈，以防操作时旋塞脱落。

（2）严密性检查

关好旋塞，在分液漏斗中装上水，观察旋塞两端有无渗漏现象。再开启旋塞，看液体是否能通畅流下。盖上顶塞，用手指抵住，倒置漏斗，观察顶塞周围有无渗漏现象。在确保分液漏斗顶塞严密，旋塞关闭时严密、开启后畅通的情况下方可使用。使用前须关闭旋塞。

**3. 萃取（或洗涤）操作**

用量筒量取正己烷和丙酮水溶液各 50mL，由分液漏斗上口倒入漏斗中，摇动使其混匀，盖好顶塞，静置。

为使分液漏斗中的两种液体充分接触，用右手握住顶塞部位，左手持旋塞部位（旋柄朝上），将漏斗颈端向上倾斜，并沿一个方向振摇（图 2-24）。振摇几下后，打开旋塞，排出因振摇而产生的气体。若漏斗中盛有挥发性的溶剂或用碳酸钠中和酸液时，更应特别注意排放气体。反复振摇几次后，将分液漏斗放在铁圈中，打开顶塞（或使顶塞的凹槽对准漏斗上口颈部的小孔），使漏斗与大气相通，静置分层。

**4. 分离操作**

当两层液体界面清晰后，便可进行分离操作。先把分液漏斗下端靠在接收器的内壁上，再缓慢旋开旋塞，放出下层液体（图 2-25）。当液面间的界线接近旋塞处时，暂时关闭旋塞，将分液漏斗轻轻振摇一下，再静置片刻，使下层液聚集得多一些，然后打开旋塞，仔细放出下层液体。当液面间的界线移至旋塞孔的中心时，关闭旋塞。最后把漏斗中的上层液体从上口倒入另一个容器中。

**5. 注意事项**

① 分液漏斗中装入的液体量不得超过其容积的 1/2，因为液体量过多，进行萃取操作时，不便振摇漏斗，两相液体难以充分接触，影响萃取效果。

② 在萃取碱性液体或振摇漏斗过于剧烈时，往往会使溶液发生乳化现象；有时两相液体的相对密度相差较小，或因一些轻质絮状沉淀夹杂在混合液中，致使两相界线不明显，造成分离困难。解决以上问题的办法是：

图 2-24 萃取（或洗涤）操作

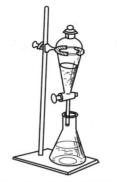

图 2-25 分离两相液体

a. 较长时间静置，往往可使液体分层清晰；

b. 加入少量电解质，以增加水相的密度，利用盐析作用，破坏乳化现象；

c. 若因碱性物质而乳化，可加入少量稀酸来破坏；

d. 滴加数滴乙醇，改变液体表面张力，促使两相分层；

e. 当含有絮状沉淀时，可将两相液体进行过滤。

③ 分液漏斗使用完毕，应用水洗净，擦去旋塞和孔道中的凡士林，在顶塞和旋塞处垫上纸条，以防久置黏结。

知识点
链接

**知识点　固体物质的萃取**

固体物质的萃取可以采用浸取法，即将固体物质浸泡在选好的溶剂中，其中的易溶成分被慢慢浸取出来。这种方法可在常温或低温条件下进行，适用于受热容易发生分解或变质物质的分离（如一些草药有效成分的提取，即采用浸取法）。但这种方法消耗溶剂量大，时间较长，效率较低。在实验室中常采用脂肪提取器萃取固体物质。

脂肪提取器又叫索氏（Soxhlet）提取器，它是利用溶剂回流和虹吸原理，使固体物质不断被新的纯溶剂浸泡，实现连续多次的萃取，因而效率较高。脂肪提取装置主要由圆底烧瓶、提取器和冷凝管三部分组成。

使用时，先在圆底烧瓶中装入溶剂。将固体样品研细放入滤纸套筒内，封好上下口，置于提取器中。检查各连接部位的严密性后，先通入冷却水，再对溶剂进行加热。溶剂受热沸腾时，蒸气通过蒸气上升管进入冷凝管内，被冷凝为液体，滴入提取器中，浸泡固体并萃取出部分物质，当萃取液液面超过虹吸管的最高点时，即虹吸流回烧瓶。这样循环往复，利用溶剂回流和虹吸作用，使固体中可溶物质富集到烧瓶中，然后再用适当方法除去溶剂，便可得到要提取的物质。

**任务七**
乙酸乙酯的合成及提纯

**学习目标：**

① 了解乙酸乙酯的合成原理和方法，会计算反应物的用量；

② 掌握合成反应装置的搭建及蒸馏、分离、提纯技术；

③ 熟练掌握滴液漏斗的使用方法；

④ 了解影响产率的因素和提高产率的措施，掌握实验产率的计算方法。

**仪器与试剂：**

① 仪器。单口烧瓶，三颈烧瓶，恒压长颈滴液漏斗，温度计（100℃和200℃各一个），磨口锥形瓶，直形冷凝管，真空尾接管，电热套，升降台，烧瓶夹，双顶丝，仪器连接夹，蒸馏头，铁架台，温度计套管，胶管，量筒，电子天平，移液器，分液漏斗，玻璃漏斗，玻璃棒，pH试纸。

② 试剂。乙酸，95％乙醇，浓硫酸，沸石，饱和碳酸钠溶液，饱和氯化钠溶液，饱和氯化钙溶液，无水硫酸镁。

**1. 实验原理**

乙酸乙酯为无色具有水果香味的透明液体，可与许多有机物混溶，是良好的有机溶剂。可用作食用香精及医药、染料的原料等。

本实验以乙酸和乙醇为原料，在浓硫酸催化下发生酯化反应制取乙酸乙酯。

主反应

$$CH_3COOH+C_2H_5OH \underset{}{\overset{H_2SO_4}{\rightleftharpoons}} CH_3COOC_2H_5+H_2O$$

副反应

$$2C_2H_5OH \xrightarrow{H_2SO_4} C_2H_5OC_2H_5+H_2O$$

$$C_2H_5OH \xrightarrow{H_2SO_4} CH_2=CH_2+H_2O$$

由于反应可逆，采用将反应物之一的乙醇过量投料，且在反应进行中不断地将产物乙酸乙酯蒸出，使平衡向右移动，从而提高乙酸乙酯的产率。乙醇和乙酸物质的量比约为1.5：1。

物料的物理常数如表2-6所示。

表2-6　物料的物理常数

| 药品名称 | 分子量 | 密度/(g/mL) | 沸点/℃ | 折射率 | 水溶解度 |
|---|---|---|---|---|---|
| 乙酸 | 60.05 | 1.049 | 118 | 1.376 | 易溶于水 |
| 乙醇 | 46.07 | 0.789 | 78.4 | 1.361 | 易溶于水 |
| 乙酸乙酯 | 88.11 | 0.9005 | 77.1 | 1.372 | 微溶于水 |
| 浓硫酸 | 98.08 | 1.84 | — | — | 易溶于水 |

**2. 操作步骤**

（1）乙酸乙酯的合成

① 计算反应物的用量。根据化学反应方程式，计算产生 11g 的乙酸乙酯（理论产量 50%），需要乙酸 14.3mL（15g，0.25mol），乙醇 23mL（18g，0.39mol）。

② 加料，安装仪器。在三颈烧瓶中，加入 3mL 乙醇，在振荡与冷却下分批滴加 3mL 浓硫酸，混合均匀后，加入沸石及搅拌子。在恒压长颈滴液漏斗中加入 14.3mL 乙酸和 20mL 乙醇并混匀。三颈烧瓶一侧口插入温度计，另一侧插入恒压长颈滴液漏斗，中间磨口安装蒸馏装置。烧瓶侧口装配 200℃ 温度计，蒸馏头上装配 100℃ 温度计，用电热套加热。记录开始加热的时间。

③ 酯化、分馏。当烧瓶内混合液温度升至约 120℃ 时，开始滴加乙醇与乙酸的混合液，并调节好滴加速度，使滴入与馏出乙酸乙酯的速度大致相等。记录第一滴馏出液流出时间和温度，加料时间控制在 1h 内加完，在此期间应保持反应瓶内温度在 120～125℃。加料完毕，再继续加热 10min，直至不再有液体馏出为止。停止加热，等体系冷却后收集粗乙酸乙酯。

（2）乙酸乙酯的提纯

① 中和，洗涤。在粗乙酸乙酯中缓慢地分次加入饱和碳酸钠溶液（每次 1～2mL），并不断地摇动，一直加至无气泡放出，并用 pH 试纸检验酯层呈中性。若仍有酸性，则再次用饱和碳酸钠溶液洗涤，直至不呈酸性为止（加入量约为 10mL 左右）。然后将此混合液移入分液漏斗中，充分振摇，静置分层后分去下层水。再用等体积饱和食盐水洗涤酯层，静置，分去下层水。然后用等体积的饱和氯化钙溶液洗涤酯层两次，分去下层液体。

② 干燥脱水。将酯层从分液漏斗上口倒入一干燥的磨口锥形瓶中，加入 3～5g 无水硫酸镁，盖上塞子，充分振荡至液体澄清透明后，再静置约 30min。

③ 蒸馏。将干燥后的粗乙酸乙酯通过漏斗（用脱脂棉或滤纸过滤）滤入干燥的蒸馏瓶中，加入几粒沸石，安装普通蒸馏装置，用已称重的磨口锥形瓶作接收器，用电热套加热进行蒸馏，收集 74～80℃ 馏分。

（3）称量

称量精制乙酸乙酯的质量，计算产率。

**3. 操作要领**

（1）仪器搭建

① 电热套与蒸馏烧瓶之间的间隙不能过大，也不能紧贴上。间隙过大，温度控制灵敏度小。紧贴蒸馏瓶容易造成局部受热过大，反应物容易炭化。

② 温度计的位置要恰当，蒸馏时温度计液球上端与蒸馏瓶支管的下沿应相切。

③ 仪器连接处可用生料带密封，薄薄一层即可。

④ 整个装置横平竖直，夹子的开口端向上，保证仪器受力平衡、可靠。

⑤ 控制好搅拌速度，防止搅拌子打碎烧瓶和温度计。

（2）蒸馏操作

① 加料前要确定好原料的名称和体积，不要加错。投料的总体积不要超过烧瓶的体积。计算投料比时要考虑原料的含量。

② 蒸馏前，烧瓶内加入几粒沸石（防止液体爆沸）和搅拌子（使反应均匀，防止局部浓度过高）。

③ 烧瓶内液体体积不能超过 2/3，也不能少于 1/3。加热时不能将液体蒸干，以免蒸馏瓶破裂或发生其他意外事故。

④ 蒸馏开始时，先开冷凝水，后加热。蒸馏结束时，先停止加热，后关冷凝水。要控制好冷凝管中水的流速，流速尽量慢一些。下口进水，上口出水。先给水后给电。蒸馏过程中要防止循环水管从冷凝管上脱落。

⑤ 蒸馏时控制升温速度不宜过快，保持温度缓慢上升，烧瓶内的液体逐渐沸腾，蒸气逐渐上升。当蒸气顶端到达温度计水银球部位时，温度计读数急剧上升。这时应适当调电热套电压，使加热温度略降低，蒸气顶端停留在原处。控制加热温度，调节蒸馏速度，通常以每秒 1~2 滴为宜。在整个蒸馏过程中，应使温度计水银球上常有被冷凝的液滴。一方面，蒸馏时加热电压不宜太高，否则会在蒸馏瓶的颈部造成过热现象，沸点会偏高。另一方面，蒸馏也不能进行得太慢，否则会使水银球不能被馏出液蒸气充分浸润而使读得的沸点偏低。

⑥ 进行蒸馏前，至少要准备两个接收瓶。因为在达到预期物质的沸点之前，沸点较低的物质的液体先蒸出，前馏分蒸完且温度趋于稳定后，蒸出的就是较纯的物质。这时应更换一个洁净、干燥、称重后的磨口锥形瓶接收。记下这部分液体开始馏出时和最后一滴时温度计的读数，即该馏分的沸程。

（3）洗涤、分离、干燥操作

① 洗涤遵循少量多次原则，可以洗涤 2~3 次，不要 1 次就洗涤完毕。洗涤时要充分摇瓶，但不能产生气泡。

② 用分液漏斗分离到两液结合点时，注意慢放，及时关闭旋塞。

③ 干燥剂要适量。

④ 按照规定的程序进行洗涤、分离操作，不能随意调换。

⑤ 分液时要保留酯层，弃去水层。

**4. 数据处理**

（1）数据记录

① 实验药品

反应物 1 是（　　），体积为（　　）；反应物 2 是（　　），体积为（　　）；催化剂是（　　），加入量（　　）。

② 合成过程记录

体系滴液开始时间（　　），结束时间（　　），蒸馏时间共（　　）min。

③ 提纯数据记录

a. 洗涤操作

$Na_2CO_3$ 洗涤次数（　　　）次，消耗（　　　）mL，分液时保留（　　　）层；用试纸检验酯层是否呈中性，pH 值约为（　　　）。

用饱和 NaCl 溶液洗涤消耗（　　　）mL，分液时保留（　　　）层。

用饱和氯化钙溶液洗涤消耗（　　　）mL，分液时保留（　　　）层。

b. 干燥

干燥剂为（　　　），加入量（　　　）g，干燥时间（　　　）min。

c. 蒸馏

蒸馏馏分温度范围为（　　　）℃。

d. 产品的最终量

蒸馏后锥形瓶产品的质量为（　　　）g。

（2）产率计算

实验结束后，要根据理论产量和实际产量计算实验的产率，通常以百分数表示。

$$产率(\%) = \frac{实际产量}{理论产量} \times 100\%$$

实际产量是指实验中实际得到纯品的质量；理论产量是按照反应方程式，以不过量的反应物全部转化成产物为基准来计算的产物的质量。

**5. 实验指南与安全提示**

① 乙酸易挥发并具有中等程度毒性和腐蚀性，在操作时不要触及皮肤或吸入其蒸气。全程佩戴好安全防护用品，打开排风系统。

② 实验装置中恒压长颈滴液漏斗末端应浸入液面下，否则会使滴入的物料未来得及反应即受热被蒸出，使产率降低。但不要触及瓶底。

③ 反应温度可用滴加速度来控制，开始要小火微热一段时间，防止将尚未反应的乙酸、乙醇蒸出，再大火加热，使生成的乙酸乙酯脱离反应体系，使可逆反应平衡向生成乙酸乙酯的方向移动。温度接近 125℃时，滴加速度适当快点；温度降到 110℃时，慢点滴加。低于 110℃时停止滴加。待温度升到 110℃以上时再滴加。

④ 蒸馏过程中不要离人，也不可蒸干。要注意观察冷凝器是否正常运行；以防温度过高或冷却水临时中断而引发火灾事故。电热套等加热设备使用完毕后，应立即关闭。

⑤ 加饱和碳酸钠是为了中和硫酸及未反应完全的乙酸等酸性物质，但不宜过量，否则后步用饱和氯化钙溶液洗涤酯层残存的乙醇时，会生成白色絮状碳酸钙沉淀。若生成白色絮状沉淀，应加入稀盐酸溶解。

⑥ 用饱和食盐水洗涤是为除去酯层残存的碳酸钠，且酯在盐水中的溶解度比在水中的溶解度要小，可降低用水洗涤造成的损失。

⑦ 实验中产生的废固废液要加强管理，有机废液和无机废液分类收集，废弃的有害固体药品如使用后的硫酸镁等，严禁倒在生活垃圾上，应在实验结束后集中处理。

**知识点 1　反应条件的设计**

化学反应能否进行，进行到什么程度，与反应条件密切相关。实验过程中要严格地控制反应条件，才能确保制备实验的成功。反应条件通常包括以下几个方面。

① 反应物料的摩尔比。根据制备实验的化学反应式，从中了解该反应的投料量是等摩尔比，还是某一反应物以过量形式投料。选择哪种反应物过量，要从对提高转化率有利、反应后容易分离、自身成本低等方面综合考虑。

② 反应温度。反应温度的设定与调控在物质的制备中十分重要。不同的化学反应需设定不同的反应温度。有的反应可在一定的温度范围内进行，实验中，应始终将反应温度控制在设定的范围内。

③ 反应时间。合理地设定反应时间是保证实验产率的重要前提。大多数有机化合物的制备反应，需要较长时间才能使反应进行完全，实验中不要轻易缩短反应时间。

④ 反应介质。可在水溶液中进行的反应通常采用水为反应介质。有些反应需用有机溶剂作为反应介质，这时应尽量选用无毒害、易分离、可回收的溶剂。

⑤ 催化剂。根据反应的不同需要及催化剂的性能选择合适的催化剂及其用量，反应开始前加入，反应结束则要将其除去。

**知识点 2　精制方法的设计**

制备实验的产物常常是与过剩的原料、溶剂和副产物混合在一起的，要得到纯度较高的产品，还需进行精制。精制的实质就是把反应产物与杂质分离开来，这就需要根据反应产物与杂质理化性质的差异，选择适当的分离提纯方法。一般气体产物中的杂质，可通过装有液体或固体吸收剂的洗涤瓶除去；液体产物可借助萃取或蒸馏的方法进行纯化；固体产物则可利用沉淀分离、重结晶或升华的方法进行精制。

**知识点 3　影响实验产率的因素**

① 反应可逆。在一定的实验条件下，化学反应建立了平衡，反应物不可能全部转化成产物。

② 有副反应发生。在发生主反应的同时，一部分原料消耗在副反应中。如反应温度控制过高，发生分子内脱水、分子间脱水反应，增加了副产物乙醚的生成量。

③ 反应条件不利。反应时间不足、温度控制不好或搅拌不够充分等都会引起实验产率降低。如实验装置中滴液漏斗末端连接的玻璃管没有浸入液面下，使滴入的物料未来得及反应即受热被蒸出；滴加速度太快，使反应温度下降，导致主产物的产量降低；蒸馏时仪器连接处没有密封好，导致乙酸乙酯的蒸气挥发损失。

④ 分离和纯化过程中造成的损失。

### 知识点 4　提高实验产率的措施

① 破坏平衡。对于可逆反应，可采取增加一种反应物的用量或除去产物之一的方法，以破坏平衡，使反应向正方向进行。要根据反应的实际情况、各种原料的相对价格、在反应后是否容易除去等因素来决定哪一种反应物过量。本次实验中，选择将反应物之一的乙醇过量（150％～160％左右）投料，使平衡向右移动，从而提高乙酸乙酯的产率。这是因为乙酸乙酯在酸中会发生水解，降低产率，同时乙醇在用饱和碳酸钠后处理时容易分离。

② 加入适量的催化剂。

③ 严格控制反应条件。蒸馏时升温速度要控制好，不要过快也不要过慢，保持温度缓慢上升，反应瓶内温度控制在 120～125℃。

④ 细心精制粗产物。为避免或减少精制过程中不应有的损失，应在操作前认真检查仪器，如分液漏斗必须经过涂油试漏后方可使用，以免萃取时产品从旋塞处漏失。乙酸乙酯微溶于水，用饱和食盐水进行洗涤便可减少损失。分离过程中的各层液体在实验结束前暂时不要弃去，以备出现失误时进行补救。过量的干燥剂会吸附产品造成损失，所以干燥剂的使用应适量。

总之，要在实验的全过程中，对各个环节考虑周全，细心操作。只有在每一步操作中都有效地保证收率，才能使实验最终有较高的收率。

### 知识点 5　提高产品纯度的措施

① 加入适量的无水硫酸镁干燥，要盖上塞子，充分振摇至液体澄清透明，静置30min 后，间歇振荡。否则如果没有除尽酯层中的水，会在蒸馏时，形成乙酸乙酯-水、乙酸乙酯-乙醇-水的二元、三元共沸物，在 72℃之前先蒸馏出来，造成产物乙酸乙酯的含量下降。

② 72℃之前的馏分弃去不要，只收集 73～78℃的馏分。前馏分蒸完，温度趋于稳定后，蒸出的就是较纯的物质。这时应更换一个洁净、干燥、称重后的磨口锥形瓶接收。

### 知识点 6　沸点偏高的原因分析

① 温度计水银球的位置偏高，液球上端没与支管的下沿相切。

② 蒸馏时加热电压太高，使蒸馏瓶的颈部出现过热现象。

### 知识点 7　出现数据异常的原因分析

① 加料前没有确定好原料的名称和体积，加错试剂。

② 分液时弄错，保留水层，将酯层弃去了。

③ 称量质量或加入体积没及时记录。

④ 蒸馏的产品没贴标签，当废液倒掉。

⑤ 所有仪器带水操作，没有干燥。

⑥ 精制蒸馏时忘记提前称取接收锥形瓶的质量。

**任务八**
玻璃管的加工及塞子的钻孔

在化学实验中，常常需要将玻璃管制成各种形状和规格的配件，再通过配件和塞子、胶管等把仪器装配起来。

**学习目标：**
① 掌握玻璃管的简单加工、塞子的钻孔等基本操作技术；
② 学会玻璃管的切割、弯管、退火、拉伸等基本操作；
③ 能熟练使用酒精喷灯进行玻璃管加工操作。

**仪器与材料：**
锉刀，打孔器，酒精喷灯，玻璃管，玻璃棒，胶塞，棉花，火柴。

**1. 玻璃管切割**

经过洗净并干燥的玻璃管，在加工制作各种配件之前，首先要切割成所需要的长度。

（1）折断法

折断法操作包括两个步骤：一是锉痕，二是折断。

锉痕时，把玻璃管平放在实验台的边缘上，左手按住玻璃管要切割的部位，右手持三角锉刀，将棱锋压在切割点，用力向前划，左手同时把玻璃管缓慢朝相反方向转动，这样就能在玻璃管上划出一道清晰细直的凹痕（图2-26）。要注意，锉痕时，锉刀不能来回运动，这样会使锉痕加粗，不便折断或折断后断面边缘不整齐。

折断时，先在锉痕处滴上水（降低玻璃强度），然后两手分别握住锉痕的两边，将锉痕朝外，两手拇指抵住锉痕的背面，稍稍用力向前推，同时向两端拉（三分推力，七分拉力），这样就可以把玻璃管折成整齐的两段（图2-27）。有时为了安全，也可在锉痕的两边包上布后再折断。

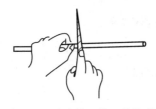

图2-26 玻璃管（棒）的锉痕

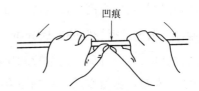

图2-27 玻璃管（棒）的折断

（2）点炸法

当需要在玻璃管接近管端处截断时，用折断法不便于两手平衡用力，因此可采用点炸法。点炸法也需先锉痕，方法与折断法相同。然后将一端拉细的玻璃棒在灯焰上加热到白炽而成珠状的熔滴，迅速将此玻璃熔滴触压到滴上水的锉痕的一端，锉痕由于骤然强热而炸裂，并不断扩展成整圈，此时玻璃管可自行断开。如果裂痕不扩展成圆圈，可再次熔烧玻璃棒，用熔滴在裂痕的末端引导，重复此操作多次，直至玻璃管完全断开为止。有时裂痕扩展到周长的 90％后，只要轻轻一敲，玻璃管就会整齐断开。

玻璃棒的切割方法与玻璃管相同。

**2. 玻璃管熔光**

切割后的断口非常锋利，容易割伤皮肤或损坏橡胶管，也不易插入塞子的孔道，因此必须进行熔光。熔光时，将玻璃管（棒）的断口放在喷灯氧化焰的边缘上转动加热，直到断口熔烧光滑为止。

**3. 玻璃管弯制**

（1）快弯法

快弯法又叫吹气弯曲法。先将玻璃管的一端烧熔，用镊子使玻璃管熔封，或用已烧熔管端的玻璃管拽去管头。也可以用棉花塞住玻璃管一端，然后两手平持玻璃管，将需要弯曲的部位，在小火中来回移动预热。再在氧化焰中均匀、缓慢地旋转加热，其加热面应约为玻璃管直径的 3 倍。当烧至玻璃管充分软化（火焰变黄）时，离开火焰，将玻璃管迅速按竖直、弯曲、吹气 3 个连续动作，弯制成所需要的角度。如果一次弯曲的角度不合适，可以在吹气后，立即进行小幅度调整（图 2-28）。

快弯法能使玻璃管获得较为圆滑的弯曲，需要时间短，速率快，但初学者不易掌握。

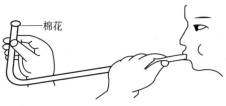

图 2-28　吹气弯曲法

（2）慢弯法

慢弯法又叫分次弯曲法。操作时两手平持玻璃管，将需要弯曲的部位在火焰上端预热后，再放入氧化焰中加热，受热部位应为 4～5cm 宽（若因灯焰所限，受热面不够宽，可把玻璃管斜放在氧化焰中加热）。加热时，要求两手均匀缓慢地向同一方向转动玻璃管，不能向内或向外用力，以避免改变管径。当受热部位手感软化时（玻璃未改变颜色），离开灯焰，轻轻弯成一定角度（约 160°，即每次弯曲 20°左右），如此反复操作，直到弯曲成需要的角度为止（图 2-29）。

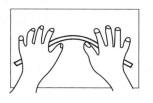

图 2-29　慢弯法

注意，当玻璃管弯曲出一定角度后，再加热时，就需使顶角的内外两侧轮流受热，同时两手要将玻璃管在火焰上作左右往复移动，以使弯曲部位受热均匀。弯曲时，不能急于求成，烧得太软，弯得太急，容易出现瘪陷和纠结；若烧得不软，用力过大，则容易折断。

慢弯法操作时间较长些，但初学者容易掌握。

弯制合格的玻璃管，从整体上看，应该在同一平面内，无瘪陷、扭曲和纠结现象，内径不变。

（3）退火

无论用哪种方法弯制玻璃管，最后都需进行退火处理。退火是将刚刚加工完的玻璃制品的受热部位放入较弱的火焰中重新加热一下，并扩宽受热面积，以抵消加工过程中冷热交界区形成的内部应力，防止炸裂。

经过退火处理的弯管要放在石棉网上自然冷却。不能放在实验台的瓷板上或沾上冷水，以免因骤冷而发生破裂。

**4. 玻璃管拉伸**

（1）拉制尾管

取一根直径适当、长约 30cm 的玻璃管，双手持握两端，将中间部位经小火预热后，于氧化焰中左右往复移动并旋转加热，待玻璃管烧至微软时离开火焰，边往复旋转，边缓慢拉长（图 2-30）。要求拉伸部分圆而直，尖端口径不小于 2mm。要注意，在玻璃变硬之前，不能停止或松手。待玻璃变硬后，置于石棉网上冷却，再按所需长度切割成尾管。

最后将尾管细口端在弱火中熔光，粗口端在强火中均匀烧软后，垂直在石棉网上按一下，使其外缘突出，冷却后，装上橡胶帽，即成一支滴管。

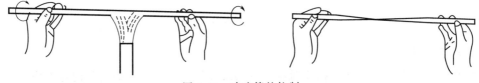

图 2-30　玻璃管的拉制

（2）拉毛细管

拉制毛细管要求用内径为 0.8～1cm 的薄壁玻璃管，事先必须洗净、烘干，因为拉成毛细管后，就不能再洗涤了。

拉制毛细管的操作手法与拉尾管相似，只是加热的程度不同。拉毛细管需要将玻璃烧得更软些，当受热部分变成红黄色时，从火焰中移出，两手边平稳地往复旋转边水平拉伸，直到拉成需要的规格为止（测熔点用的毛细管内径为 1～1.2mm）。拉伸的速率为先慢后快。一支玻璃管，可以连续拉 2～3 段毛细管。冷却后，将符合要求的部分用砂片截取 15cm 长，并将两端置于酒精灯的弱火焰边缘处，在不断转动下熔封。熔封的管底，越薄越好，应避免有较厚的粒点形成。使用时，用砂片从中间轻轻截断，就变成两支测熔点用的毛细管了。

### 5. 塞子的钻孔

（1）塞子的选配

实验室中常用的塞子有玻璃磨口塞、橡胶塞和软木塞等。它们主要用于封口和仪器的连接安装。玻璃磨口塞用于配套的磨口玻璃仪器中，能与带磨口的瓶子很好密合，密封效果好。橡胶塞气密性也很好，能耐强碱，但容易被强酸侵蚀或被有机溶剂溶胀。软木塞不易与有机物作用，但气密性较差，且容易被酸碱侵蚀。由于橡胶塞和软木塞可根据实验需要进行钻孔。所以装配仪器时常用橡胶塞和软木塞。

选配塞子应与仪器口径相适应。塞子进入瓶颈（或管颈）的部分应不小于塞子本身高度的1/3，也不大于2/3，一般以1/2为宜（图2-31）。

（2）塞子的钻孔

使用橡胶塞或软木塞装配仪器时，为使不同仪器相互连接，需要在塞子上钻孔（图2-32）。软木塞在钻孔前，要用压塞机碾压紧密，以增加其气密性并防止钻孔时裂开。在软木塞上钻孔时，要选用比欲插入的玻璃管（或温度计）外径小些的钻孔器，以保证不漏气。在橡胶塞上钻孔时，则要选用比欲插入的玻璃管（或温度计）外径稍大些的钻孔器，因为橡胶弹性较大，钻完孔后会收缩，使孔变小。

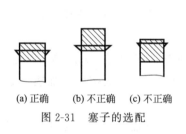

(a) 正确　(b) 不正确　(c) 不正确

图 2-31　塞子的选配

图 2-32　塞子钻孔

钻孔时，将塞子小的一端朝上，放在一块小木板上（以防钻伤桌面），左手扶住塞子，右手持钻孔器（为减小摩擦，钻孔器可涂上少许甘油或水作润滑剂），在需要钻孔的位置，一面向下施加压力，一面按顺时针方向旋转。要垂直均匀地钻入，不能左右摆动，更不能倾斜。为防止孔洞钻斜，当钻至约1/2时，可将钻孔器按逆时针方向旋出，然后再从塞子的另一端对准原来的钻孔，垂直地把孔钻通。拔出钻孔器后，用金属棒捅出钻孔器中的塞芯。若孔径略小或孔道不光滑，可用圆锉进行修整。

需要在一个塞子上钻两个孔时，应注意两个孔道要互相平行，否则会使插入的两根玻璃管（或温度计）歪斜或交叉，影响正常使用。

钻孔器的刀刃部位用钝后要及时用刮孔器或锉刀修复。

（3）仪器的连接与装配

玻璃仪器的装配是指通过塞子、玻璃管及胶管将相关仪器部件连接在一起，组装成可供实验使用的装置。仪器装配的正确与否，对实验的成败有很大影响。虽然各类仪器的具体装配方法有所不同，但一般都应遵循下列原则。

① 仪器与配件的规格和性能要适当。

② 仪器和配件上的塞子要在组装以前配置好。将玻璃管（或温度计）插入塞子时，应先用甘油或水润湿欲插入的一端，然后一手持塞子，一手握住玻璃管（或温度计）距塞子2～3cm处均匀而缓慢地将其旋入塞孔内，不能用顶进的方法强行插入（图2-33）。插入或拔出玻璃管（或温度计）时，握管的手不能距塞子过远，也不能握玻璃管的弯曲处，以防玻璃管断裂并造成割伤。

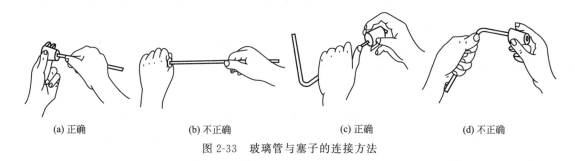

(a) 正确　　　　　　　(b) 不正确　　　　　　　(c) 正确　　　　　　　(d) 不正确

图 2-33　玻璃管与塞子的连接方法

**6. 实验指南与安全提示**

① 切割玻璃管时，锉刀不能来回运动，这样会使锉痕加粗，不便折断或折断后断面边缘不整齐。折断玻璃管时可在锉痕的两边包上布，防止割伤手指。

② 切割后的断口必须进行熔光后，再插入塞子的孔道，否则容易割伤皮肤或损坏橡胶管。

③ 加热玻璃管、玻璃棒之前，先用小火加热，然后再大火加热，以免爆裂。

④ 加热后的玻璃管、玻璃棒应经过退火处理。在弱火焰中再加热一会儿，然后慢慢移离火焰。

⑤ 灼热的玻璃管、玻璃棒要按先后顺序放在石棉网上缓慢冷却至室温，切勿直接放在实验台上，防止烧焦台面。未冷却之前，也不要用手去摸，防止烫伤手。

⑥ 塞子钻孔时，将塞子小的一端朝上，放在一块小木板上，以防钻伤桌面。为减小摩擦，钻孔器可涂上少许甘油或水作润滑剂。

**任务九**
考核

**1. 托盘天平称量**

（1）考核内容

用托盘天平称量一份2.5g粗食盐于烧杯中。

（2）考核表

托盘天平操作考核表见表2-7。

表 2-7　托盘天平操作考核表

| 序号 | 考核内容 | 考核要点 | 配分 | 评分标准 | 检测结果 | 扣分 | 得分 |
|---|---|---|---|---|---|---|---|
| 1 | 天平使用 | 称量前准备 | 30 | 确认仪器是否进行校正 5 分 | | | |
| | | | | 检查天平是否位于水平位置 5 分 | | | |
| | | | | 检查托盘是否干净 5 分 | | | |
| | | | | 称量纸尺寸是否合适、放置是否在秤盘中心 5 分 | | | |
| | | | | 检查药匙是否清洁干净 10 分 | | | |
| | | 称量操作 | 50 | 称量前是否调零 5 分 | | | |
| | | | | 称取样品时，是否快、准 15 分 | | | |
| | | | | 是否待平衡时读数 5 分 | | | |
| | | | | 称量结束时，样品倒入容器的过程是否保证样品完全进入容器 15 分 | | | |
| | | | | 是否及时写仪器使用记录 10 分 | | | |
| 2 | 实验管理 | 文明操作 | 20 | 称量结束时，是否清理天平和桌面 10 分 | | | |
| | | | | 其他影响称量的问题 10 分 | | | |
| | 合计 | | 100 | | | | |

## 2. 溶解和普通过滤操作

（1）考核内容

用 10mL 水溶解 2.5g 粗盐并过滤。

（2）考核表（考核时间 20min）

溶解及过滤操作考核表见表 2-8。

表 2-8　溶解及过滤操作考核表

| 序号 | 考核内容 | 考核要点 | 配分 | 评分标准 | 检测结果 | 扣分 | 得分 |
|---|---|---|---|---|---|---|---|
| 1 | 准备工作 | 使用前检查 | 15 | 操作前器皿是否洗涤干净 10 分 | | | |
| | | | | 仪器选择是否合理 5 分 | | | |
| 2 | 溶解操作 | 粗食盐溶解 | 15 | 药品转移是否正确 5 分<br>搅拌过程玻璃棒是否连续碰壁 10 分 | | | |
| 3 | 过滤操作 | 过滤前准备 | 15 | 滤纸折法对不对 5 分 | | | |
| | | | | 滤纸边缘是否未低于漏斗口 5 分 | | | |
| | | | | 滤纸与漏斗壁间是否有气泡 5 分 | | | |
| | | 过滤操作 | 35 | 漏斗下端口是否未紧靠内壁 10 分 | | | |
| | | | | 玻璃棒是否未靠在漏斗多层面 10 分 | | | |
| | | | | 是否未用玻璃棒引流 10 分 | | | |
| | | | | 液面是否未低于滤纸边缘 5 分 | | | |

| 序号 | 考核内容 | 考核要点 | 配分 | 评分标准 | 检测结果 | 扣分 | 得分 |
|---|---|---|---|---|---|---|---|
| 4 | 实验管理 | 台面清理 | 10 | 台面是否整洁,仪器是否摆放整齐10分 | | | |
| | | 文明操作 | 10 | 废液废药是否正确处理5分 | | | |
| | | | | 仪器是否破损5分 | | | |
| 合计 | | | 100 | | | | |

### 3. 分液漏斗的使用

(1) 考核内容

用 2mL 四氯化碳萃取 5mL 碘的饱和水溶液中的碘。

(2) 考核表(考核时间 30min)

萃取操作考核表见表 2-9。

表 2-9 萃取操作考核表

| 序号 | 考核内容 | 考核要点 | 配分 | 评分标准 | 检测结果 | 扣分 | 得分 |
|---|---|---|---|---|---|---|---|
| 1 | 仪器检查 | 检查仪器的规格及完好性 | 15 | 仪器规格是否符合分液要求5分 | | | |
| | | | | 分液漏斗是否试漏10分 | | | |
| 2 | 操作前准备 | 仪器洗涤 | 15 | 塞子涂油扣2分 | | | |
| | | | | 没洗干净、挂水珠扣3分 | | | |
| | | 仪器润洗 | | 蒸馏水润洗3次,少一次扣2分 | | | |
| | | | | 润洗不均匀扣3分 | | | |
| | | 瓶塞和瓶连接 | | 瓶塞随意放置扣5分 | | | |
| 3 | 分液漏斗的使用 | 装液 | 60 | 被萃取液和萃取剂是否由分液漏斗的上口倒入10分 | | | |
| | | 振荡 | | 盖子是否盖好5分 | | | |
| | | | | 是否振荡分液漏斗,使两相液层充分接触10分 | | | |
| | | 放气 | | 振荡后是否让分液漏斗保持倾斜状态,旋开旋塞放气5分 | | | |
| | | | | 是否重复振荡5分 | | | |
| | | 静置分层 | | 是否将分液漏斗放在铁环中,静置5分 | | | |
| | | | | 液体是否分成清晰的两层后进行分离5分 | | | |
| | | 分液 | | 下层液体是否经旋塞放出,上层液体是否从上口倒出10分 | | | |
| | | | | 分液时塞子放置是否正确5分 | | | |

| 序号 | 考核内容 | 考核要点 | 配分 | 评分标准 | 检测结果 | 扣分 | 得分 |
|---|---|---|---|---|---|---|---|
| 4 | 实验管理 | 文明操作 | 10 | 仪器是否清洗,塞子与瓶口是否夹纸条 5分 | | | |
| | | | | 台面是否整洁,仪器摆放是否整齐 5分 | | | |
| | 合计 | | 100 | | | | |

### 4. 简单分馏操作

（1）考核内容

利用简单分馏操作分离 15mL 丙酮和 15mL 水的混合物。

（2）考核表（考核时间 40min）

简单分馏操作考核表见表 2-10。

表 2-10　简单分馏操作考核表

| 序号 | 考核内容 | 考核要点 | 配分 | 评分标准 | 检测结果 | 扣分 | 得分 |
|---|---|---|---|---|---|---|---|
| 1 | 仪器检查 | 检查仪器的规格及完好性 | 10 | 仪器规格是否符合分液要求 5分 | | | |
| | | | | 检查仪器是否破损 5分 | | | |
| 2 | 操作准备 | 仪器洗涤 | 10 | 仪器是否清洗干净 5分 | | | |
| | | | | 仪器是否干燥 5分 | | | |
| 3 | 分馏操作 | 安装 | 65 | 仪器安装顺序是否为:自下而上,从左到右 10分 | | | |
| | | 温度计位置 | | 温度计水银球上限是否和蒸馏头侧管的下限在同一水平线上 5分 | | | |
| | | 冷凝水 | | 冷凝水是否从下口进,上口出 10分 | | | |
| | | 沸石 | | 蒸馏前是否加入沸石,防暴沸 5分 | | | |
| | | 分馏控制 | | 是否控制馏出液流出速度为 1～2 滴/s 10分 | | | |
| | | 停止分馏 | | 温度突然下降时是否停止蒸馏,是否能蒸干 10分 | | | |
| | | 分馏完毕 | | 蒸馏完毕是否先停止加热,后停止通冷却水 10分 | | | |
| | | 拆卸 | | 仪器拆卸顺序是否为:自上而下,从右到左 5分 | | | |
| 4 | 实验管理 | 文明操作 | 15 | 数据记录是否及时 5分 | | | |
| | | | | 仪器是否清洗,清理 5分 | | | |
| | | | | 台面是否整洁,仪器是否摆放整齐 5分 | | | |
| | 合计 | | 100 | | | | |

# 任务十
## 测试题及练习

### 一、选择题

1.烧杯不能用于（　　　）。

A. 配制溶液　　　　B. 加热液体　　　　C. 作反应容器　　　　D. 量液体体积

2.可以用来直接加热的仪器有（　　　）。

A. 烧杯　　　　　　B. 蒸发皿　　　　　C. 烧瓶　　　　　　D. 锥形瓶

3.欲配制 100mL 氢氧化钠溶液，应选用烧杯的规格是（　　　）。

A. 50mL　　　　　 B. 100mL　　　　　C. 200mL　　　　　D. 500mL

4.下列实验操作中正确的操作是（　　　）。

A. 胶头滴管用过后，平放在实验台上

B. 在量筒中配制溶液

C. 用一只燃着的酒精灯引燃另一只酒精灯

D. 在点燃氢气前必须检验其纯度

5.在固体溶解、过滤、蒸发三项操作中都需要用到的一种仪器（　　　）。

A. 试管　　　　　　B. 玻璃棒　　　　　C. 酒精灯　　　　　D. 蒸发皿

6.某学生用下列方法分别清洗附着在试管内壁上的物质，其方法正确的是（　　　）。

A. 用稀硝酸清洗附着在试管内壁上的硫酸铜

B. 用洗衣粉或热的纯碱溶液清洗盛过豆油的试管

C. 用水清洗试管壁上附着的氢氧化铁

D. 用稀盐酸清洗试管壁上附着的铜

7.下列物质中，不能用来鉴别一氧化碳和二氧化碳的是（　　　）。

A. 紫色石蕊试液　　B. 烧碱溶液　　　　C. 灼热的氧化铜　　D. 澄清的石灰水

8.下列药品处理的方法中错误的是（　　　）。

A. 在铁桶里配制波尔多液　　　　　　　B. 用带盖的铝槽运输浓硝酸

C. 将少量白磷储存在水中　　　　　　　D. 盛放氢氧化钠的试剂瓶用塞子塞紧

9.下列各组物质（最后一种均过量），加水搅拌充分反应后过滤，滤纸上留下一种不溶物质的是（　　　）。

A. Fe、Ag、$CuSO_4$　　　　　　　　　B. $Na_2SO_3$、$Ca(OH)_2$、$HNO_3$

C. $BaCl_2$、$AgNO_3$、$H_2SO_4$　　　　 D. $MgSO_4$、$Ba(NO_3)_2$、HCl

10.减压过滤装置和普通过滤装置相比，除可加快过滤速率外，还具有的优点是（　　　）。

A. 可过滤胶状沉淀　　　　　　　　　　B. 可过滤颗粒沉淀

C. 可使沉淀中的杂质减少　　　　　　　D. 可得到较干燥的沉淀

11.准确量取 7mL 水，应用（　　　）。

A. 50mL 量筒　　　　B. 10mL 量筒　　　C. 托盘天平　　　　D. 5mL 滴管

12.对下列实验操作或做法：①加热试管时，试管口对着人；②把蒸发皿放在铁圈上直接加热；③用漏斗过滤时液面高于滤纸的边缘；④把浓硫酸缓缓倒入盛有水的量筒里，并边倒边搅拌；⑤把氢氧化钠固体放在垫有等大滤纸的托盘天平上称量；⑥在氢气发生装置的导管口直接点燃氢气。你的评价是（    ）。

A.只有②④⑤正确    B.只有②④正确    C.只有②正确    D.都不正确

13.粗盐提纯实验中，从滤液中得到氯化钠晶体，应将蒸发皿中的滤液加热蒸发至（    ）。

A.蒸干为止
B.有大量晶体析出时为止
C.有少量晶体析出时为止
D.溶液沸腾为止

14.图中所示的基本操作正确的是（    ）。

A.　　　　　　　B.　　　　　　C.　　　　D.

15.用pH试纸测试一瓶某溶液的酸碱度时，其正确的操作方法是（    ）。

A.将该溶液倒些在pH试纸上
B.往瓶中的溶液里投入pH试纸
C.将pH试纸一端浸入该溶液中
D.用洗净的玻璃棒蘸取少量该溶液，然后滴在一小张pH试纸上

二、判断题

1.烧杯、锥形瓶、圆底烧瓶、容量瓶都可以直接加热。　　　　　　　　　（    ）

2.量筒、量杯是粗略测量液体体积的量器。　　　　　　　　　　　　　（    ）

3.使用托盘天平称量物质的质量，可将药品直接放在秤盘内。　　　　　（    ）

4.萃取分离后，分液漏斗中的液体需从上口倒出。　　　　　　　　　　（    ）

5.安装蒸馏装置时应以热源高度为基准，由下而上，从左至右依次安装。（    ）

6.沉淀颗粒很细时，为加快过滤速率宜采用减压过滤。　　　　　　　　（    ）

7.沉淀法、离心法、过滤法都可以除去废水中的悬浮物。　　　　　　　（    ）

8.丙酮须保存于棕色试剂瓶中。　　　　　　　　　　　　　　　　　　（    ）

9.简单分馏比普通蒸馏分离液体混合物效果好。　　　　　　　　　　　（    ）

10.所蒸馏的液体沸点无论多高，都可以采用直型冷凝管。　　　　　　（    ）

三、识图题（写出下列装置名称）

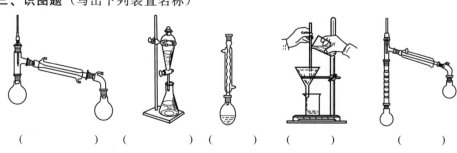

（　　　　）（　　　　　）（　　　　）（　　　　）（　　　　）

## 四、实践训练任务

1. 常见离子的检验与鉴定；

2. 托盘天平称量练习；

3. 粗食盐的提纯；

4. 丙酮-水混合物的分离；

5. 萃取分离。

# 参考答案

**一、选择题**

1. D　2. B　3. C　4. D　5. B　6. B　7. B　8. A　9. D　10. D　11. B　12. C　13. B　14. A　15. D

**二、判断题**

1. ×　2. √　3. ×　4. √　5. √　6. ×　7. ×　8. √　9. √　10. ×

**三、识图题**

普通蒸馏装置［圆底烧瓶、蒸馏头、温度计（配套胶塞）、直形冷凝管、接液管］

液体萃取装置（铁架台、分液漏斗、锥形瓶）

普通回流装置（圆底烧瓶、球形冷凝管）

普通过滤装置（铁架台、烧杯、玻璃漏斗、玻璃棒）

简单分馏装置（圆底烧瓶、刺形分馏柱、蒸馏头、温度计、直形冷凝管、接液管）

# 项目三
# 称量及溶液的配制

## 1. 基本知识

① 试样的称量方法与称量误差；

② 原始记录；有效数字的运算和修约规则；

③ 基本单元；

④ 实验室用水知识、玻璃量器的名称、用途和选用；

⑤ 溶液浓度表示方法、溶液的配制和计算，配制溶液注意事项。

## 2. 技术技能

① 熟练掌握用电子分析天平称量样品质量的操作方法；

② 能根据标准选用合适的化学试剂和实验用水配制一般溶液和标准溶液；

③ 熟练移液管和容量瓶的操作技巧；

④ 掌握取用固体、液体化学试剂的方法；

⑤ 掌握有效数字的运算规则；

⑥ 会及时、准确地记录实验原始数据。

## 3. 品德品格

① 具有社会责任感和职业精神，能够在分析检验技能实践中理解并遵守职业道德和规范，履行责任；

② 具有安全、健康、环保的责任理念，良好的质量服务意识，应对危机与突发事件的基本能力；

③ 能够进行交流，有团队合作精神与职业道德，可独立或合作学习与工作；

④ 培养正确、及时、简明记录实验原始数据的习惯。

## 任务一
### 电子分析天平称量练习（固体样品）

在化验工作中经常要准确称量一些物质的质量，称量的准确度直接影响到测定的准确度。天平是精确测定物质质量的重要计量仪器。掌握天平的使用和维护知识是每个分析工作人员必会的基本操作技能。

**学习目标：**

① 掌握使用电子分析天平称量固体样品质量的三种基本操作方法；

② 掌握干燥器的使用方法及注意事项；

③ 有效数字的位数；

④ 培养正确、及时、简明记录实验原始数据的习惯。

**仪器与试剂：**

① 仪器。电子天平，称量瓶，250mL 锥形瓶，100mL 烧杯，药匙，小烧杯，干燥器，称量纸。

② 试剂。无水碳酸钠，270～300℃烘干，装入称量瓶放入干燥器备用。

**1. 电子天平的使用方法**

① 接通电源预热 30min。

② 检查天平是否水平、洁净。水平泡是否在中央圈内；如有灰尘用软毛刷清理。如有污物用无尘布蘸无水乙醇擦拭。

③ 按下"开/关"键，显示屏很快出现"0.0000g"。

④ 称量。被称物置于称量盘中央，关上防风门。待数字稳定后，显示器数字即为被称物的质量值。

⑤ 称量完毕，取下被称物，如要继续使用可按下"开/关"键（但不拔下电源插头），让天平处于待命状态，这时显示屏上数字消失，左下角出现一个"0"，再称样时只需按下"开/关"键就可以使用。如果长时间不用，应拔下电源插头，盖上防尘罩。

**2. 直接称量法**

先称准表面皿、坩埚、小烧杯等容器的质量，再把试样放入容器中称量，两次称量之差即为试样的质量。

这种称量方法适用于称量洁净干燥的器皿、棒状或块状的金属、某些在空气中没有吸湿性、不与空气反应的试样。

**3. 指定称量法**

准确称取固定质量试样的方法称为指定法。此法只适用于称取不易吸湿、且不与空气作用、性质稳定的粉末状物质。如用直接法配制指定浓度的标准溶液时，常用该法称取基准物质的质量。

例如欲称取 0.6127g $Na_2CO_3$，称量操作方法如下：

准确称出小烧杯（或称量纸）的质量。先用药匙加入近 0.6g 试样，然后用手指轻弹药匙手柄使试样缓慢抖入烧杯中，直至天平的读数恰好为小烧杯质量加上 0.6127g，此时称取 $Na_2CO_3$ 试样质量为 0.6127g。以同样方法再称取 2～3 份 $Na_2CO_3$ 样品。也可以称出烧杯（或称量纸）的质量后，按下"开/关"键，将天平的读数回零（显示屏出现"0.0000g"），然后用药匙缓慢将试样抖入烧杯中，直至天平的读数恰好为0.6127g。

**4. 差减称量法**

本法应用最广，适用于称量易吸湿、易氧化、易与空气中 $CO_2$ 起反应的试样，也适用于连续称量几份同一试样。对一般的颗粒状、粉末状及液体试样的称量普遍适用。这种方法操作简单、快速、准确，称出试样的质量不要求固定的数值，只需在一定的质量范围内即可。

称量方法如下：在干燥洁净的称量瓶中，装入一定量经烘干的样品，盖好瓶盖。佩戴称量手套或用干净的纸条套住瓶身中部（图3-1）取出称量瓶，放在天平盘的正中央，准确称量并记录读数。然后取出称量瓶，拿到接收器上方约1cm处，打开瓶盖，将瓶身慢慢向下倾斜，用瓶盖轻轻敲击瓶的内侧上沿，使样品缓缓落入容器中（图3-2）。估计倒出的样品接近需要的质量时，再边敲瓶口边将瓶身扶正，使瓶口不留一点试样，盖好瓶盖后方可离开容器的上方（在此过程中，称量瓶不得碰接收器），放回天平盘上再称其质量。

如一次倒出的试样不够，可再倒一次，直到移出的样品质量满足要求（在欲称质量的±5%以内为宜），但次数不能太多。如称出的试样超出要求值，只能弃去。两次称量之差即为试样质量。注意称量过程中不要把试样洒在容器外面。

称取一些吸湿性很强（如无水 $CaCl_2$、$P_2O_5$ 等）及易吸收 $CO_2$ 的样品［如 $CaO$、$Ba(OH)_2$ 等］时，要求动作迅速，必要时还应采取其他保护措施。

图3-1 夹取称量瓶的方法

图3-2 倾出试样的操作

**5. 数据处理**

将每次称量的原始数据直接记录在报告单（表3-1～表3-3）上，并计算出样品的质量。

表3-1 固体样品称量——直接法称量操作报告单

| 样品名称 | | | | |
|---|---|---|---|---|
| 样品质量/g | | | | |

表 3-2　固体样品称量——指定法称量操作报告单

| 样品名称 | | 样品性状 | | 称量质量 | 0.6127g |
| --- | --- | --- | --- | --- | --- |
| 记录项目 | 1 | 2 | | 3 | 4 |
| 烧杯＋试样质量/g | | | | | |
| 烧杯质量/g | | | | | |
| 试样质量/g | | | | | |

表 3-3　固体样品称量——差减法称量操作报告单

| 天平型号 | | | 样品名称 | | |
| --- | --- | --- | --- | --- | --- |
| 项目 | 1 | 2 | 3 | 4 | 备用 |
| 倾样前质量/g | | | | | |
| 倾样后质量/g | | | | | |
| 样品质量/g | | | | | |

知识点
链接

**知识点 1　电子天平的称量原理及其特点**

（1）称量原理

电子天平是依据电磁力平衡原理制成的。

（2）电子天平的特点

① 采用数字显示，使用寿命长，性能稳定，灵敏度高，操作方便。

② 称量时不用砝码。放上被称物后，在几秒钟内即可达到平衡，显示读数，称量速率快，精度高，可以称准至 0.0001～0.00001g。

③ 天平内部装有标准砝码，使用校准功能时，标准砝码被启用，数秒钟内即能完成天平的自动校验。

④ 可在全量程范围内实现去皮重、累计称量、超载显示、故障报警等。

⑤ 可以与打印机、计算机连接，实现称量、记录和计算的自动化。

**知识点 2　电子天平使用注意事项**

① 在安装后或移动位置后必须进行校准。

② 开机后需要预热一段时间（至少 30min 以上），才能进行正式称量。

③ 使用时动作要轻、缓，要经常检查水平是否改变。要注意克服可能影响天平示值变动性的各种因素，例如：空气对流、温度波动、容器不够干燥、开门及放置被称物时动作过重等。

④ 长时间不使用时应每隔一段时间通电一次，以保持电子元件干燥，特别是湿度大时更应经常通电。

### 知识点3　对天平室环境的要求

① 天平室要防腐、防震、防尘，保持温度湿度恒定。

② 天平室内除放置与天平使用有关的物品外，不得放置其他物品。

③ 天平室不要经常敞开门窗，以免灰尘侵入天平框内。

④ 天平室及天平都应固定专人管理。

### 知识点4　干燥器

干燥器是一种具有磨口盖子、密闭的厚壁玻璃容器，内放一块带有孔眼的白瓷板，瓷板下面放干燥剂，干燥器的口上和盖子都有磨口，在磨口上涂一层很薄的凡士林，可使盖子密合而不透气。使用干燥器时应注意以下几点。

① 在盖干燥器时，应将盖子的磨口面紧贴着干燥器口的磨口面，从一边移至另一边，直至盖严为止；开盖时也从一边移至另一边直至打开，不应拿住盖子往上提。

② 打开的盖子放在台上时应使磨口面向上，要注意放稳，防止盖子从台上滚落下来打碎。

③ 将干燥器从一个地方移至另一个地方时，须用两手的大拇指按住盖子，以防滑落打破。

④ 在高温炉里灼烧成炽红的坩埚，不应立即放入干燥器中，必须在空气中冷却 5min 后，再放入干燥器中。盖上盖子后，要反复开关几次，使热气放出。然后把盖子盖好。

⑤ 将热的物体放入干燥器内，应置于瓷板中间，不要触及干燥器壁。

⑥ 热坩埚（或其他物质）放在干燥器内冷却到规定的时间后应马上称量，不要放置过久。

### 知识点5　干燥剂

干燥器通常用硅胶或无水氯化钙作干燥剂。当硅胶由蓝色变红色或无水氯化钙结成硬块时应更换。硅胶在烘箱中烘干后可以重复使用。

### 知识点6　称量瓶

① 称量瓶一般有扁形和高形两种。称量瓶有两个显著特点。

a.有磨口的玻璃塞可以防止称量物吸收水分和二氧化碳；

b.底是平的，容积小，可直接放在天平上称量。

② 称量瓶使用时必须注意以下几点。

a.称量瓶在使用时要洗净、烘干，然后再放称量物；

b.称量瓶在称量前一定要冷却到和天平周围室温相同的温度；

c.称量瓶不要直接用手拿取，应戴手套或用干净的纸条夹住称量瓶来取放及倾出称量物；

d.称量瓶在干燥器里冷却时，盖子应松松地盖好，称量之前把盖子稍微打开一下后马上盖严；

e.称量瓶的瓶口和磨口塞都应标记相应的号码，以免弄错塞子，使其不能盖严。

# 任务二
## 电子分析天平称量练习（液体样品）

**学习目标：**

① 掌握使用电子分析天平称量液体样品质量的基本操作方法；

② 能用安瓿球熟练称取易挥发性液体试样；

③ 熟练掌握用滴瓶和注射器称量液体样品的方法及操作注意事项；

④ 掌握酒精灯的使用要领。

**仪器与试剂：**

① 仪器。电子天平，滴瓶，5mL注射器，安瓿球，100mL具塞锥形瓶，酒精灯，玻璃棒，火柴，橡胶垫。

② 试剂。水溶液代替挥发性试样。

### 1. 准备工作

按照称量的一般程序检查分析天平，观察天平是否水平、清洁。调好天平的零点。

### 2. 滴瓶称量法

适用于大多数不易挥发的液体样品。

① 先称出装有液体试样的滴瓶的质量，然后从滴瓶中取出1滴液体试样于接收器中，再次称量滴瓶的质量，两次称量之差即为1滴液体试样的质量。

② 按上面估算的1滴液体试样的质量，估算出1.5g液体试样的滴数。并根据大致的滴数称取液体试样的质量，以同样方法再称取3份液体试样。试样质量在规定量±5%范围内即可，每个样品称量次数不超过3次。

### 3. 注射器称量法

适用于对注射器针头没有腐蚀的液体样品（大多数有机液体试样）。

① 先用注射器吸入2mL液体试样，用滤纸擦去针尖黏附的液体。用小块软橡胶垫堵住针头，放在天平盘上称量，记下总质量。

② 然后把样品注入已装有一定量溶剂的容器中，针尖黏附的液体要靠在接收器的内壁上。注意：不能用滤纸擦去。再用橡胶垫堵住针头，在天平上称量，记下读数。两次称量之差即为2mL试样的质量。

### 4. 安瓿球称量法

图 3-3　安瓿球

安瓿球是用玻璃吹制而成的、带有细的进样管（长约40~50mm，管的直径约2mm左右）、壁较薄、易于粉碎的小球（图3-3）。适用于易挥发液体样品的称量，如发烟硫酸、发烟硝酸、浓盐酸、氨水等液体试样。

① 先称空安瓿球的质量。如果安瓿球的毛细管端过长，可事先截取长约 40～50mm 的毛细管，确保能全部放入具塞三角瓶中；如果安瓿球的两端都有毛细管，在称量之前应先将一端熔封。

② 然后在火焰上微微加热安瓿球的球泡，移去火焰，将安瓿球的毛细管插入试样中，令其自然冷却，液体即自动吸入，待样品充至 1.5～2.0mL 时，取出安瓿球。用滤纸仔细擦净毛细管端，在火焰上使毛细管端密封，注意不要使玻璃损失。称量含有样品的安瓿球的质量，两次称量之差即为样品的质量。

③ 将含有样品的安瓿球放入预先盛有溶剂的具塞三角瓶中，用力摇动，使其粉碎，进行相应的测定。

**5. 数据处理**

将每次称量的原始数据直接记录在报告单（表 3-4～表 3-6）上，并计算出样品的质量。

**表 3-4　液体样品称量——滴瓶法称量操作报告单**

| 记录项目 | 1 | 2 | 3 | 4 |
|---|---|---|---|---|
| 滴瓶＋液体试样质量/g | | | | |
| 取出 1 滴液体试样后,滴瓶＋液体试样质量/g | | | | |
| 1 滴液体试样质量/g | | | | |
| 1.5g 液体试样滴数 | | | | |

**表 3-5　液体样品称量——注射器法称量操作报告单**

| 记录项目 | 1 | 2 | 3 | 4 |
|---|---|---|---|---|
| 2mL 液体试样＋注射器的质量/g | | | | |
| 排出液体试样后注射器的质量/g | | | | |
| 液体试样质量/g | | | | |

**表 3-6　液体样品称量——安瓿球法称量操作报告单**

| 记录项目 | 1 | 2 | 3 | 4 |
|---|---|---|---|---|
| 试样＋安瓿球质量/g | | | | |
| 安瓿球质量/g | | | | |
| 试样质量/g | | | | |

**知识点链接**

**知识点 1　使用天平进行称量操作的注意事项**

① 称量前要做好准备工作（调水平、检查各部件是否正常、清扫、调零点）；

② 倾出试样过程中，称量瓶口应始终在接收器上方，且不能碰接收器；

③ 固定质量称量法加样时注意不要碰到天平，注意防止试样洒落；

④ 化学药品不能直接放在天平盘上称量，应用小烧杯、称量纸、表面皿等器皿承接，器皿必须干净、干燥；不能在天平上称量过热或过冷的物品；

⑤ 被称物和砝码都要放在天平盘的中央；

⑥ 根据称量的精度要求选用天平；

⑦ 称量物的质量不能超过天平的最大载重。

### 知识点 2　称量误差的来源

① 被称物发生变化（如：被称物吸水、吸 $CO_2$ 或被称物的温度与天平温度不一致）；

② 天平和砝码（不合格或未检定）的影响；

③ 环境因素（如振动、气流、天平室温度和湿度）影响；

④ 空气浮力的影响；

⑤ 操作者称量不规范等造成的影响。

## 任务三
### 一般溶液的配制及计算

按溶液在滴定分析中的用途，分为一般溶液和标准溶液。一般溶液的浓度不需十分准确，配制时试剂的质量可用精度较低的电子分析天平或托盘天平称量，体积可用量筒或量杯量取。标准溶液浓度要求十分准确，配制时试剂的质量用精度较高的电子分析天平称量，体积常用滴定管、移液管、容量瓶量取。

**学习目标：**

① 能够正确选择合适的化学试剂和仪器配制一般溶液；

② 了解分析实验用水的制备和储存方法；

③ 掌握一般溶液浓度的表示方法和配制方法；

④ 掌握有效数字的修约规则和计算。

**仪器与试剂：**

① 仪器。托盘天平，250mL 和 500mL 烧杯，10mL 和 100mL 量筒（杯），玻璃棒，玻璃试剂瓶（白色和棕色），聚乙烯试剂瓶，聚乙烯烧杯，滴瓶，胶头滴管，药匙，称量纸，标签纸，研钵。

② 试剂。蒸馏水，酚酞，甲基橙，钙指示剂，氯化钠，盐酸，浓硫酸，氢氧化钠，95％乙醇。

**1. 配制溶液的一般程序**

（1）计算

正确计算配制溶液所需固体溶质的质量或需量取液体溶质的体积。

（2）称量（或量取）

称量固体溶质的质量或量取液体溶质的体积。大多数用来配制标准溶液的试剂纯度不易做到很纯，所以，在配制溶液时，一般都取比计算出来的数量稍多一些的量。

（3）溶解

将固体溶质或浓液体溶液于烧杯中溶解或稀释（如不能完全溶解可适当加热），用玻璃棒将溶液搅拌均匀并恢复到室温。

（4）装入试剂瓶

见光易分解的溶液装入棕色试剂瓶，指示剂通常装入滴瓶。盖好瓶塞，并在试剂瓶的中上部贴上标签。注明溶液名称、浓度、配制日期、配制者等信息。

（5）整理

整理器材、操作台，恢复到原来的状况。

**2. 0.1mol/L 盐酸溶液的配制（500mL）**

① 计算所需浓 HCl 的体积。（市售浓盐酸的密度 $\rho_t$ 为 1.19g/mL，质量分数 $w$ 为 37%，摩尔质量 $M$ 为 36.46g/moL。）

根据溶液稀释前后溶质的质量不变的规则，$C_1 V_1 M = \rho_t V_2 w$，故 $V_2 = (0.1 \times 500 \times 10^{-3} \times 36.46)/(1.19 \times 37\%) \approx 4.2mL$。

② 将量筒（量杯）、500mL 烧杯和试剂瓶洗净，待用。

③ 在 500mL 烧杯中加入大约 300mL 蒸馏水；用干净的 5mL 或 10mL 量筒（量杯）量取市售浓 HCl 4.2mL，倒入烧杯中，并用玻璃棒进行搅拌。

④ 用蒸馏水将烧杯中的溶液稀释至 500mL，混匀，冷却至室温后转移到试剂瓶中（试剂瓶事先洗净烘干或用待装溶液润洗三次以上）。

⑤ 盖好瓶塞，贴上标签，整理操作台。

**3. 0.1mol/L 氢氧化钠溶液的配制（500mL）**

① 计算所需固体氢氧化钠的质量。$m = CVM = 0.1 \times 500 \times 10^{-3} \times 39.997 \approx 2.0g$。

② 用干净的药匙取 2.2～2.5g 固体氢氧化钠倒入烧杯中，加入 100mL 无二氧化碳的水溶解，摇匀，注入聚乙烯容器中，密闭放置至溶液清亮。

③ 取上层清液，用无二氧化碳的水稀释至 500mL，摇匀。冷却至室温后转移到事先准备好的试剂瓶中；

④ 贴上标签，整理操作台。

**4. 1g/L 甲基橙指示液的配制（100mL）**

称取 0.1g 甲基橙，用少量 70℃左右的水溶解，冷却，稀释至 100mL。

**5. 10g/L 酚酞指示液的配制（100mL）**

称取 1g 酚酞，用少量 95% 乙醇溶解后，用 95% 乙醇稀释至 100mL。

### 6. （1＋2）的 $H_2SO_4$ 溶液的配制（300mL）

量取 100mL 浓硫酸，在不断搅拌下沿烧杯壁缓慢加入已装有 200mL 水的烧杯中。待冷却至室温后再装入细口玻璃瓶中，贴上标签。

### 7. 数据处理

一般溶液的配制报告单见表 3-7。

表 3-7　一般溶液的配制报告单

| 记录项目 | | 试剂及药品 | 配制方法（包括计算过程） |
|---|---|---|---|
| $\phi(H_2SO_4)=(1+2)$　溶液配制 300mL | | | |
| $m$（钙试剂）$=1+100$ | | | |
| $w(KI)=10\%$ | 配制 200mL | | |
| $\phi$（乙醇）$=20\%$ | 配制 1000mL | | |
| $\rho$（酚酞）$=10g/L$ | 配制 100mL | | |
| $\rho$（甲基橙）$=1g/L$ | 配制 100mL | | |
| $c(HCl)=0.1mol/L$ | 配制 500mL | | |
| $c(NaOH)=0.1mol/L$ | 配制 500mL | | |

知识点
链接

#### 知识点 1　分析实验室用水的等级

在分析实验中需要使用大量的水，如洗涤仪器、溶解样品、配制溶液等都需要水。自来水或其他天然水中常含有多种杂质如 $Ca^{2+}$、$Mg^{2+}$、$Na^+$、$Fe^{3+}$、$Al^{3+}$、$Cl^-$、$SO_4^{2-}$、$HCO_3^-$ 等，只能用于仪器的初步洗涤，不能用于分析实验。分析实验中使用的是纯水，需将自来水按照一定的方法净化并达到国家标准规定的要求。在实验中，要根据分析任务和要求的不同，采用不同规格的实验室用水。

我国国家标准 GB/T 6682—2008《分析实验室用水规格和试验方法》中规定了实验室用水分三个级别：一级水、二级水和三级水。实验室用水的级别及主要指标见表 3-8。

（1）一级水

用于有严格要求的分析试验，如高效液相色谱分析用水。

一级水可用二级水经过石英设备蒸馏或离子交换混合床处理后，再经 $0.2\mu m$ 微孔滤膜过滤来制取。

（2）二级水

用于无机痕量分析等试验，如原子吸收光谱分析用水。

二级水可用多次蒸馏或离子交换等方法制取。

（3）三级水

用于一般化学分析试验。

三级水可用蒸馏或离子交换等方法制取。

表 3-8　实验室用水的级别及主要指标

| 名称 | 一级水 | 二级水 | 三级水 |
|---|---|---|---|
| pH 值范围(25℃) | — | — | 5.0～7.5 |
| 电导率(25℃)/(mS/m) | ≤0.01 | ≤0.10 | ≤0.50 |
| 可氧化物质含量(以 O 计)/(mg/L) | — | ≤0.08 | ≤0.4 |
| 吸光度(254nm,1cm 光程) | ≤0.001 | ≤0.01 | — |
| 蒸发残渣(105℃±2℃)含量/(mg/L) | — | ≤1.0 | ≤2.0 |
| 可溶性硅(以 SiO₂ 计)含量/(mg/L) | ≤0.01 | ≤0.02 | — |

### 知识点 2　实验室用水的制备方法

实验室用水常用以下三种方法制备：蒸馏法；离子交换法；电渗析法。

### 知识点 3　分析实验特殊用水的制备方法

（1）无二氧化碳纯水

煮沸法。将蒸馏水或去离子水置于烧瓶中，煮沸 10min，储存于一个附有碱石灰管的橡胶塞盖严的瓶中，放置冷却后即得无二氧化碳纯水。

曝气法。将惰性气体通入蒸馏水或去离子水至饱和即得无二氧化碳纯水。

（2）无氧纯水

将蒸馏水或去离子水置于烧瓶中，煮沸 1h，立即用装有玻璃导管（导管与盛有 100g/L 焦性没食子酸碱性溶液的洗瓶连接）的胶塞塞紧瓶口，放置冷却后即得无氧纯水。

### 知识点 4　分析用水的储存

分析用水的储存影响到分析用水的质量。各级分析用水均应使用密闭的专用聚乙烯容器。三级水也可使用密闭的专用玻璃容器。高纯水不能储存在玻璃容器中，而应储于有机玻璃、聚乙烯塑料或石英容器中。新容器在使用前需要在盐酸溶液（20%）中浸泡 2～3 天，再用待测水反复冲洗，并注满待测水浸泡 6h 以上。

一级水不可储存，使用前制备。二级水、三级水可适量制备，分别储存于预先经同级水清洗过的相应容器中。

### 知识点 5　溶液的定义

（1）溶液

溶质以分子、原子或离子状态分散于另一种物质（溶剂）中构成的均匀而又稳定的体系。

（2）溶剂

用来溶解另一种物质的物质（试剂）。

（3）溶质

被溶剂溶解的物质。

通常以 A 代表溶剂，B 代表溶质。

### 知识点 6　溶液的分类

① 按溶剂状态不同，分为固态溶液（合金）、液态溶液、气态溶液；

② 按溶质在溶剂中分散颗粒大小，分为真溶液、胶体溶液和悬浮液；

③ 按溶液在滴定分析中的用途，分为标准溶液、一般溶液。

### 知识点 7　一般溶液

辅助试剂溶液也称为一般溶液，常用于样品处理、分离、掩蔽、调节溶液的酸碱性等操作中控制化学反应条件。它包括各种浓度酸碱溶液、缓冲溶液、指示剂等。

### 知识点 8　溶液浓度的表示方法

（1）B 的质量分数（$w_B$）

混合物中溶质 B 的质量 $m_B$(g) 与混合物的质量 $m$(g) 之比称为物质 B 的质量分数，常用％表示，也可以表示为小数。符号为 $w_B$。

$$w_B = \frac{溶质的质量}{溶质的质量＋溶剂的质量} \times 100\%  \qquad (3\text{-}1)$$

（2）B 的体积分数

指溶质 B 体积 $V_B$ 与溶液体积 $V$ 之比。

$$\phi_B = \frac{V_B}{V} \times 100\%  \qquad (3\text{-}2)$$

（3）比浓度

比浓度分为体积比浓度和质量比浓度两种。

体积比浓度主要用于溶质 B 和溶剂 A 都是液体时的场合，用 $(V_B + V_A)$ 表示，$V_B$ 为溶质 B 的体积，$V_A$ 为溶剂 A 的体积。

质量比浓度主要用于溶质 B 和溶剂 A 都是固体的场合，用 $(m_B + m_A)$ 表示，$m_B$ 为溶质 B 的质量，$m_A$ 为溶剂 A 的质量。

（4）B 的质量浓度（$\rho_B$）

指溶质 B 的质量 $m_B$ 与混合物体积 $V$ 之比，即：

$$\rho_B = \frac{m_B}{V}  \qquad (3\text{-}3)$$

在分析化学实验中，常用两种表示方法：

① 以每升溶液中所含溶质的质量表示，g/L。各种指示液的浓度，多用这种方法表示。

② 以每毫升溶液中所含溶质的质量表示，mg/mL。杂质标准溶液的浓度，多用这种浓度表示方法。

（5）物质的量浓度 $c_B$

指单位体积溶液中所含溶质 B 的物质的量，即：

$$c_B = \frac{n_B}{V} \tag{3-4}$$

式中　$c_B$——物质的量浓度，mol/L；

$n_B$——物质 B 的物质的量，mol；

$V$——溶液体积，L。

$c_B$ 是物质的量浓度的规定符号，其下标 B 意指基本单元，基本单元确定后，应标出 B 的化学式。

**知识点 9　一般溶液的配制**

（1）比例浓度溶液的配制

① 体积比浓度：

**【例 3-1】** 配制（1+4）的 HCl 溶液 1000mL。

量取 200mL 浓盐酸，在不断搅拌下沿烧杯壁缓慢加入 800mL 的水中。待冷却至室温后再装入细口玻璃瓶中，在试剂瓶的中上部贴上标签。

② 质量比浓度：

**【例 3-2】** （1+100）钙指示剂的配制。

称取 1g 指示剂和 100g 氯化钠，混合研细后，保存于磨口瓶中（使用期为半年）。

（2）质量分数溶液的配制

**【例 3-3】** 欲配制质量分数为 20% 的硝酸（$\rho_2 = 1.115$g/mL）溶液 500mL，需质量分数为 67% 的浓硝酸（$\rho_1 = 1.40$g/mL）多少 mL？加水多少 mL？如何配制？

**解：** 根据稀释前后溶质的质量不变。$m_{B浓溶液} = m_{B稀溶液}$

$$V_1 = \frac{V_2 \rho_2 w_{B,2}}{\rho_1 w_{B,1}} = \frac{500 \times 1.115 \times 20\%}{1.40 \times 67\%} = 118.9$$

需加入水的体积为 $V_2 - V_1 = 500 - 119 = 381$（mL）

**答：** 用量筒量取 381mL 蒸馏水置于烧杯中，再用量筒量取 67% 的硝酸 119mL，在搅拌下，将硝酸缓缓倒入烧杯中与水混合均匀，转入棕色试剂瓶中，贴上标签。

（3）体积分数溶液的配制

**【例 3-4】** 用无水乙醇配制 500mL 体积分数为 70% 的乙醇溶液，应如何配制？

**解：** 所需乙醇体积为：

$$500 \times 70\% = 350\text{（mL）}$$

**答：** 用量筒量取 350mL 无水乙醇于 500mL 烧杯中，用蒸馏水稀释至刻度，装入试剂瓶中，贴上标签。

（4）质量浓度溶液的配制

**【例 3-5】** 配制质量浓度为 0.1g/L 的 $Cu^{2+}$ 溶液 1L 应取 $CuSO_4 \cdot 5H_2O$ 多少 g？如何配制？$CuSO_4 \cdot 5H_2O$ 和 Cu 的摩尔质量 $M$ 分别为 249.68g/mol 和 63.55g/mol。

**解：**设称取 $CuSO_4 \cdot 5H_2O$ 的质量为 $m$，则：

$$0.1 \times 1 = m \times \frac{63.55}{249.68} \qquad m = \frac{0.1 \times 1 \times 249.68}{63.55} = 0.4(g)$$

**答：**称取 0.4g $CuSO_4 \cdot 5H_2O$ 置于烧杯中，用少量水溶解，转移至 1000mL 容量瓶中，用水稀释至刻度线，摇匀，然后转移到试剂瓶中，贴上标签。

### 知识点 10    试剂溶液的管理

① 有毒性的试剂（如 KCN、$As_2O_3$ 砒霜、叠氮化钠等），不管浓度大小，必须使用多少配制多少，剩余少量也应送危险品毒物储藏室保管，或报请领导适当处理掉。

② 见光易分解的试剂装入棕色试剂瓶中，避光保存。

③ 碱类及盐类试剂溶液不能装在磨口试剂瓶中，应使用胶塞或木塞；玻璃容器不能长时间存放碱液和氢氟酸，应配好后转移到塑料瓶中。

④ 需滴加的试剂及指示剂应装入滴瓶中，整齐地排列在试剂架上，标签朝外放置。

⑤ 配制好的试剂溶液必须贴上标签，包括溶液名称、溶液浓度、配制日期、配制者。盛标准溶液的试剂瓶标签还应标明有效期，贴在试剂瓶的中上部。

⑥ 试剂废液不能直接倒入下水道里，特别是易挥发、有毒的有机化学试剂更不能直接倒入下水道中，应倒在专用的废液缸中，定期妥善处理。

### 知识点 11    有效数字的修约规则

处理分析数据时，应按测量精度及运算规则合理地保留有效数字，弃去多余数字的处理过程称为数字的修约。按《数值修约规则与极限数值的表示和判定》（GB/T 8170—2008）标准规定，按照"四舍六入五留双，五后非零就进一，五后皆零视奇偶，五前为偶应舍去，五前为奇则进一"，不可连续修约。例如将 2.5491 修约为 2 位有效数字，不能先修约为 2.55，再修约为 2.6，而应一次修约到位即 2.5。在用计算器（或计算机）处理数据时，对于运算结果，亦应按照有效数字的计算规则进行修约。

如：将下列数据修约到 2 位有效数字。

3.1416→3.1      9.053→9.1      7.55→7.6      0.776→0.78

7.54→7.5      9.050→9.0      75.50→76      0.774→0.77

### 知识点 12    有效数字的运算规则

① 加减法。几个数据相加或相减时，它们的和或差的有效数字位数的保留，应以小数点后位数最少的数据为准。

$$0.015 + 34.37 + 4.3235 = 38.71$$

② 乘除法：几个数据相乘或相除时，它们的积或商的有效数字位数的保留，应以各数据中有效数字位数最少的数据为准。

$$0.1034 \times 2.34 = 0.103 \times 2.34 = 0.241$$

③ 乘方和开方。对数据进行乘方或开方时，所得结果的有效数字位数保留应与原数据相同。

例如：$6.72^2 = 45.1584$ 保留三位有效数字则为 45.2

④ 对数计算。所取对数的小数点后的位数（不包括整数部分）应与原数据的有效数字的位数相等。例如：$\lg 102 = 2.00860017\cdots\cdots$ 保留三位有效数字则为 2.009。

⑤ 在计算中常遇到分数、倍数等，可视为多位有效数字。

⑥ 表示分析方法的精密度和准确度时，大多数取 1~2 位有效数字。

⑦ 某数据第一位有效数字≥8 时，有效数字位数可多算一位，如 9.37mL，可按四位有效数字处理，因为 9.37mL 接近于 10.00mL。

### 知识点 13　我国目前标准的分级

分四级，国家标准、行业标准、地方标准、企业标准。按标准性质，国家标准、行业标准分为强制性标准和推荐性标准两类。例如 GB/T 601—2016 表示推荐性国家标准第 601 号，2002 年批准。

### 知识点 14　饱和溶液

饱和溶液是指在某温度下达到溶解平衡时的澄清溶液。溶解度是指在一定温度下，某物质 100g 溶剂中达到饱和状态时所需溶剂的质量。

把不饱和溶液变成饱和溶液常用三种方法：增加溶质、减少溶剂、改变温度（升高或降低）。

## 任务四
### 标准滴定溶液的配制（直接法）

**学习目标：**

① 掌握标准滴定溶液（直接法）的配制方法；

② 掌握容量瓶的基本操作方法；

③ 掌握标准滴定溶液浓度的表示方法及计算；

④ 掌握基本单元的确定方法及计算；

⑤ 了解标准滴定溶液 GB/T 601—2016 的一般规定。

**仪器与试剂：**

① 仪器。电子天平，电炉，250mL 容量瓶，100mL 烧杯，玻璃棒，试剂瓶，标签纸。

② 试剂。无水碳酸钠（基准试剂），烘干，装入称量瓶或瓷坩埚，保存于干燥器中备用。

### 1. 准备工作

（1）检查仪器

数量、质量是否符合要求。玻璃仪器应无破损，标识、标线清晰。

（2）容量瓶试漏

按照国家计量检定规程 JJG 196—2006 的规定，检查方法如下。

当水注入容量瓶至最高标线，塞子盖紧后颠倒 10 次。每次颠倒时，在倒置状态下至少停留 10s，不应有水渗出（可用易吸水的纸片在塞和瓶之间检查）。

试漏合格后进行以下操作，如漏水应更换容量瓶。

（3）仪器洗涤

所有仪器洗至不挂水珠，并用蒸馏水润洗三遍。

### 2. 操作要点

用小烧杯准确称量 1.3249g（或 1.3g±5%）固体 $Na_2CO_3$，溶解后转移到 250mL 容量瓶中，用蒸馏水稀释到刻度，并转移到试剂瓶中保存。

（1）称量

用电子天平准确称量 1.3249g（或 1.3g±5%）固体 $Na_2CO_3$ 于小烧杯中。

（2）溶解

用洗瓶向烧杯内加适量蒸馏水（沿同一方向旋转）溶解，用玻璃棒一端轻碾固体颗粒或稍微加热至溶解。注意药品应完全溶解，且溶解时溶液不得溅出。对于在溶解时有吸热或放热反应的样品，应待溶液接近室温时再向容量瓶中转移。

（3）定量转移

用玻璃棒的下端靠住容量瓶颈内壁，烧杯嘴紧靠玻璃棒的中下部，倾斜烧杯，使溶液缓缓顺着玻璃棒沿容量瓶壁流下，流完后轻提烧杯同时直立，使附着于玻璃棒与烧杯嘴间的少量溶液流回烧杯中。

将玻璃棒放回烧杯中（不可放于烧杯尖嘴处，也不能让玻璃棒在烧杯中滚动，可用左手食指将其按住），用 5~10mL 蒸馏水洗涤玻璃棒中下部和烧杯内壁，并将洗涤液也转移至容量瓶中。一般应重复 3~5 次以上，以保证定量转移。

（4）定容

稀释时，先用蒸馏水稀释至总体积的 3/4 处，平摇容量瓶几次（切勿倒置摇动），再加蒸馏水至刻度线下 0.5~1cm 处放置 30s。再用洗瓶或滴管加蒸馏水至弯月面最低点和刻度线上缘前后相切（注意容量瓶垂直，视线水平）。盖好瓶塞，并同时顺时针旋转半圈。

（5）混匀

左手食指按住塞子，右手三个手指的指尖顶住瓶底，将容量瓶倒转并振荡，使气泡上升到顶部为一次。反复 10~15 次即可摇匀。

（6）转移

将配制好的溶液转移入事先洗净并烘干的试剂瓶中保存，或用待装溶液润洗试剂瓶三次以上。

（7）清理

刷洗仪器，整理操作台。使台面整洁，仪器摆放整齐。

### 3. 数据处理

计算溶液浓度。将试剂标签贴在试剂瓶的中上部。碳酸钠标准滴定溶液的配制报告单见表3-9。

表 3-9　碳酸钠标准滴定溶液的配制报告单

| 样品名称 | | | 天平状况 | | 使用日期 | |
|---|---|---|---|---|---|---|
| 次数 | | | 1 | | 2 | 备注 |
| 碳酸钠称量 | $m_1$（倾样前）/g | | | | | |
| | $m_2$（倾样后）/g | | | | | |
| | $m_{Na_2CO_3}$/g | | | | | |
| 定容后体积/mL | | | | | | |
| $M_{\frac{1}{2}Na_2CO_3}$/(g/mol) | | | | | | |
| $c_{\frac{1}{2}Na_2CO_3}$/(mol/L) | | | | | | |

计算过程：

1. $m_{Na_2CO_3} = m_{1（倾样前）} - m_{2（倾样后）}$
2. $c_{\frac{1}{2}Na_2CO_3} = m_{Na_2CO_3} \times 1000 / (M_{\frac{1}{2}Na_2CO_3} \times V)$

**知识点链接**

**知识点 1　容量瓶简介**

容量瓶是一种细颈梨形的平底玻璃瓶，带有玻璃磨口玻璃塞或塑料塞，可用橡皮筋将塞子系在容量瓶的颈上。颈上有标线，表示在所指温度下（一般为20℃），当液体充满到标线时瓶内液体体积。容量瓶的精度级别分为 A 级和 B 级。规格通常有 25mL、50mL、100mL、250mL、500mL、1000mL 等。容量瓶属于量入式（In）玻璃量器。有无色和棕色两种。容量瓶一般用来配制和稀释标准溶液或试样溶液。

**知识点 2　容量瓶的洗涤**

油污较严重的可用铬酸洗液或洗涤剂洗涤。洗涤时应使洗液布满容量瓶全部内壁，放置 10min 左右，倒出洗涤液；洁净的容量瓶可直接用自来水、蒸馏水依次洗涤。

**知识点 3　容量瓶的使用注意事项**

① 溶液转入容量瓶后，稀释至 3/4 体积，将容量瓶平摇几次，切勿倒置摇动。然后继续加溶剂至标线下 0.5～1cm 处，静置 30s，继续加溶剂至溶液的弯月面下缘与标线上缘相切，注意视线一定要平视。

② 往容量瓶中注入液体时，只能用手拿住标线上的瓶颈部分，不能握住球形部分，以防瓶中液体温度发生变化。

③ 摇动容量瓶时，应盖紧瓶塞。左手食指按住塞子，右手三个手指的指尖顶住瓶底，将容量瓶倒转并振荡，使气泡上升到顶部为一次。反复10~15次即可摇匀。

④ 容量瓶不允许放在烘箱中烘干，或用加热的方法使容量瓶中的物质溶解，使用温度应与检定温度基本一致。

⑤ 容量瓶不能久储溶液。配好的溶液应转移至试剂瓶中保存。

⑥ 容量瓶长期不用时，应洗净后在塞子磨口处垫一小纸条，以防黏结打不开。

**知识点4　标准滴定溶液浓度的表示方法**

标准滴定溶液的浓度常用物质的量浓度表示。

（1）物质的量

物质的量（$n$）是国际单位制的基本量之一，单位为摩尔（mol）。

摩尔是国际单位制的基本单位，使用时必须指明基本单元。

（2）基本单元

基本单元可以是组成物质的任何自然存在的原子、分子、离子等一切物质的粒子（以B表示），也可以是按照需要人为地将它们进行分割或组合成实际上并不存在的个体或单元（以$\frac{1}{z}$B表示）。如"$\frac{1}{2}H_2SO_4$""$\frac{1}{5}KMnO_4$"等。

相同质量的物质B，由于它们采用的基本单元不同，物质的量也不同。酸碱反应以接受或给出一个质子的特定组合作为反应物质的基本单元。氧化还原反应是以接受或给出一个电子的特定组合作为反应物质的基本单元。

如反应：$H_2SO_4 + NaOH \longrightarrow NaHSO_4 + H_2O$

反应：$H_2SO_4 + 2NaOH \longrightarrow Na_2SO_4 + 2H_2O$ 中，$H_2SO_4$ 的基本单元分别为 $H_2SO_4$ 和 $\frac{1}{2}H_2SO_4$。

（3）基本单元的摩尔质量 $M_{\frac{1}{z}B}$

若以 $M_B$ 表示物质B的摩尔质量，就可以用 $M_{\frac{1}{z}B}$ 表示以 $\frac{1}{z}$B 为基本单元的摩尔质量。

若已知物质的质量和基本单元的摩尔质量，即可求出以 $\frac{1}{z}$B 为基本单元的物质的量。

$$n_{\frac{1}{z}B} = \frac{m_B}{M_{\frac{1}{z}B}} \tag{3-5}$$

（4）物质的量浓度 $c_{\frac{1}{z}B}$

表示物质的量浓度时，一定要指明其基本单元。

$$c_{\frac{1}{z}B} = \frac{n_{\frac{1}{z}B}}{V} \tag{3-6}$$

$$c_{\frac{1}{z}B} = zc_B \tag{3-7}$$

同一溶液，因选用的基本单元不同，其浓度不同。

**【例 3-6】** 每升硫酸溶液中含 98.08g $H_2SO_4$，求 $c_{H_2SO_4}$ 和 $c_{\frac{1}{2}H_2SO_4}$。

**解：** $M_{H_2SO_4} = 98.08g/mol$，$M_{\frac{1}{2}H_2SO_4} = 98.08/2 = 49.04(g/mol)$；

$c_{H_2SO_4} = 1.000mol/L$，而 $c_{\frac{1}{2}H_2SO_4} = 2c_{H_2SO_4} = 2.000(mol/L)$。

**知识点 5  配制标准滴定溶液的方法**

标准滴定溶液的配制一般有两种方法——直接法和间接法。

（1）直接法

配制标准滴定溶液必须用基准试剂。基准试剂是用于标定容量分析标准溶液的标准参考物质，可作为基准物使用，也可精确称量后直接配制标准溶液。对其要求如下。

① 纯度高，其纯度相当于或高于一级品，主要成分的含量在 99.9％以上；

② 组成与化学式相符，若含有结晶水，其含量也应与化学式相符。例如化学式为 $Na_2B_4O_7 \cdot 10H_2O$，含结晶水应恒定为 10 个；

③ 性质稳定，干燥时不分解，称量时不吸潮，不吸收 $CO_2$，不被空气氧化，放置时不发生变化；

④ 容易溶解；

⑤ 摩尔质量大，减小称量误差。

常用的基准物质，由于在储存过程中有微量杂质等因素的影响会带来一定误差，因而使用前都要经过一定的处理。常用基准物质的干燥条件和应用见表 3-10。

直接法配制标准滴定溶液的具体做法如下：

准确称取一定量的基准物质，经溶解后，定量转移到一定体积的容量瓶中，用去离子水稀释至刻度，根据溶质的质量和容量瓶的体积直接计算溶液的准确浓度。

$$c_B = \frac{m \times 1000}{M_B(V - V_0)} \tag{3-8}$$

**表 3-10  常用基准物质的干燥条件和应用**

| 名称 | 化学式 | 干燥条件 | 标定对象 |
|---|---|---|---|
| 碳酸钠 | $Na_2CO_3$ | 270～300℃(2～2.5h) | 酸 |
| 邻苯二甲酸氢钾 | $KHC_8H_4O_4$ | 110～120℃(1～2h) | 碱 |
| 重铬酸钾 | $K_2Cr_2O_7$ | 研细,105～110℃(3～4h) | 还原剂 |
| 溴酸钾 | $KBrO_3$ | 120～140℃(1.5～2h) | 还原剂 |
| 碘酸钾 | $KIO_3$ | 120～140℃(1.5～2h) | 还原剂 |
| 三氧化二砷 | $As_2O_3$ | 105℃(3～4h) | 氧化剂 |
| 草酸钠 | $Na_2C_2O_4$ | 130～140℃(1～1.5h) | 氧化剂 |
| 碳酸钙 | $CaCO_3$ | 105～110℃(2～3h) | EDTA |
| 锌 | $Zn$ | 依次用(1+3)HCl、水、乙醇洗后，置干燥器中保存 | EDTA |
| 氧化锌 | $ZnO$ | 800～900℃(2～3h) | EDTA |
| 氯化钠 | $NaCl$ | 500～650℃(40～45min) | $AgNO_3$ |
| 氯化钾 | $KCl$ | 500～650℃(40～45min) | $AgNO_3$ |

（2）标定法（又称间接法）

但是用来配制标准溶液的物质大多数不能满足上述条件。如 NaOH 极易吸收空气中的 $CO_2$ 和水分，高锰酸钾、硫代硫酸钠都含有少量杂质，而且溶液不稳定。因此，对于这一类物质要用标定法配制。

标准滴定溶液的配制主要用标定法。

首先配制成接近于所需浓度的溶液，然后用基准物标定其准确浓度，该过程称为标定；或用另一种标准溶液对所配制的标准溶液进行滴定，并计算出准确浓度，这一过程称为比较。以标定法数据为准。

例如，欲配制浓度为 0.1mol/L 的盐酸溶液，可先量取适量浓盐酸，稀释，配成浓度大约为 0.1mol/L 的盐酸溶液，然后准确称取一定量的基准物质（如碳酸钠、硼砂）进行标定；或者用已知准确浓度的 NaOH 标准溶液进行标定。这样便可求出 HCl 标准溶液的准确浓度。

**知识点 6　配制标准溶液时的注意事项**

① 配制标准溶液时要准确量取溶液的体积。

② 大多数用来配制标准溶液的试剂纯度不易做到很纯，所以，在配制溶液时，一般都取比计算出来的数量稍多一些的量，配制成一个接近所需浓度的溶液再用基准物质标定其准确浓度。

③ 标定时称取基准物质的量，应使被标定溶液的消耗量不超过所用滴定管的最大容量。

**知识点 7　标准滴定溶液的标定方法**

本标准中标准滴定溶液浓度的标定方法大体上有四种方式。

第一种是用工作基准试剂标定标准滴定溶液的浓度；第二种是用标准滴定溶液标定标准滴定溶液的浓度；第三种是将工作基准试剂溶解、定容、量取后标定标准滴定溶液的浓度；第四种是用工作基准试剂直接制备标准滴定溶液。

**知识点 8　标准滴定溶液的制备（GB/T 601—2016 的相关规定）**

① 所用试剂的级别应在分析纯（含分析纯）以上。实验用水应符合 GB/T 6682 中三级水规格。

② 在标准滴定溶液标定、直接制备和使用时若温度不为 20℃时，应对标准滴定溶液体积进行补正。

③ 标准滴定溶液标定、直接制备和使用时所用分析天平、滴定管、容量瓶、单标线吸管等均须定期检定。

④ 称量工作基准试剂的质量的数值≤0.5g 时，按精确值为 0.01mg 称量；＞0.5g 时，按精确值为 0.1mg 称量。

⑤ 制备标准滴定溶液的浓度应在规定浓度的 ±5% 范围以内。

⑥ 标准滴定溶液浓度在运算过程中保留 5 位有效数字，报出结果取四位有效数字。

⑦ 储存。标准滴定溶液在 10～30℃ 下，开封使用过的标准滴定溶液保存时间一般不超过 2 个月（倾出溶液后立即盖紧）；碘标准滴定溶液、氢氧化钾-乙醇标准滴定溶液一般不超过 1 个月；0.1mol/L 的亚硝酸钠标准滴定溶液一般不超过 15d；高氯酸标准滴定溶液开封后当天使用。当溶液出现浑浊、沉淀、颜色变化等现象时，应重新制备。

⑧ 本标准中所用溶液以 "%" 表示的除 95％乙醇外其他均为质量分数。

## 任务五
### 标准滴定溶液的稀释

**学习目标：**

① 掌握移液管和容量瓶的洗涤方法和使用注意事项；

② 了解移液管的种类及容量允差；

③ 熟练掌握移液管和容量瓶的配套使用方法，能将高浓度的储备溶液合理地稀释成低浓度的标准使用液。

**仪器与试剂：**

① 仪器。电子天平，电炉，容量瓶（50mL、100mL 和 250mL），烧杯（100mL、250mL 和 500mL），玻璃棒，500mL 试剂瓶，25mL 移液管，10mL 分度吸量管，锥形瓶。

② 试剂。无水碳酸钠（基准试剂），烘干，装入称量瓶或瓷坩埚，保存于干燥器中备用。

**1. 准备工作**

① 检查仪器。数量；质量；有关标志；吸量管上管口应平整，流液口没有破损。

② 容量瓶试漏。

③ 仪器洗涤。所有仪器洗至内壁不挂水珠，并用蒸馏水润洗三遍。

**2. 操作要点**

① 配制 0.1mol/L 的碳酸钠溶液 250mL，转移到试剂瓶中备用。

② 吸取溶液。分别吸取 25.00mL、10.00mL、5.00mL 试液转移到 250.0mL、100mL 和 50mL 的容量瓶中。

吸取溶液前要将试液从试剂瓶中倒入干燥洁净的小烧杯中（或用试液润洗未经烘干的小烧杯三次），然后用干净的滤纸擦干吸量管外壁，并将管尖残留的水吸干。左手持洗耳球，右手持吸量管，如图 3-4 所示。将管尖插入小烧杯内的液面下 2～3cm 处，管尖不应伸入太浅，以免液面下降后造成吸空；也不应伸入太深，以免移液管外部黏附过多的溶液。吸液时，应注意烧杯中液面和

图 3-4　吸取溶液的操作

管尖的位置，当慢慢放松洗耳球时，管内液面借洗耳球的吸力而慢慢上升，管尖应随着烧杯中液面的下降而下降。先吸出管容量的 1/3 左右，取出吸量管，横持，并转动吸量管，使溶液接触到全部管内壁，并至最高刻度线以上部分，然后将溶液从管下口放出并弃去（用废液杯盛接）。

反复润洗三次后，即可吸取溶液至刻度线上方 5mm 处，迅速移去洗耳球，与此同时，用右手食指堵住管口，将吸量管取出，用洁净的滤纸擦干管下部外壁。左手改拿一干

图 3-5　放出溶液的操作

净的小烧杯，将管尖靠在小烧杯内壁上，保持吸量管垂直，小烧杯倾斜成 30°，轻轻松动食指，用右手拇指及中指轻轻捻转管身，使液面缓慢而平稳地下降，直到视线平视时弯月面下缘最低点与刻度线上缘相切，立即用食指按紧管口。注意此时管尖不能有气泡。将调好液面的吸量管移至接收器内，并将接收器倾斜 30°，吸量管垂直，管尖靠壁，放开食指，使溶液自然地沿瓶壁流入接收器内。如图 3-5 所示。管尖余液不得用洗耳球吹（标有"吹"字的吸量管，最后一滴可以用洗耳球吹下）当溶液流尽后保持原来操作姿势等待 15s，再将吸量管取出。取出时注意勿使管尖再碰器壁。但必须指出，由于一些管口尖部做得不很圆滑，因此可能会由于随靠接收器内壁的管尖部位不同而留存在管尖部位的体积有大小的变化，为此，可在等 15s 后，将管身左右旋动一下，这样管尖部分每次留存的体积将会基本相同，不会导致平行测定时的过大误差。

③ 将容量瓶中的试液稀释至刻度。

④ 练习。用 25.00mL 的移液管从容量瓶中移取三份溶液于锥形瓶中。

### 3. 数据处理

分别计算稀释后溶液的准确浓度。碳酸钠标准滴定溶液的稀释操作报告单见表 3-11。

**表 3-11　碳酸钠标准滴定溶液的稀释操作报告单**

| 项目 | 1 | 2 | 3 | 备用 |
|---|---|---|---|---|
| $m$ 倾样前/g | | | | |
| $m$ 倾样后/g | | | | |
| $m_{Na_2CO_3}$/g | | | | |
| 定容后体积/mL | | | | |
| $M_{\frac{1}{2}Na_2CO_3}$/(g/mol) | | | | |
| $c_{\frac{1}{2}Na_2CO_3}$/(mol/L) | | | | |
| 移取体积/mL | 25.00 | 10.00 | 5.00 | |

| 项目 | 1 | 2 | 3 | 备用 |
|---|---|---|---|---|
| 稀释后体积/mL | 250.0 | 100.0 | 50.00 | |
| 稀释后 $c_{\frac{1}{2}Na_2CO_3}$ /(mol/L) | | | | |

知识点
链接

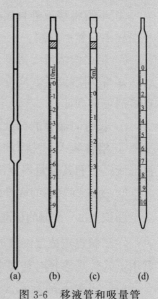

## 知识点 1　吸量管简介

根据国家计量检定规程 JJG 196—2006 的规定，吸量管包括分度吸量管［图 3-6(b)、图 3-6(c)、图 3-6(d)］和单标线吸量管，单标线吸量管也叫移液管。移液管的中间有一膨大部分，如图 3-6(a)所示。吸量管是用于准确移取一定体积溶液的量出式玻璃量器，按其容量精度分为 A 级和 B 级。

与移液管相比，分度吸量管管径较大，因此吸取溶液的准确度不如移液管。

## 知识点 2　吸量管的洗涤

洗涤时，将管尖插入盛铬酸洗液的瓶中，吸出管容量的 1/3 左右，按住管口，取出吸量管，横持，转动吸管使洗液接触到全部管内壁，并至最高标线以上，然后将洗液从管下口放回原瓶。或将洗液吸至最高标线以上，等待片刻，再放回原瓶。依次用自来水、纯水洗涤干净。器壁上不应有挂水等沾污现象，使液面与器壁接触处形成正常弯月面。液面的观察方法为：弯月面的最低点应与分度线上边缘的水平面相切，视线应与分度线在同一水平面上。

图 3-6　移液管和吸量管

## 知识点 3　使用吸量管进行移取操作时的注意事项

① 移取前要将试液倒入干燥洁净的小烧杯中，吸取少量溶液润洗吸量管内壁几次。

② 吸量管应插入液面下 2~3cm 处，浅了易吸空，深了黏附溶液较多。

③ 吸液一般吸至刻度线上方约 5mm 处，不必太多。管壁黏附的少量溶液要用滤纸擦干。

④ 调整液面要用洁净的小烧杯盛接，不能往地上流放。轻轻松动手指，调节液面至刻度线，此时注意管尖不能出气泡。

⑤ 用接收器接收试液，吸量管垂直，管尖靠壁，吸量管与接收器成 30°，让溶液自然流出，不得用嘴或洗耳球吹。标有"吹"字的吸量管，最后一滴用洗耳球吹下。

⑥ 液体流尽后，保持原来操作方式等候 15s，以统一液体放出量。

⑦ 分度吸量管每次都应该从最上面刻度起始往下放出所需体积，不能用多少体积就取出多少体积。

⑧ 吸量管不允许在烘箱中烘干，也不能吸取温度高的溶液，尤其是已经检定过的吸量管。

### 知识点 4　储存和使用标准溶液时的注意事项

① 盛标准溶液的瓶应贴上标签，注明溶液名称、浓度、配制日期和配制者。

② 对易受光线影响而变质和改变浓度的溶液应置于棕色瓶内，存放于干燥阴凉的地方，避免阳光直射。

③ 对于空气接触易吸收二氧化碳的溶液，可用虹吸管把其和滴定管很好地连接起来，并安有二氧化碳吸收管。

④ 不得将移液管直接插入标准溶液中吸取，而应预先估计用量将溶液倒入干净的小烧杯中，然后取用。

⑤ 用剩的溶液不得倒入原溶液瓶中，以免影响溶液的质量。

⑥ 取用溶液后，应立即盖紧瓶盖，尽量减少溶液与空气的接触，对于易变质的有机溶剂更应如此。

⑦ 长时间储存的标准溶液，常因水分蒸发有水珠凝结于瓶内壁上部，用前应摇匀。

⑧ 溶液装入新洗净的滴定管和吸量管时，为保证使用的溶液不变，应先用少量溶液把滴定管和其他量器涮洗几次。

⑨ 超过有效期的标准溶液，不能继续使用。

### 知识点 5　配制的标准滴定溶液浓度不在规定范围内，应通过什么手段来增浓或稀释?

在配制规定浓度溶液时，若配成的溶液浓度经标定后不在所要求的浓度范围内，可利用下式计算稀释时补加水量和增加浓度时补加较浓溶液的体积。

（1）当配成的标准溶液需要稀释时，按下式计算补加水的体积

$$V = (c_0 - c)/c \times V_0 \tag{3-9}$$

式中　$V$——需补加的体积，mL；

　　　$V_0$——调整前的标准溶液的体积，mL；

　　　$c_0$——调整前标准溶液的浓度，mol/L；

　　　$c$——所需标准溶液浓度，mol/L。

（2）当配制的浓度太小时，按下式计算应补加的浓标准溶液的体积

$$V_1 = (c - c_0)/(c_1 - c) \times V_0 \tag{3-10}$$

式中　$V_1$——应补加较浓标准溶液的体积，mL；

　　　$c_1$——较浓标准溶液的物质的量浓度，mol/L；

　　　$c_0$——调整前较稀标准溶液的物质的量浓度，mol/L；

　　　$V_0$——调整前较稀标准溶液的体积，mL；

　　　$c$——所要求的标准溶液的物质的量浓度，mol/L。

**任务六**
考核

**1. 电子分析天平称量固体样品——差减法**

（1）考核内容

用差减法称量三份 0.42g±0.1g 固体碳酸钠于锥形瓶中。

（2）考核表（考核时间 10min）

电子分析天平操作考核表见表 3-12。

表 3-12　电子分析天平操作考核表

| 序号 | 考核内容 | 考核要点 | 配分 | 评分标准 | 检测结果 | 扣分 | 得分 |
|---|---|---|---|---|---|---|---|
| 1 | 化学试剂的称取 | 检查试剂 | 5 | 不检查试剂外观扣 5 分 | | | |
| | | 正确使用干燥器 | 5 | 搬动或开关干燥器动作不正确扣 5 分 | | | |
| | | 按规定正确称取化学试剂 | 15 | 药品洒落扣 5 分 | | | |
| | | | | 手接触药品扣 5 分 | | | |
| | | | | 称多的药品放回原试剂瓶扣 5 分 | | | |
| 2 | 天平使用 | 称量前准备 | 25 | 未戴称量手套扣 5 分 | | | |
| | | | | 天平未预热 30min 扣 5 分 | | | |
| | | | | 未检查天平盘是否清洁扣 5 分 | | | |
| | | | | 未检查天平水平扣 5 分 | | | |
| | | | | 未调节天平零点扣 5 分 | | | |
| | | 称量操作 | 40 | 称量瓶未放置在天平盘的中央扣 5 分 | | | |
| | | | | 称量次数≤3 次，每多一次扣 5 分 | | | |
| | | | | 读数时未关闭天平门扣 5 分 | | | |
| | | | | 称量范围在±10%内，否则扣 5 分 | | | |
| | | | | 称量返工扣 5 分 | | | |
| | | | | 未及时准确记录扣 5 分 | | | |
| | | | | 称量瓶随意放在桌子上扣 5 分 | | | |
| | | | | 使用后未归零扣 5 分 | | | |
| 3 | 实验管理 | 文明操作 | 10 | 台面整洁，仪器摆放整齐，否则扣 5 分 | | | |
| | | | | 仪器破损扣 5 分 | | | |
| | 合计 | | 100 | | | | |

**2. 移液管和吸量管的使用**

（1）考核内容

正确使用移液管和吸量管量取规定量液体的体积。

（2）考核表（考核时间 20min）

移液管和吸量管的操作考核表见表 3-13。

表 3-13　移液管和吸量管的操作考核表

| 序号 | 考核内容 | 考核要点 | 配分 | 评分标准 | 检测结果 | 扣分 | 得分 |
|---|---|---|---|---|---|---|---|
| 1 | 准备工作 | 使用前检查 | 10 | 未检查规格是否符合要求扣 5 分 | | | |
| | | | | 未检查上口和排液口是否完整无损扣 5 分 | | | |
| 2 | 移液管和吸量管操作 | 试液润洗 | 15 | 没用试液润洗扣 5 分 | | | |
| | | | | 润洗试液用量过多或过少扣 5 分 | | | |
| | | | | 润洗次数不足 3 次扣 5 分 | | | |
| | | 量取溶液操作 | 10 | 插入液面过深或过浅扣 5 分 | | | |
| | | | | 吸取溶液时进入气泡扣 5 分 | | | |
| | | 液面调整操作 | 30 | 调节液面前未用滤纸擦净外壁扣 3 分 | | | |
| | | | | 移液管尖端不靠壁扣 5 分 | | | |
| | | | | 调整液面时不垂直扣 5 分 | | | |
| | | | | 眼睛与刻度线不平行扣 5 分 | | | |
| | | | | 调整失败一次扣 10 分 | | | |
| | | | | 调整液面未用小烧杯承接扣 2 分 | | | |
| | | 溶液转移操作 | 20 | 排放溶液时管不垂直，接收器未倾斜 30°扣 5 分 | | | |
| | | | | 液体完全放出后未等待 15s 扣 5 分 | | | |
| | | | | 移液时散落扣 10 分 | | | |
| 3 | 实验管理 | 器皿洗涤 | 5 | 操作前器皿洗涤干净，否则扣 5 分 | | | |
| | | 文明操作 | 10（扣完为止） | 台面整洁，仪器摆放整齐，否则扣 5 分 | | | |
| | | | | 废液废药正确处理，否则扣 5 分 | | | |
| | | | | 仪器破损扣 5 分 | | | |
| | 合计 | | 100 | | | | |

**3. 容量瓶的使用**

（1）考核内容

称取一定量的固体样品，溶解后使用玻璃棒转移到 250mL 容量瓶中，定容到刻度。

（2）考核表（考核时间 40min）

容量瓶的操作考核表见表 3-14。

表 3-14　容量瓶的操作考核表

| 序号 | 考核内容 | 考核要点 | 配分 | 评分标准 | 检测结果 | 扣分 | 得分 |
|---|---|---|---|---|---|---|---|
| 1 | 仪器检查 | 检查仪器的数量及完好性 | 5 | 没有检查数量扣 2 分 | | | |
| | | | | 容量瓶没有试漏扣 3 分 | | | |
| 2 | 操作前准备 | 仪器洗涤 | 5 | 没用洗衣粉扣 2 分 | | | |
| | | | | 没洗干净、挂水珠扣 3 分 | | | |
| | | 仪器润洗 | 5 | 蒸馏水润洗 3 次，少一次扣 2 分 | | | |
| | | | | 润洗不均匀扣 3 分 | | | |
| | | 瓶塞和瓶连接 | 3 | 瓶塞随意放置扣 3 分 | | | |
| 3 | 容量瓶的使用 | 样品溶解 | 7 | 溶液冷却至室温后转移到容量瓶中，温度过高或过低扣 2 分 | | | |
| | | | | 溶解时溶液溅到外面扣 5 分 | | | |
| | | 液体转移 | 35 | 没用玻璃棒转移扣 5 分 | | | |
| | | | | 玻璃棒在容量瓶中的位置不正确扣 2 分 | | | |
| | | | | 溶液转移后，烧杯上提，让最后一滴溶液收回，否则扣 3 分 | | | |
| | | | | 玻璃棒与烧杯嘴分离扣 5 分 | | | |
| | | | | 溶液不能外溅，如溶液外溅应重做，否则扣 10 分 | | | |
| | | | | 用洗瓶吹洗烧杯和玻璃棒并将溶液全部转移到容量瓶中，吹洗不到位的扣 2 分 | | | |
| | | | | 吹洗次数少于 3 次扣 3 分 | | | |
| | | | | 溶液全部转移后，加水至 3/4 时，不盖盖将溶液摇匀，如倒置摇动扣 5 分 | | | |
| | | 定容 | 30 | 加水至刻度线下 0.5～1cm 处等待 30s，再用洗瓶或滴管加至刻度线，未等待扣 5 分 | | | |
| | | | | 溶液弯月面下沿最低点与刻度线上缘相切，过高或过低扣 10 分 | | | |
| | | | | 盖好瓶塞，顺时针旋转半圈，没旋转半圈的扣 5 分 | | | |
| | | | | 将溶液颠倒摇匀次数少于 10 次扣 5 分 | | | |
| | | | | 气泡没有上升到顶部就又颠倒的扣 5 分 | | | |
| 4 | 实验管理 | 文明操作 | 10 | 台面整洁，仪器摆放整齐，否则扣 5 分 | | | |
| | | | | 仪器破损扣 5 分 | | | |
| 合计 | | | 100 | | | | |

## 4. 碳酸钠溶液的配制

（1）考核内容

配制 0.1mol/L 的碳酸钠溶液 250mL，并用试剂瓶盛装，贴好标签。

（2）考核表（考核时间 60min）

碳酸钠溶液的配制操作考核表见表 3-15。

表 3-15　碳酸钠溶液的配制操作考核表

| 序号 | 考核内容 | 考核要点 | 配分 | 评分标准 | 检测结果 | 扣分 | 得分 |
|---|---|---|---|---|---|---|---|
| 1 | 操作前准备 | 仪器洗涤 | 3 | 洗至不挂水珠,否则扣 3 分 | | | |
| | | 仪器润洗 | 3 | 用蒸馏水润洗 3 遍,润洗不到位扣 3 分 | | | |
| | | 计算 | 5 | 称量前没计算扣 5 分 | | | |
| 2 | 称量 | 天平使用 | 6 | 没有检查天平状态(水平、清洁)扣 2 分 | | | |
| | | | | 没有调节天平零点扣 2 分 | | | |
| | | | | 称量时没有戴手套扣 2 分 | | | |
| | | 药品称量 | 28 | 称量过程中药品洒落扣 3 分 | | | |
| | | | | 取出的药品又放回原试剂瓶扣 5 分 | | | |
| | | | | 读数时未关闭天平门扣 2 分 | | | |
| | | | | 药品随意弹掉扣 3 分 | | | |
| | | | | 药品转移散落扣 3 分 | | | |
| | | | | 未及时准确记录扣 5 分 | | | |
| | | | | 取、称药品动作不规范扣 2 分 | | | |
| | | | | 药品直接放在天平盘上称量扣 5 分 | | | |
| 3 | 溶液配制 | 药品溶解 | 8 | 用洗瓶向同一方向旋转加水溶解,动作不熟练扣 2 分 | | | |
| | | | | 药品未完全溶解就转移扣 3 分 | | | |
| | | | | 溶解时溶液溅出扣 3 分 | | | |
| | | 溶液转移 | 22 | 溶液没冷却至室温就转移扣 2 分 | | | |
| | | | | 没用玻璃棒转移扣 5 分 | | | |
| | | | | 玻璃棒使用不正确扣 5 分 | | | |
| | | | | 溶液外溅扣 5 分 | | | |
| | | | | 用蒸馏水润洗烧杯和玻璃棒次数少于 3 次扣 5 分 | | | |
| | | 定容 | 10 | 加水至 3/4 处没平摇扣 5 分 | | | |
| | | | | 定容至刻度线不准扣 5 分 | | | |
| | | 摇匀 | 10 | 摇匀次数少于 10 次扣 5 分 | | | |
| | | | | 气泡没有上升到顶部就又颠倒的扣 5 分 | | | |
| | | 标识 | 5（扣完为止） | 未贴标签扣 5 分 | | | |
| | | | | 标识不完整扣 3 分 | | | |
| 合计 | | | 100 | | | | |

**一、选择题**

1. 物质的量的单位符号是（    ）。

A. $N$          B. Na          C. $n$          D. mol

2. 0.5mol 硫酸所具有的质量是（    ）。

A. 98          B. 49g          C. 49          D. 98g

3. 记录数据和结果时，保留几位有效数字，须根据测定方法和使用仪器的（    ）来决定。

A. 最小刻度值          B. 准确程度          C. 示值          D. 刻度值

4. 万分之一的分析天平能称准至（    ）。

A. 0.001g          B. 0.01g          C. 0.0001g          D. 0.00001g

5. 14.4350 修约为四位有效数字的是（    ）。

A. 14.43          B. 14.44          C. 14.435          D. 14.42

6. 运用有效数字运算规则计算 0.01＋25.64＋1.0625＝（    ）。

A. 26.71          B. 26.72          C. 26.7157          D. 26.7

7. $\dfrac{0.3120 \times (10.25 - 5.73) \times 0.01401}{0.2845 \times 1000}$ 的计算结果应取（    ）有效数字。

A. 一位          B. 二位          C. 三位          D. 四位

8. 准确移取各种不同量的液体的玻璃仪器是（    ）。

A. 容量瓶          B. 量杯          C. 量筒          D. 分度吸量管

9. 准确移取一定量液体的玻璃仪器是（    ）。

A. 容量瓶          B. 单标线吸量管          C. 量筒          D. 量杯

10. 电子天平采用（    ）原理，称量时全量程不用砝码。

A. 杠杆平衡          B. 电磁力平衡          C. 光电效应          D. 阻尼

11. 移液管为（    ）计量玻璃仪器。

A. 量出式          B. 量入式          C. A 级          D. B 级

12. 淋洗时，吸取溶液的量是移液管和吸量管容量的（    ）。

A. 1/2          B. 1/3          C. 1/4          D. 满量

13. 移液管和吸量管尖端的液滴应（    ）。

A. 用滤纸吸掉          B. 用手指弹掉          C. 靠壁去掉          D. 甩掉

14. 承接溶液的器皿如果是锥形瓶，应使锥形瓶（    ），移液管和吸量管直立。

A. 倾斜成约 45°          B. 倾斜成约 30°          C. 成 90°          D. 直立

15. 溶液流完后管尖端接触瓶内壁约（    ）$s$ 后，再将移液管和吸量管移去。

A. 5          B. 10          C. 15          D. 20

16. 容量瓶为（    ）计量玻璃仪器。

A. 量出式　　　　　B. 量入式　　　　　C. A级　　　　　D. B级

17. 配制 $c(\mathrm{Na_2CO_3})=0.5\mathrm{mol/L}$ 溶液 500mL，应称取 $\mathrm{Na_2CO_3}$（    ）g。$M(\mathrm{Na_2CO_3})=106\mathrm{g/mol}$。

A. 20　　　　　B. 25　　　　　C. 26.5　　　　　D. 30

18. 100kg $w_{\mathrm{HCl}}=37\%$ HCl 浓溶液，加 90kg 水，则此溶液的质量分数为（    ）。

A. 36.5%　　　　　B. 19.5%　　　　　C. 13.5%　　　　　D. 20%

19. 12.5g NaOH 溶于 50g 水中，则此溶液的质量分数为（    ）。

A. 20%　　　　　B. 10%　　　　　C. 40%　　　　　D. 30%

20. 配制 2:3 乙酸溶液 1L，应取乙酸（    ）mL，取水（    ）mL。

A. 500，500　　　　　B. 400，600　　　　　C. 600，400　　　　　D. 300，700

21. 取 20mL 无水乙醇，加 480mL 水，则此溶液的体积分数为（    ）。

A. 2%　　　　　B. 4%　　　　　C. 6%　　　　　D. 8%

22. (1+5)HCl 溶液，表示（    ）。

A. 1 体积市售浓 HCl 与 5 体积蒸馏水相混

B. 5 体积市售浓 HCl 与 1 体积蒸馏水相混

C. 1 体积 HCl 与 5 体积蒸馏水相混

D. 1 体积任何浓度的 HCl 与 5 体积蒸馏水相混

23. (1+100) 钙指示剂-氯化钠混合指示剂，表示（    ）。

A. 100 个单位质量的钙指示剂与 1 个单位质量的氯化钠相互混合

B. 1 个单位质量的钙指示剂与 100 个单位质量的氯化钠相互混合

C. 1g 的钙指示剂与 100g 的氯化钠相互混合

D. 100g 的钙指示剂与 1g 的氯化钠相互混合

24. 烘干的称量瓶、灼烧过的坩埚等一般放在（    ）冷却到室温后进行称量。

A. 空气中　　　　　B. 干燥器内　　　　　C. 烘箱内　　　　　D. 高温炉内

25. 已知 $\mathrm{H_2SO_4}$ 溶液 $c_{\frac{1}{2}\mathrm{H_2SO_4}}=18.3\mathrm{mol/L}$，密度 $\rho=1.50\mathrm{g/mL}$，则 $w_{\mathrm{H_2SO_4}}$ 是（    ）。$M_{\mathrm{H_2SO_4}}=98.08\mathrm{g/mol}$。

A. 96%　　　　　B. 59.8%　　　　　C. 48%　　　　　D. 30%

26. 分析实验室用水规格分为（    ）级。

A. 2　　　　　B. 3　　　　　C. 5　　　　　D. 6

二、判断题

1. 在配制要求不太准确的溶液浓度时，使用量筒比较方便，用量筒量取的体积是一种粗略的计量方法。　　　　　　　　　　　　　　　　　　　　　　　　　（    ）

2. 棕色的容量瓶用来准确配制见光易分解的试剂溶液。　　　　　　　（    ）

3. 在分析结果的报告中，保留的数字位数越多越准确。　　　　　　　（    ）

4. 玻璃仪器使用前均需干燥。　　　　　　　　　　　　　　　　　　（    ）

5. 容量瓶主要用于配制准确浓度的溶液或定量地稀释溶液。　　　　　（    ）

6.容量瓶试漏时，在瓶内装入自来水到标线附近，盖上塞，用手按住塞，倒立容量瓶，观察瓶口是否有水渗出。 （　　）

7.容量瓶可以作为储液瓶使用。 （　　）

8.溶解时放热较多的试剂，可以在试剂瓶中配制。 （　　）

9.强碱保存时，必须存于塑料瓶或带橡胶塞的瓶中。 （　　）

10.填写分析报告时，可以先做实验，再事后回忆或转抄原始记录。 （　　）

### 三、思考题

1.使用托盘天平称量时有哪些注意事项？

2.使用砝码时有哪些注意事项？

3.标准滴定溶液的配制一般有哪两种方法？

4.使用容量瓶时有哪些注意事项？

5.使用移液管时有哪些注意事项？

### 四、实践训练任务

1.电子分析天平称量练习（固体样品）——差减法；

2.电子分析天平称量练习（固体样品）——直接法、固定质量法；

3.电子分析天平称量练习（液体样品）；

4.一般溶液的配制（0.1mol/L 盐酸、氢氧化钠溶液的配制，酚酞指示剂的配制）；

5.标准溶液的配制（直接法）（碳酸钠基准溶液的配制）。

# 参考答案

### 一、选择题

1.D　2.B　3.B　4.C　5.B　6.A　7.C　8.D　9.B　10.B　11.A　12.B　13.C　14.B　15.C　16.B　17.C　18.B　19.A　20.B　21.B　22.A　23.B　24.B　25.B　26.B

### 二、判断题

1.√

2.√

3.×　正确答案：如果不适当的保留过多的数字，夸大了准确度；反之则降低了准确度。

4.×　正确答案：不同实验的玻璃仪器对干燥有不同的要求。

5.√

6.×　正确答案：容量瓶试漏时，如果不漏，把瓶直立后，转动瓶塞约180°后再倒立试一次。

7.×　正确答案：容量瓶不能作为储液瓶使用。

8.×　正确答案：溶解时放热较多的试剂，不可在试剂瓶中配制，以免炸裂。

9.√

10.×　正确答案：填写分析报告时，在实验的同时记录原始记录，不应事后写回忆或转抄。

### 三、思考题

1.托盘天平和砝码必须配套使用，不能随意调换；称量不要超过天平的最大载荷；不能把化学药品直接放在天平盘上称量。

2.要用带骨质或塑料尖的镊子夹取砝码，严禁直接用手取放砝码，以免锈蚀；砝码只能放在砝码盒和秤盘上，不能随意乱放。

3.标准滴定溶液的配制一般有直接法和间接法。直接法配制标准滴定溶液必须用基准试剂。标准滴定溶液的配制主要用标定法。先配制成接近于所需浓度的溶液，然后用基准物标定其准确浓度。

4.溶液转入容量瓶中，稀释至3/4体积，将容量瓶平摇几次，切勿倒置摇动。继续加溶剂至标线下0.5～1cm处，静置30s后，加溶剂至溶液的弯月面下缘与标线上缘相切。容量瓶不能久储溶液，配好的溶液应转移至试剂瓶中保存。

5.移取前要吸取少量试液润洗内壁几次，调整液面要用洁净的小烧杯盛接，注意管尖不能出气泡。接收试液时，保持管垂直，管尖靠壁，管与接收器成30°，让溶液自然流出。液体流尽后，保持原来操作方式等候15s。

# 滴定分析基本操作

---

### 1. 基本知识

① 滴定管的种类、使用方法及注意事项；

② 滴定分析的操作规程；

③ 常用玻璃量器的校准；

④ 标准滴定溶液的温度补正。

### 2. 技术技能

① 能够熟练进行滴定分析的基本操作；

② 能正确选用酸碱指示剂，准确地判断滴定终点；

③ 能按《常用玻璃量器检定规程》（JJG 196—2006）对滴定管进行校正。

### 3. 品德品格

① 具有社会责任感和职业精神，能够在分析检验技能实践中理解并遵守职业道德和规范，履行责任；

② 具有安全、健康、环境的责任理念，良好的质量服务意识，应对危机与突发事件的基本能力；

③ 能够进行交流与合作，有团队合作精神；

④ 树立自主学习和终身学习的意识，有适应发展和敢于创新的能力。

---

## 任务一
### 酸式滴定管操作练习

滴定管是用来准确测量滴定时放出滴定剂体积的玻璃量器。滴定管的正确使用及准确读数是保证滴定分析结果准确度的先决条件。

**学习目标：**

① 识别滴定管的种类；

② 初步掌握酸式滴定管的洗涤、试漏、涂油、装溶液、赶气泡、调零、读数等操作技术；

③ 能够正确进行滴定操作，并掌握好 1 滴、3/4 滴、半滴、1/4 滴操作技术；

④ 掌握滴定管的操作要点及使用注意事项。

**仪器与试剂：**

① 仪器。50mL 酸式滴定管（棕色和有蓝线乳白衬背的酸式滴定管），锥形瓶，500mL 试剂瓶（棕色和无色），烧杯（100mL、250mL 和 500mL）。

② 试剂。0.1mol/L 高锰酸钾溶液，盐酸溶液，硫代硫酸钠溶液。

**1. 准备工作**

（1）标记和结构检查

① 滴定管应具有下列标记。

厂名或商标；标准温度（20℃）；型式标记（量出式用"Ex"）；等待时间××s；标称总容量与单位＋××mL；准确度等级 A 或 B（有准确度等级而未标注的玻璃量器，按B 级处理）。

② 结构检查。

a. 滴定管的口应与轴线相垂直，口边要平整光滑，不得有粗糙处及未经熔光的缺口。

b. 滴定管的流液口，应是逐渐地向管口缩小，流液口必须磨平倒角或熔光，口部不应突然缩小，内孔不应偏斜。

（2）洗涤

无明显油污等不太脏的滴定管，可直接用自来水冲洗，或用肥皂水或洗衣粉水泡洗，但不可用去污粉刷洗，以免划伤内壁，影响体积的准确测量。

若有油污不易洗净时，可用铬酸洗液洗涤。洗涤时，应将滴定管内的水尽量控出，关闭活塞，倒入 10～15mL 铬酸洗液于管内，两手平端滴定管，边转边向管口倾斜，直至洗液布满全部管壁为止。打开活塞，将洗液放回原瓶。如滴定管油污严重，可将洗液布满全管，浸泡一段时间。洗液放出后，先用自来水冲洗，再用蒸馏水淋洗三遍。

洗净的滴定管其内壁应完全被水润湿而不挂水珠。

（3）涂油

将滴定管平放在桌面上，将活塞取下，用干净的软纸或布把活塞及活塞套的内壁擦干。清除孔内油污，蘸取少量的凡士林或真空油脂，在活塞两端沿圆周均匀地涂上薄薄的一层油脂。在活塞孔旁不要涂油，以免堵塞活塞孔。

涂完，在活塞孔与滴定管平行的状态中将活塞放回活塞套内。此时滴定管仍不能竖起，否则管中的水会流入活塞套内。向同一方向旋转几周，使油脂分布均匀，呈透明状。旋转时，应有一定的向活塞小头方向挤的力，避免来回移动活塞，使塞孔受堵。

最后将活塞的小头朝上，用胶皮圈套在活塞的小头沟槽上，以防活塞脱落。在涂油过程中要特别小心，切莫让活塞跌落在地上，造成整根滴定管报废。

涂油后的滴定管，活塞应转动灵活，油脂呈均匀的透明状态。

碱式滴定管和活塞为聚四氟乙烯的滴定管不需涂油。

（4）试漏

将滴定管活塞关闭，装入蒸馏水至最高标线，用滤纸将滴定管外壁擦干。将滴定管直立夹在滴定管架上，静置约 2min。仔细观察液面是否下降，管尖及活塞周围有无水渗出。然后将活塞转动 180°，重新检查。如有漏水现象应重新涂油。

**2. 操作要领**

（1）装溶液

① 装溶液前，应先将试剂瓶中的溶液摇匀，使凝结在瓶内壁上的液珠混入溶液。

② 用待装溶液将滴定管润洗三遍，每次加入量约 10～15mL，以除去管内残留的水分，确保溶液的浓度不变。

③ 倒入溶液时，手持滴定管上部无刻度处，管身稍微倾斜，将溶液直接倒入滴定管中。尽量不用其他容器（如小烧杯、漏斗）转移溶液，以免浓度改变。每次先从滴定管下端放出少量溶液，洗涤尖嘴部分，然后关闭活塞，双手横持滴定管并慢慢转动，使溶液与管内壁全部接触，最后将溶液从管上口倒出弃去。但不要打开活塞，以防活塞上的油脂冲入管内，污染洗净的管壁。尽量倒空后再洗第二次，每次都要冲洗尖嘴部分。如此反复三次。

④ 正式装溶液至"0.00"刻度以上。

（2）赶气泡

检查滴定管的流液口尖嘴部分是否充满溶液，活塞附近是否留有气泡。在整个滴定过程中，均要保证上述部位不出现气泡。

排气泡时，右手拿滴定管上部无刻度处，左手操作活塞，使滴定管倾斜 30°，迅速打开活塞，使溶液冲出带出气泡。

（3）调零

装入溶液至"0.00"刻度以上 5mm 左右，等待 30s。打开旋塞使液面慢慢下降，调节液面处于 0.00mL。将滴定管垂直地夹在滴定管架上，并用靠壁杯的内壁靠去悬在管尖的液滴。

（4）滴定

滴定时站在实验台前，身体距离实验台边缘一拳左右的距离，调整好滴定管架与自己的距离。有时也可以坐着滴定。

滴定最好在锥形瓶中进行，必要时也可在烧杯中进行。为便于观察，可在瓶下放一块白瓷板作背景。

滴定前，先记下滴定管液面的初读数（如果是 0.00mL，可以不记）。滴定时左手控制活塞，右手拿锥形瓶（握在瓶颈部分）。滴定管管尖伸入锥形瓶口 1～2cm 处，使瓶底离瓷板2～3cm。左手的拇指在管前，食指和中指在管后，手指略微弯曲，轻轻向内扣住活塞。手心空握，以免活塞松动或顶出活塞，致使溶液从活塞缝隙中渗出。但也不要过分往里拉，以免造成活塞转动困难，不能自如操作。

转动活塞，控制溶液流出速度，一般为6～8mL/min，即每秒3～4滴。同时右手运用腕力向同一个方向摇动锥形瓶。

要求做到：边滴边摇；溶液逐滴流出；只放出1滴溶液；液滴悬而未落，即3/4滴；半滴及1/4滴溶液的控制技术。依次放出适量溶液，并进行读数。注意滴定速度、滴定姿势。

进行滴定操作时，一定要注意左右手的配合，同时还应注意以下几点。

① 每次滴定最好都从0.00mL开始，这样在平行测定时，使用同一段滴定管，可减小测量误差，提高精密度。

② 在整个滴定过程中，左手不能离开活塞任溶液自流。

③ 摇瓶时，应微动腕关节，使溶液水平向同一方向（逆时针或顺时针）旋转，不要溅出溶液，不要使瓶口碰滴定管口，或使瓶底碰白瓷板，也不能前后振动。

**3. 读数**

① 读数前应等待30s，以使管壁附着的溶液流下来，使读数准确可靠。初读与终读的方法要保持一致。

② 读数时应将滴定管从滴定管架上取下，用右手大拇指和食指捏住滴定管上部无刻度（或无溶液）处，其他手指从旁辅助，使滴定管保持垂直，然后再读数。

③ 对于无色或浅色溶液，视线应与弯月面下缘的最低点在同一水平面上，如图4-1 (a) 所示。对于有蓝线乳白衬背的滴定管，视线应与溶液的两个弯月面与蓝线相交的交点在同一水平面上，如图4-1(b) 所示。对于深色溶液（如 $KMnO_4$、$I_2$ 等），视线应与液面两侧的最高点在同一水平面上，如图4-1(c) 所示。

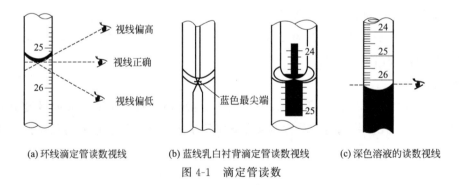

(a) 环线滴定管读数视线　　(b) 蓝线乳白衬背滴定管读数视线　　(c) 深色溶液的读数视线

图 4-1　滴定管读数

视线高于液面，读数将偏低；反之，读数偏高。

④ 常量滴定管读数要读至小数点后第二位，即要求估读到0.01mL。

**4. 数据处理**

（1）酸式滴定管读数练习

酸式滴定管读数练习见表4-1。

表 4-1　酸式滴定管读数练习

| 标称总容量/mL | | | | 最小分度值/mL | | | | 外观检查 | | | |
|---|---|---|---|---|---|---|---|---|---|---|---|
| 准确度等级 | | | | 温度/℃ | | | | 温度补正值/(mL/L) | | | |
| 滴定管类别 | 棕色滴定管(无色溶液) | | | 棕色滴定管(有色溶液) | | | 蓝线乳白衬背滴定管 | | | | |
| 测定次数 | 1 | 2 | 3 | 1 | 2 | 3 | 1 | 2 | 3 | 4 | |
| 初读数/mL | | | | | | | | | | | |
| 终读数/mL | | | | | | | | | | | |
| 滴出体积/mL | | | | | | | | | | | |

（2）酸式滴定管滴定速度练习

酸式滴定管滴定速度练习见表 4-2。

表 4-2　酸式滴定管滴定速度练习

| 标称总容量/mL | | | | 最小分度值/mL | | | | 外观检查 | | | |
|---|---|---|---|---|---|---|---|---|---|---|---|
| 准确度等级 | | | | 温度/℃ | | | | 温度补正值/(mL/L) | | | |
| 3～4 滴/s 操作(滴定时间为 2min) | | | | | 1 滴操作(每滴定 10 滴读一次数) | | | | | | |
| 序号 | 1 | 2 | 3 | 4 | 序号 | 1 | 2 | 3 | 4 | | |
| 初读数/mL | | | | | 初读数/mL | | | | | | |
| 终读数/mL | | | | | 终读数/mL | | | | | | |
| 滴出体积/mL | | | | | 滴出体积/mL | | | | | | |
| 滴定体积/(mL/min) | | | | | 溶液体积/(mL/滴) | | | | | | |
| 3/4 滴操作(每操作 10 次读一次数) | | | | | 半滴操作(每操作 10 次读一次数) | | | | | | |
| 序号 | 1 | 2 | 3 | 4 | 序号 | 1 | 2 | 3 | 4 | | |
| 初读数/mL | | | | | 初读数/mL | | | | | | |
| 终读数/mL | | | | | 终读数/mL | | | | | | |
| 滴出体积/mL | | | | | 滴出体积/mL | | | | | | |

知识点
链接

## 知识点 1　滴定管的分类

① 从溶液的性质看，有酸式滴定管、碱式滴定管之分。如图 4-2 所示，现已有一种聚四氟乙烯旋塞的酸碱通用滴定管。

② 从玻璃的颜色来看，有无色滴定管和棕色滴定管，刻度线有蓝色背景和环线之分。

③ 从规格上看，有微量、半微量和常量滴定管之分。（常量滴定管中最常用的是容积为 50mL 和 25mL 的滴定管，最小分度值为 0.1mL，读数可估计到 0.01mL；半微量滴定管容积为 10mL、分度值为 0.05mL；微量滴定管容积为 1mL、2mL 和 5mL 等各种规格，分度值为 0.01mL 或 0.02mL。

④ 从构造上看，有普通滴定管和自动滴定管之分。

### 知识点 2　酸式滴定管简介

酸式滴定管用来装酸性、中性及氧化性溶液，但不适宜装碱性溶液，因为碱性溶液能腐蚀玻璃的磨口和活塞。现有活塞为聚四氟乙烯的滴定管，酸、碱及氧化性溶液均可用。棕色滴定管用于装见光易分解的溶液，如 $KMnO_4$、$I_2$ 或 $AgNO_3$ 溶液等。

### 知识点 3　自动滴定管简介

（1）构造

自动滴定管如图 4-3 所示，是由刻度滴定管与注液管平行焊接在一起，注液管中制有一圆球，起缓冲作用。在刻度量管上端有一只向上弯的液体出口，做调整零点用，其外层有一球与注液管相连，用以收集多余液体，并通过注液管流回储液瓶内。刻度滴定管的下端焊有两根支管，向外伸出成三角形，与斜孔三路活塞、滴液嘴相连，其上面一根支管是通过活塞、滴液嘴把滴定管的溶液滴出，下面一根支管用于滴定完毕后，把滴定管内的余液，通过活塞经此管流回至储液瓶内。刻度滴定管与注液管在两根支管之间合拢成一根玻璃管，深入储液瓶的底部。在磨砂口的上部有一进气管，与双连球连接。在进气管的上部有一自动浮芯子活塞，在充气时自动活塞能自动关闭，充气过多时可利用自动浮芯子活塞放气。

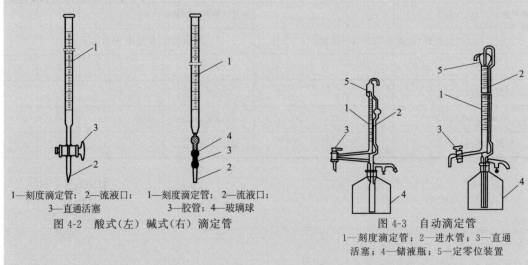

1—刻度滴定管；2—流液口；　　1—刻度滴定管；2—流液口；
3—直通活塞　　　　　　　　3—胶管；4—玻璃球
图 4-2　酸式（左）碱式（右）滴定管

图 4-3　自动滴定管
1—刻度滴定管；2—进水管；3—直通
活塞；4—储液瓶；5—定零位装置

（2）使用方法

① 洗涤干净，再用待装溶液润洗三遍，调制竖直状态，确认溶液为完全均匀，不能有浑浊、絮凝、沉淀状物质。

② 补液至略微超过零刻度。打开滴定阀，将液体放置于不低于标称量程位置。如

内部有气泡，将滴定管呈一定角度，用手指轻弹气泡所在位置。

③ 自动回零滴定管补液至略高于零刻度 5mm，当释放气阀时会自动调零。

④ 擦拭掉黏附于滴定头外的液滴，打开滴定阀，缓慢滴定。

### 知识点 4 滴定管使用前的准备工作

滴定管使用前要做好洗涤、涂油、试漏、赶气泡等准备工作。

（1）洗涤

严格按玻璃仪器洗涤步骤洗涤。

（2）涂油

要涂在活塞的大头一侧，外套的小头一侧，油要涂得少，刚能浸润活塞即可。旋转应朝一个方向，注意别让油进入活塞孔，然后在活塞头上套一小截乳胶圈或皮筋来固定活塞。

（3）试漏

管内装满水后，2min 内不见管尖积聚液滴，即为合格。

（4）赶气泡

赶气泡前应每次用少量试液将滴定管浸润三次，然后将溶液加到"0"刻度以上，全开活塞赶气泡。

### 知识点 5 滴定管的读数原则

① 无论是调零还是滴定结束，读数前都应静置 30s 后再读数，注意管尖不能有气泡。

② 初读数最好在"0.00"处，但不能在中间处或负读数处作初读。

③ 无论是在滴定架上还是手持管读数，都要保证滴定管垂直向下。

④ 初读与终读要保持一致，以减少视差。

⑤ 常量滴定管读数要读到小数点后两位，如读数为 24.74mL。

⑥ 可借助读数卡读数，读数卡有白色、黑色、黑白双色三种，深色溶液可用白色读数卡作反衬。

### 知识点 6 酸式滴定管使用注意事项

① 在使用前要检查外观是否完好，刻度线是否清晰。

② 洗涤时不能用去污粉，尤其是已经检定好的滴定管，以免影响其校正值的准确性。

③ 涂油量要适当，操作时注意保护好旋塞。

④ 用待装溶液润洗时应遵循少量多次的原则，一般情况下不少于 3 次。

⑤ 滴定时手要空心握活塞，切勿用手心顶活塞尾部，以免使活塞松动，溶液从活塞缝隙中流出。

⑥ 滴定的同时要观察溶液颜色的变化，控制好滴定速度。

⑦ 用毕及时洗净。暂时不再使用时，应洗净并擦干活塞，在活塞处垫一纸条，以防粘连。

**知识点7　锥形瓶用于滴定时的注意事项**

① 滴定管下端深入瓶口约1~2cm。

② 滴定时，左手操作滴定管，右手前三指拿住瓶颈，不要整个手抓住锥形瓶瓶身。

③ 摇动锥形瓶时要以同一方向作旋转运动，必须边滴边摇。

④ 在整个滴定过程中，注意勿使瓶口碰滴定管口，不要使瓶底碰桌子，不要前后振动，更不要把瓶放在桌面上前后推动。

⑤ 使用带有磨口塞的锥形瓶进行滴定时，玻璃塞应夹在右手的中指与无名指之间。

**知识点8　滴定管堵塞的处理方法**

如果活塞孔内有旧油垢堵塞，可拔出活塞，用细金属丝轻轻剔去。

如管尖被新涂的油脂堵塞，可先用水充满全管，然后将管尖置于热水中，使其熔化，突然打开活塞，利用管中水的压力将其冲走。

还可在滴定管充满水后，将活塞打开，用洗耳球堵住管口，向管内压气，依靠气压和水压将油脂排出。

# 任务二
## 碱式滴定管操作练习

**学习目标：**

① 初步掌握碱式滴定管洗涤、试漏、赶气泡的方法；

② 能正确进行滴定操作，并会控制滴定速度。

**仪器与试剂：**

① 仪器。碱式滴定管，锥形瓶，试剂瓶，烧杯，玻璃棒。

② 试剂。0.1mol/L NaOH溶液。

**1. 准备工作**

（1）检查滴定管的质量和有关标志

滴定管应无破损，标识、标线清晰。

（2）洗涤

将碱式滴定管倒插入盛铬酸洗液的玻璃瓶中，用洗耳球吸管尖，轻按玻璃珠，待洗液缓慢上升至近胶管处为止，让洗液浸泡一段时间后放回原瓶。滴定管内不能直接倒入铬酸洗液，以免烧坏胶管。或把胶管取下，用滴管的胶帽代替，可直接倒入铬酸洗液洗涤。用自来水冲洗干净，再用蒸馏水洗三遍，洗涤至内壁不挂水珠。

（3）试漏

装蒸馏水至最高标线处，垂直夹在滴定管架上，静置约 2min，仔细观察液面是否下降或管尖有无液滴。如液面下降或管尖有液滴，说明玻璃珠不合适。需要更换大小合适、圆滑无凹凸的玻璃珠，或直径合适、弹性较大的胶皮管。二者配合得恰到好处，即可保证滴定管不漏水。

**2. 操作要领**

（1）装溶液

用待装溶液将滴定管润洗三次，每次都要冲洗管尖部分。然后装溶液至"0"刻度以上。左手拇指在前，食指在后，其他三指辅助夹住出口管，拇指和食指挤捏胶管中玻璃珠所在部位的稍上处，使其与胶管之间形成一条缝隙，从而放出溶液。

（2）赶气泡

滴定管尖端的气泡，一般藏在胶管中的玻璃珠附近。检查时应对光仔细观察。将胶管向上弯曲同时挤捏玻璃珠稍上方处，使溶液从尖嘴喷出并将气泡带出。然后对光检查气泡是否全部排出。注意：滴定过程中，不要挤捏玻璃珠下方的胶管，否则易使空气进入形成气泡。

（3）调零

排除气泡后，装入溶液至零刻度以上 5mm 左右，静置 30s。右手持滴定管上方无溶液处，左手拇指和食指挤捏胶管中玻璃珠所在部位的稍上处，使液面缓慢下降，调节液面于 0.00mL 处。将滴定管垂直地夹在滴定管架上，并用靠壁杯的内壁靠去悬在管尖的液滴。

（4）滴定

控制滴定管中溶液流出的技术，要求做到：边滴边摇；溶液逐滴流出；只放出一滴溶液；液滴悬而未落，即 3/4 滴；半滴及 1/4 滴溶液的控制技术。依次放出适量溶液，并进行读数。

在烧杯中滴定时，将烧杯放在滴定台上，滴定管下端应在烧杯中心的左后方处。左手滴加溶液，右手持玻璃棒搅拌溶液。玻璃棒应作圆周搅动，不要碰到烧杯壁和底部。当滴定至接近终点时控制滴定速度，当只滴加半滴溶液或更少量溶液时，要用玻璃棒下端承接悬挂的溶液于烧杯中。但要注意，玻璃棒只能接触液滴，不能接触管尖，其余操作同前所述。

（5）读数

读数的方法同酸式滴定管。

**3. 数据处理**

碱式滴定管操作练习见表 4-3。

表 4-3　碱式滴定管操作练习

| 标称总容量/mL | | | | 最小分度值/mL | | | 外观检查 | | |
|---|---|---|---|---|---|---|---|---|---|
| 准确度等级 | | | | 温度/℃ | | | 温度补正值/(mL/L) | | |
| 序号 | 1 | 2 | 3 | 4 | 序号 | 1 | 2 | 3 | 4 |
| 初读数/mL | | | | | 初读数/mL | | | | |
| 终读数/mL | | | | | 终读数/mL | | | | |
| 滴出体积/mL | | | | | 滴出体积/mL | | | | |

知识点
链接

### 知识点 1　碱式滴定管使用注意事项

碱式滴定管用于盛装碱性溶液，绝对禁止用碱式滴定管装酸性及强氧化性溶液，以免腐蚀橡胶管。赶气泡时应将胶管向上弯曲，加大流量带出气泡。气泡一般易滞留在玻璃珠附近，须仔细检查是否赶净。

### 知识点 2　滴定管每次都应从最上面刻度作为起点的原因分析

① 与滴定管检定方法一致，从而减少体积误差。根据国家计量检定规程 JJG 196—2006 规定，滴定管检定时每段都必须从 0.00mL 开始。

② 减少平行误差。由于滴定管内径并不是非常均匀，因此各段的校正值也不完全相同。如果滴定两个平行样，一份从 0.00mL 开始，另一份从中间开始，即使经体积校正后也会使平行测定误差增大。

③ 初始读数每次都从 0.00mL 开始，可不用记录初读数，使用方便。

### 知识点 3　几种不规范的滴定操作

在滴定操作中常有一些不规范的动作，必须纠正。

① 用手掌握着管身读数。

② 读数时滴定管不垂直向下。

③ 右手滴定。

④ 活塞柄在左侧滴定。

⑤ 调零时往地面流放滴定液。

⑥ 滴定时滴定液成直线流放滴定。

⑦ 锥形瓶靠住滴定管尖，流放滴定液也不摇动。

⑧ 大幅度甩动锥形瓶。

⑨ 冲洗次数太多。

## 任务三
### 酸碱溶液互滴操作

化学分析是利用指示剂的颜色变化来判断滴定终点，正确判断滴定终点是保证滴定分析准确度的前提。因此，作为分析工作者，对使用的任何一种指示剂，必须学会正确判断滴定终点的方法。

**学习目标：**
① 熟练掌握酸碱标准滴定溶液的配制方法；
② 熟练掌握滴定分析仪器的正确使用方法；
③ 初步掌握使用甲基橙指示剂和酚酞指示剂判断滴定终点的方法；
④ 熟练控制 1 滴、3/4 滴、半滴、1/4 滴操作的技术。

**仪器与试剂：**
① 仪器。酸式滴定管，碱式滴定管，锥形瓶，烧杯，试剂瓶，量筒，托盘天平，玻璃棒，称量纸。
② 试剂。浓盐酸，氢氧化钠，1g/L 的甲基橙溶液，2g/L 酚酞-乙醇溶液。

**1. 配制 $c(HCl)=0.1mol/L$ HCl 溶液 500mL**

用洁净的量筒量取约 4.2mL 浓盐酸，倒入已装有约 300mL 蒸馏水的烧杯中，边加入边搅拌。冷却至室温后稀释至 500mL，摇匀。转移到试剂瓶中，盖上瓶塞，贴好标签。标签上写明溶液名称、浓度、配制日期和配制者。

**2. 配制 $c(NaOH)=0.1mol/L$ NaOH 溶液 500mL**

在托盘天平上用称量纸迅速称取 2.2～2.5g 固体氢氧化钠于 500mL 烧杯中，加少量水溶解后，稀释至 500mL。转移到试剂瓶中，盖上橡胶塞，摇匀，贴好标签。

**3. 酸碱溶液相互滴定**
① 将酸式滴定管洗净、涂油、试漏。先用配制好的 0.1mol/L 盐酸溶液润洗三次，再装入溶液至"0"刻度以上，排除滴定管下端的气泡，调节液面到 0.00mL。
② 将碱式滴定管洗净，试漏。先用配制好的 0.1mol/L 氢氧化钠溶液润洗三次，再装入溶液至"0"刻度以上，排除玻璃珠下部管中的气泡，调节液面到 0.00mL。
③ 从酸式滴定管中准确放出 20.00mL 盐酸溶液于 250mL 锥形瓶中。放出溶液时用左手控制旋塞，右手拿锥形瓶颈，使滴定管下端伸入瓶口约 1～2cm，控制滴定速度为 6～8mL/min，左手不能离开旋塞任溶液自行流下。静置 30s 后读出酸式滴定管中溶液的准确读数并记录。

加 2 滴酚酞指示剂，用氢氧化钠溶液进行滴定。滴定时左手控制玻璃珠稍上方的胶管，逐滴滴出溶液。右手拿锥形瓶颈，边滴边摇动锥形瓶，使其沿同一方向作圆周运动，同时注意观察滴落点周围溶液颜色的变化。

④ 滴定终点的判断：开始滴定时，滴落点周围溶液无明显的颜色变化，滴定速度可稍快。当滴落点周围出现暂时性的颜色变化（浅粉红色）时，应一滴一滴地加入。近终点时，颜色扩散到整个溶液，摇动1~2次才消失，此时应加一滴，摇几下，最后加入半滴溶液，并用蒸馏水吹洗瓶壁。当溶液由无色变为浅粉红色且30s之内不褪色即到终点，记录消耗氢氧化钠溶液的体积（读准至0.01mL）。

⑤ 再从酸式滴定管中放出2.00mL盐酸溶液（此时酸式滴定管读数为22.00mL），继续用氢氧化钠溶液滴定至浅粉红色，记录滴定终点读数。如此连续滴定五次，得到五组数据，均为累计体积。计算每次滴定的体积比 $V_{HCl}/V_{NaOH}$ 及体积比的相对误差。

⑥ 按上述方法在250mL锥形瓶中准确放入0.1mol/L氢氧化钠溶液20.00mL，加一滴甲基橙指示剂，用盐酸溶液滴定至溶液由黄色变为橙色，记录消耗盐酸溶液的体积。再依次放出2.00mL氢氧化钠溶液，继续用盐酸溶液滴定至橙色，记录滴定终点读数。计算每次滴定的体积比 $V_{HCl}/V_{NaOH}$ 及体积比的相对误差。

上述操作应反复练习，直至无论用碱滴定酸还是酸滴定碱时，其体积比的相对误差都不超过0.2%。

### 4.试验管理
实验结束后将实验仪器洗净，摆放整齐，将滴定管倒置夹在滴定管架上。

### 5.数据处理
用NaOH溶液滴定HCl溶液记录于表4-4。用HCl溶液滴定NaOH溶液记录于表4-5。

表4-4 用NaOH溶液滴定HCl溶液

| 项目 | 1 | 2 | 3 | 4 | 5 |
|---|---|---|---|---|---|
| $V_{HCl理论}$/mL | 20.00 | 22.00 | 24.00 | 26.00 | 28.00 |
| 实际$V_{HCl}$/mL | | | | | |
| $V_{NaOH}$/mL | | | | | |
| $V_{HCl}/V_{NaOH}$ | | | | | |
| 平均值 | | | | | |
| 相对误差/% | | | | | |

注：指示剂：酚酞。

表4-5 用HCl溶液滴定NaOH溶液

| 项目 | 1 | 2 | 3 | 4 | 5 |
|---|---|---|---|---|---|
| $V_{NaOH理论}$/mL | 20.00 | 22.00 | 24.00 | 26.00 | 28.00 |
| 实际$V_{NaOH}$/mL | | | | | |
| $V_{HCl}$/mL | | | | | |
| $V_{HCl}/V_{NaOH}$ | | | | | |
| 平均值 | | | | | |
| 相对误差/% | | | | | |

注：指示剂：甲基橙。

**知识点 1　滴定术语**

（1）滴定

将滴定剂通过滴定管滴加到试样溶液中，与待测组分进行化学反应，达到化学计量点时，根据所需滴定剂的体积和浓度计算待测组分含量的操作。

（2）平行测定

取几份同一试样，在相同的操作条件下对它们进行的测定。

（3）滴定分析法

通过滴定操作，根据所需滴定剂的体积和浓度来计算试样中待测组分含量的一种分析方法。

（4）指示剂

在滴定分析中，为判断化学反应程度本身能改变颜色的试剂。

（5）指示剂的变色范围

指示剂从开始变色 pH＝PKHIn－1 到变色终了 pH＝PKHIn＋1 的范围。其中 PKHIn 为指示剂理论变色点的 pH 值。

（6）化学计量点

当加入滴定剂的量与被测物质的量正好符合化学反应式表示的计量关系时，我们称反应达到了化学计量点。

（7）滴定终点

用指示剂判断滴定过程中化学反应终了的点。

**知识点 2　指示剂的变色范围**

盐酸和氢氧化钠分别为强酸和强碱，使用 0.1mol/L 的盐酸和氢氧化钠相互滴定时，化学计量点的 pH 值为 7，滴定突跃范围是 pH 值为 4.3～9.7。选用在突跃范围内变色的指示剂，可保证滴定有足够的准确度。甲基橙指示剂的 pH 值变色范围是 3.1（红色）～4.4（黄色），pH 值 4.0 附近为橙色，酚酞指示剂的 pH 值变色范围是 8.0（无色）～10.0（红色）。

以甲基橙为指示剂，用氢氧化钠溶液滴定盐酸溶液时，终点由橙变黄；而用盐酸溶液滴定氢氧化钠溶液时，则终点由黄变橙。判断橙色，对初学者有一定的难度，所以在做滴定练习之前，应先练习判断和验证终点。具体做法是：在锥形瓶中加入约 30mL 水和一滴甲基橙指示剂，从碱式滴定管中放出 2～3 滴氢氧化钠溶液，观察其颜色。用酸式滴定管滴加盐酸溶液至由黄色变橙色，如果已滴到红色，再滴加氢氧化钠溶液至黄色。如此反复滴加盐酸和氢氧化钠溶液，直至能做到加半滴氢氧化钠溶液由橙色变黄色（验证：再加半滴氢氧化钠溶液颜色不变，或加半滴盐酸溶液则变橙色），而加半滴盐酸溶液由黄色变橙色（验证：再加半滴盐酸溶液变红色，或加半滴氢氧化钠溶液能变黄色）为止，达到能通过加入半滴溶液而确定终点。

一定浓度的盐酸溶液和氢氧化钠溶液相互滴定时，所消耗的体积之比 $V_{HCl}/V_{NaOH}$ 应是一定的。在指示剂不变的情况下，改变被滴定溶液的体积，此体积之比应基本不变。借此，可以检验滴定操作技术和判断终点的能力。

### 知识点 3　滴定终点的判断技巧

滴定时，左手控制活塞或玻璃珠，右手持锥形瓶不断摇动，以手腕为轴心，朝一个方向作圆周运动，不要太快，也不要太慢。太快易使溶液溅出，太慢滴定液可能局部过浓。以滴定液迅速扩散为标准，不要做前后摇动。

要观察滴定剂滴落点周围颜色的变化。不要去看滴定管上的刻度变化，而不顾滴定反应的进行。根据颜色变化来控制滴定速率。一般在滴定开始时，无可见的变化，滴定速率可稍快，一般为 $6\sim8mL/min$，即每秒 $3\sim4$ 滴。可一滴接一滴滴下，但不可成线滴下。滴定到一定时候，滴落点周围出现暂时性的颜色变化。在离滴定终点较远时，颜色变化立即消逝。当指示剂颜色变化缓慢，往往要转动 $1\sim2$ 圈才消失时，滴定液应逐滴加入，至摇动 $2\sim3$ 圈才消失时，表明已近终点，此时，应根据颜色变化做判断，确定滴加量，控制 1/4 滴、半滴或 3/4 滴，用锥形瓶内壁将其靠下。用洗瓶加少量蒸馏水吹洗入瓶中，再摇匀溶液。如此重复直至溶液出现明显的颜色，一般 30s 内不再变色即到达滴定终点。也可采用倾斜锥形瓶的方法，将附于壁上的溶液涮至瓶中。这样可避免吹洗次数太多，造成被滴溶液过度稀释。滴定到达终点时，管尖应不留液滴。停留 30s，记录读数。

### 知识点 4　误差和分析数据处理

分析测试人员在进行测定工作时，经常遇到两个问题，一是如何读取分析测定的数据，读取的测定数据怎样处理，即怎样进行数据的取舍、计算和报告结果。二是分析结果的准确度和精密度怎样，如何表示。

（1）定量分析中的误差

定量分析的目的是准确测定试样中各组分的含量。但是，由于试剂、仪器、测定条件和方法的影响，测定值不可能与真值完全一致，总是存在误差。

误差按其性质可分为系统误差、随机误差和过失误差三类。

① 系统误差。由一些固定的、规律性的因素引起的误差，对测定结果的影响或偏高或偏低，呈现规律性。系统误差可以通过校正进行补偿或减小，系统误差决定了分析结果的准确度。按系统误差产生的原因，还可以进一步分为如下几种。

a.方法误差。由于测定方法不完善而带来的误差，例如滴定反应不完全产生的误差。

b.试剂误差。由于试剂不纯带来的误差。

c.仪器误差。由于仪器本身不精密、不准确引起的误差。例如，玻璃容器刻度不准确、天平砝码不准确等。

d.环境误差。由于测定环境的影响所带来的误差。例如，温度、湿度、灰尘等都可能影响测定结果的准确性。

e.操作误差。由于操作人员操作不规范或主观偏见带来的误差。例如，对滴定终点颜色判断不准确等。

② 随机误差。测定时由于各种因素的随机变化所带来的误差。这种误差无规律性，是随机出现的。例如，同一个样品，同一个操作人员在相同条件下进行多次测定，每次的测定结果都不可能相同。随机误差不可避免，只能通过增加测定次数来减小。随机误差决定了分析结果的精密度。

③ 过失误差。指操作人员在测定工作中的误操作带来的误差。例如，操作人员看错刻度，溅出溶液，称量时试样倒在外面等。这种误差，在工作中必须杜绝。出现过失误差的数值是离异值，在数据处理时必须舍去。

（2）准确度与误差

① 准确度。准确度表示试样的测定值与真值之间的符合程度。测定值与真值之差称为误差，误差越大，准确度越低；误差越小，准确度越高。准确度的高低，误差的大小，取决于系统误差的大小。因此，可以说，系统误差决定准确度和误差的大小。

② 误差。误差是绝对误差的简称，它等于测定值与真值之差。

$$E = x_i - \mu \tag{4-1}$$

式中　$E$——绝对误差；

　　　$x_i$——测定值；

　　　$\mu$——真值。

必须指出，绝对误差有单位，其单位与测定值单位相同；绝对误差有正负之分，当测定值大于真值时，误差为正；当测定值小于真值时，误差为负。

误差大小来源于系统误差的大小，而准确度高低是用误差来表征的。

为了消除系统误差的影响，在工作中经常加以校正值。可以采用已知含量的标准物作为标准试样，按着给定的测定方法和步骤进行测定，得到测定值，那么校正值就等于标准试样测定中，真值与测定值之差：

$$\Delta = \mu - x_s \tag{4-2}$$

式中　$\Delta$——校正值；

　　　$\mu$——标准试样的真值；

　　　$x_s$——标准试样的测定值。

那么在测定未知试样时，其测定值加校正值就等于真值。

$$\mu = x_i + \Delta \tag{4-3}$$

相对误差指绝对误差在真值中所占的比例。可以用下式表示：

$$E' = \frac{E}{\mu} \times 100\%  \qquad (4\text{-}4)$$

式中　$E'$——相对误差，%；

　　　$E$——绝对误差；

　　　$\mu$——真值。

显然，相对误差没有单位，它只是百分值，但有正负之分。

在表示准确度高低时，仅仅用绝对误差不能充分表征准确度的高低。两个含量相差很大的试样，如果测定的绝对误差大小相同，由于它们真实含量相差很大，其准确度高低也不相同。

例如，两个含 Fe 试样，一个试样的相对误差为 75.0%，另一个为 1.0%，测定的绝对误差都是 0.1%，但前者在真值中只占 $0.1/75.0 \times 100\% = 0.13\%$，后者却占 $0.1 \times 1.0 \times 100\% = 10\%$，可见准确度相差很大。因此，相对误差才能真正表征准确度的高低。

（3）精密度与偏差

真值是客观存在的，但是一般情况下，真值是不知道的，只能通过测定去得到真值的估计值。由于测定值总是存在着误差，所以测定值不等于真值。即使消除了系统误差，由于存在着随机误差，测定值仍然不能替代真值。因此，只有在消除了系统误差的前提下，采用多次测定的测定值来得到真值的无偏估计值。

① 精密度。精密度是在同一条件下，对同一试样进行多次测定的各测定值之间相互符合的程度。精密度的高低取决于随机误差的大小。可以用偏差来表征精密度的高低。

② 绝对偏差。绝对偏差简称偏差，它等于单次测定值与 $n$ 次测定值的算术平均值之差。

$$d_i = x_i - \overline{x}  \qquad (4\text{-}5)$$

式中　$d_i$——绝对偏差；

　　　$x_i$——单次测定值；

　　　$\overline{x}$——$n$ 次测定值的算术平均值。

③ 平均偏差。平均偏差等于绝对偏差绝对值的平均值，用下式表示：

$$\overline{d} = \frac{\sum |d_i|}{n}  \qquad (4\text{-}6)$$

式中　$\overline{d}$——平均偏差；

　　　$d_i$——单次测定的绝对偏差；

　　　$n$——测定次数。

④ 相对平均偏差。指平均偏差在算术平均值中所占的比例，用下式表示：

$$\overline{d'} = \frac{\overline{d}}{\overline{x}} \times 100\% \tag{4-7}$$

式中　$\overline{d'}$——相对平均偏差；

　　　$\overline{d}$——平均偏差；

　　　$\overline{x}$——$n$ 次测定值的算术平均值。

⑤ 标准偏差。可分为总体标准偏差和样本标准偏差两种。总体标准偏差（又称均方根偏差）$\sigma$ 表示：

$$\sigma = \sqrt{\frac{\sum d_i^2}{n}} \tag{4-8}$$

式中　$n$——无穷大数。

实际工作中常采用有限次测定的标准偏差 $s$ 来表征精密度，称为样本标准偏差：

$$s = \sqrt{\frac{\sum d_i^2}{n-1}} \tag{4-9}$$

式中　$n$——有限数。

⑥ 相对标准偏差。指标准偏差在平均值中所占的比例，又称为变动系数：

$$s' = \frac{s}{\overline{x}} \times 100\% \tag{4-10}$$

式中　$s'$——相对标准偏差；

　　　$s$——标准偏差；

　　　$\overline{x}$——$n$ 次测定的平均值。

（4）准确度与精密度关系

从上面叙述可知，表征系统误差的准确度与表征随机误差的精密度是不同的，二者的关系可分为如下情况。

① 测定的精密度好，但准确度不好，这是系统误差大、随机误差小造成的。

② 测定的精密度不好，但准确度好，这种情况少见，是偶然碰上的。

③ 测定的精密度不好，准确度也不好，这是系统误差和随机误差都大引起的。

④ 测定的精密度好，准确度也好，这是测定工作中要求的最好结果，它说明系统误差和随机误差都小。也就是说在消除系统误差的情况下，操作人员规范操作会得到较好的准确度和精密度。

在实际分析测定工作中，首先要求测定的精密度要好。只有精密度好才能得到准确度好的结果，即使准确度不太好，只要找出存在的系统误差的原因并加以校正，也能得到比较满意的准确度。所以说，测定的精密度好是保证准确度好的先决条件。

【例 4-1】　分析测定某试样中水分的质量分数，得到如下的 10 个数据，计算其偏差。

　　1.23，1.19，1.26，1.24，1.20，1.19，1.22，1.21，1.23，1.24

**解**：首先计算其算术平均值 $\bar{x}$：

$$\bar{x} = \frac{\sum x_i}{n} = \frac{12.21}{10} = 1.22$$

平均偏差：

$$\bar{d} = \frac{\sum |d_i|}{n} = \frac{0.19}{10} = 0.019$$

相对平均偏差：

$$\bar{d'} = \frac{\bar{d}}{\bar{x}} \times 100\% = \frac{0.019}{1.22} \times 100\% = 1.6\%$$

标准偏差：

$$s = \sqrt{\frac{\sum d_i^2}{n-1}} = \sqrt{\frac{0.0049}{10-1}} = 0.023$$

相对标准偏差：

$$s' = \frac{s}{\bar{x}} \times 100\% = \frac{0.023}{1.22} \times 100\% = 1.9\%$$

（5）提高分析结果准确度的方法

根据上述各种误差产生的原因和对分析测定结果的影响，应该消除或减小产生的系统误差，杜绝过失误差，并增加测定次数来减小随机误差，以提高分析结果的准确度。

消除和减小系统误差最常用的方法是对照分析和空白试验。对照分析中，可采用已知标准试样并按给定的测定方法和操作步骤，测定出结果并与已知真值对比，求出校正值，在未知试样测定的结果中加入校正值，可以消除和减小系统误差。如果对未知试样组成不了解，无法用已知标准试样进行对照分析，可采用加入回收法进行对照实验。这种方法是在待测试样中加入已知量的待测组分，然后进行对照分析，看加入的被测组分的量是否能定量回收，以判断是否存在系统误差。

空白实验是在不存在试样情况下，按测定步骤加入各种试剂进行测定，以得到空白值。显然空白值能判断试剂杂质和器皿所带来的系统误差。测定试样时，扣除空白值能消除试剂杂质和器皿带来的系统误差。

增加平行测定次数（$n$ 值），可以减小随机误差，使其平均值更接近真值。

**知识点5　标准溶液的平行误差**

平行误差是指测定结果的极差（最大值与最小值之差）与其平均值之比。

$$平行误差 = \frac{极差}{平均值} \times 100\% \tag{4-11}$$

在国家标准 GB 601—2016 中规定了常用标准滴定溶液的制备方法，并明确指出标定标准滴定溶液浓度时，需两人各做四个平行测定，每人四个平行测定结果的极差与平均值之比不得大于 0.15%，两人测定结果的极差与平均值之比不得大于 0.18%，即为标定合格，否则重新标定。取两人八次平行测定结果的平均值为标定结果，浓度值报出四位有效数字。

**任务四**
常用玻璃量器的校正

常用玻璃量器包括滴定管、分度吸量管、单标线吸量管、单标线容量瓶、量筒和量杯。在工业分析中，对准确度要求较高的分析工作、仲裁分析、科学研究以及长期使用的玻璃量器，必须进行校准。滴定管、分度吸量管、A级单标线吸量管和A级容量瓶采用衡量法检定，也可采用容量比较法检定，但以衡量法为仲裁检定方法。

**学习目标：**
① 了解滴定分析仪器校准的意义；
② 掌握滴定管的校准方法（衡量法）。

**仪器与试剂：**
① 仪器。50mL酸式滴定管，100mL具塞锥形瓶（事先洗净烘干），电子分析天平（0.1mg），温度计（0.1℃），秒表，坐标纸，直尺，烧杯。
② 试剂。蒸馏水（提前4h放置于检定室）。

**1. 外观检查**
① 分度线与量的数值应清晰、完整。
② 玻璃量器应具有下列标记：
厂名或商标；
标准温度（20℃）；
型式标记：量入式用"In"，量出式用"Ex"，吹出式用"吹"或"Blow out"；
等待时间：××s；
标称总容量与单位：××mL；
准确度等级：A或B。有准确度等级而未标注的玻璃量器，按B级处理；
用硼硅玻璃制成的玻璃量器，应标"B$_{Si}$"字样。
③ 结构。玻璃量器的口应与玻璃量器轴线相垂直，口边要平整光滑，不得有粗糙处及未经熔光的缺口。滴定管的流液口，应是逐渐地向管口缩小，流液口必须磨平倒角或熔光，口部不应突然缩小，内孔不应偏斜。

**2. 密合性检查**
将不涂油脂的活塞芯擦干净后用水润湿，插入活塞套内，滴定管应垂直地夹在检定架上，然后充水至最高标线处，活塞在关闭情况下静置20min（塑料活塞静置50min），渗透量应不大于最小分度值。

**3. 洗涤**
容量检定前须用铬酸洗液对量器进行清洗。然后用水冲净，器壁上不应有挂水等沾污现象，使液面与器壁接触处形成正常弯月面。清洗干净的被检量器须在检定前4h放入检定室内。

### 4.涂油

活塞芯涂上一层薄而均匀的油脂，不应有水渗出。

### 5.流出时间检测

将滴定管垂直稳固地安装到滴定管架上，充蒸馏水至最高标线以上约5mm处。缓慢地将液面调整到0.00mL，同时排出流液口（管尖嘴处）中的气泡，用靠壁杯移去流液口的最后一滴水珠。流液口不应接触接水器壁；将活塞完全开启并计时（对于无塞滴定管应用力挤压玻璃小球），使水充分地从流液口流出，直到液面降至最低标线为止。

### 6.调零

将滴定管充水至最高标线以上约5mm处，缓慢地将液面调整到零位，同时排出流液口中的空气，移去流液口的最后一滴水珠，将滴定管垂直稳固地安装到检定架上。

### 7.测定

取一只容量大于被检滴定管容量的具塞锥形瓶，称得空瓶质量。在天平上称准至0.001g。将其放在滴定管的下方，流液口不应接触锥形瓶壁。瓶塞放在洁净的滤纸上或夹在左手手指上，防止沾污。

完全开启活塞，使水充分地从流液口流出。当液面下降至被检定分度线（10.00mL）以上约5mm处时，等待30s。然后在10s内将液面调至被检分度线（10.00mL），随即用具塞锥形瓶内壁靠去流液口的最后一滴水珠。盖上瓶塞进行称量，称得纯水质量（$m$）。同时应记录测温筒内的水温，读数应准确到0.1℃。

依次检定（0~20）mL、（0~30）mL、（0~40）mL、（0~50）mL各检测点。

各检测点检定次数至少2次，2次检定数据的差值应不超过被检玻璃容量允差的1/4，并取2次的平均值。

### 8.数据处理

（1）报告单

按表4-6记录数据和检定结果。

表4-6　常用玻璃量器检定记录（衡量法）

| 被检量器名称 | | 型号规格 | | 检定用介质 | 蒸馏水 | 检定地点 | | 室温/℃ | |
| --- | --- | --- | --- | --- | --- | --- | --- | --- | --- |
| 外观检查 | | 玻璃材料 | 硼硅 | 标称容量/mL | | 容量允差 | | A级：B级： | |
| 检定日期 | | | | 有效期至 | | | | 检定结果 | |

| 编号 | 检定点/mL | 水温/℃ | 流出时间/s | 等待时间/s | 实测质量/g | $K_t$值 | 实际容量$V_{20}$/mL | 容量偏差/mL | 任意两检测点之间最大偏差/mL |
|---|---|---|---|---|---|---|---|---|---|
|  |  |  |  |  |  |  |  |  |  |
|  |  |  |  |  |  |  |  |  |  |
|  |  |  |  |  |  |  |  |  |  |
|  |  |  |  |  |  |  |  |  |  |
|  |  |  |  |  |  |  |  |  |  |
|  |  |  |  |  |  |  |  |  |  |

检定人：　　　　　　　　　　　　　　　　复核人：

（2）计算

根据被检玻璃量器的材料和温度查出该温度下的 $K_t$ 值，利用 $V_{20}=m \cdot K_t$ 计算出被检滴定管在标准温度 20℃ 时各检定点的实际容量、各检定点容量偏差、任意两检定点之间的最大偏差。

玻璃量器在标准温度 20℃ 时的实际容量按下式计算：

$$V_{20}=mK_t \tag{4-12}$$

式中　$V_{20}$——标准温度 20℃ 时被检玻璃量器的实际容量，mL；

$m$——被检玻璃量器内所能容纳水的质量，g；

$K_t$——可查得常数，详见表 4-7 和表 4-8。

容量偏差（校正值 $\Delta V$）＝实际容量－标称容量，单位 mL。

（3）绘制曲线

以滴定管各检定点的标称容量为横坐标，相应的校正值为纵坐标，用直线连接各点绘出校正曲线。

表 4-7 为常用玻璃量器衡量法 $K_t$ 值表。

表 4-7　常用玻璃量器衡量法 $K_t$ 值表（一）

| 水温 t/℃ | 0.0 | 0.1 | 0.2 | 0.3 | 0.4 | 0.5 | 0.6 | 0.7 | 0.8 | 0.9 |
|---|---|---|---|---|---|---|---|---|---|---|
| 15 | 1.00208 | 1.00209 | 1.00210 | 1.00211 | 1.00213 | 0.00214 | 1.00215 | 1.00217 | 1.00218 | 1.00219 |
| 16 | 1.00221 | 1.00222 | 1.00223 | 1.00225 | 1.00226 | 1.00228 | 1.00229 | 1.00230 | 1.00232 | 1.00233 |
| 17 | 1.00235 | 1.00236 | 1.00238 | 1.00239 | 1.00241 | 1.00242 | 1.00244 | 1.00246 | 1.00247 | 1.00249 |
| 18 | 1.00251 | 1.00252 | 1.00254 | 1.00255 | 1.00257 | 1.00258 | 1.00260 | 1.00262 | 1.00263 | 1.00265 |
| 19 | 1.00267 | 1.00268 | 1.00270 | 1.00272 | 1.00274 | 1.00276 | 1.00277 | 1.00279 | 1.00281 | 1.00283 |
| 20 | 1.00285 | 1.00287 | 1.00289 | 1.00291 | 1.00292 | 1.00294 | 1.00296 | 1.00298 | 1.00300 | 1.00302 |
| 21 | 1.00304 | 1.00306 | 1.00308 | 1.00310 | 1.00312 | 1.00314 | 1.00315 | 1.00317 | 1.00319 | 1.00321 |
| 22 | 1.00323 | 1.00325 | 1.00327 | 1.00329 | 1.00331 | 1.00333 | 1.00335 | 1300337 | 1.00339 | 1.00341 |
| 23 | 1.00344 | 1.00346 | 1.00348 | 1.00350 | 1.00352 | 1.00354 | 1.00356 | 1.00359 | 1.00361 | 1.00363 |
| 24 | 1.00366 | 1.00368 | 1.00370 | 1.00372 | 1.00374 | 1.00376 | 1.00379 | 1.00381 | 1.00383 | 1.00386 |
| 25 | 1.00389 | 1.00391 | 1.00393 | 1.00395 | 1.00397 | 1.00400 | 1.00402 | 1.00404 | 1.00407 | 1.00409 |

注：钠钙玻璃体胀系数 $25×10^{-6}℃^{-1}$，空气密度 $0.0012g/cm^3$。

表 4-8　常用玻璃量器衡量法 $K_t$ 值表（二）

| 水温 t/℃ | 0.0 | 0.1 | 0.2 | 0.3 | 0.4 | 0.5 | 0.6 | 0.7 | 0.8 | 0.9 |
|---|---|---|---|---|---|---|---|---|---|---|
| 15 | 1.00200 | 1.00201 | 1.00203 | 1.00204 | 1.00206 | 1.00207 | 1.00209 | 1.00210 | 1.00212 | 1.00213 |
| 16 | 1.00215 | 1.00216 | 1.00218 | 1.00219 | 1.00221 | 1.00222 | 1.00224 | 1.00225 | 1.00227 | 1.00229 |
| 17 | 1.00230 | 1.00232 | 1.00234 | 1.00235 | 1.00237 | 1.00239 | 1.00240 | 1.00242 | 1.00244 | 1.00246 |
| 18 | 1.00247 | 1.00249 | 1.00251 | 1.00253 | 1.00254 | 1.00256 | 1.00258 | 1.00260 | 1.00262 | 1.00264 |
| 19 | 1.00266 | 1.00267 | 1.00269 | 1.00271 | 1.00273 | 1.00275 | 1.00277 | 1.00279 | 1.00281 | 1.00283 |
| 20 | 1.00285 | 1.00286 | 1.00288 | 1.00290 | 1.00292 | 1.00294 | 1.00296 | 1.00298 | 1.00300 | 1.00303 |
| 21 | 1.00305 | 1.00307 | 1.00309 | 1.00311 | 1.00313 | 1.00315 | 1.00317 | 1.00319 | 1.00322 | 1.00324 |
| 22 | 1.00327 | 1.00329 | 1.00331 | 1.00333 | 1.00335 | 1.00337 | 1.00339 | 1.00341 | 1.00343 | 1.00346 |
| 23 | 1.00349 | 1.00351 | 1.00353 | 1.00355 | 1.00357 | 1.00359 | 1.00362 | 1.00364 | 1.00366 | 1.00369 |
| 24 | 1.00372 | 1.00374 | 1.00376 | 1.00378 | 1.00381 | 1.00383 | 1.00386 | 1.00388 | 1.00391 | 1.00394 |
| 25 | 1.00397 | 1.00399 | 1.00401 | 1.00403 | 1.00405 | 1.00408 | 1.00410 | 1.00413 | 1.00416 | 1.00419 |

注：硼硅玻璃体胀系数 $25×10^{-6}℃^{-1}$，空气密度 $0.0012g/cm^3$。

知识点
链接

### 知识点 1　常用玻璃量器

玻璃量器按其型式分为量入式和量出式两种。量入式"In"，量出式"Ex"，其中吸量管、滴定管为量出式，容量瓶为量入式。

玻璃量器按其准确度不同分为 A 级（较高级）和 B 级（较低级），其中量筒和量杯不分级。无任何标志，则属于 B 级。

玻璃量器的容量单位为立方厘米（$cm^3$）或毫升（mL）。毫升（mL）为立方厘米（$cm^3$）的专用名称。

### 知识点 2　检定周期

玻璃量器的检定周期为 3 年，但无塞滴定管为 1 年。

### 知识点 3　玻璃量器的容量允差

容量允差是指量器实际容量与标称容量之间允许存在的差值。在标准温度 20℃ 时，滴定管的标称容量和零至任意分量，以及任意两检定点之间的最大误差，均应符合表 4-9 的规定。

由于制造工艺的限制、温度的变化或试剂的侵蚀等原因，量器实际容积与标示的容积之间存在或多或少的差值，此值必须符合容量允差。

### 知识点 4　滴定管计量要求

根据中华人民共和国国家《常用玻璃量器检定规程》（JJG 196—2006）中要求，对不同容量的滴定管做了具体的规定，见表 4-9。

表 4-9　滴定管计量要求一览表

| 标称容量/mL | | 1 | 2 | 5 | 10 | 25 | 50 | 100 |
|---|---|---|---|---|---|---|---|---|
| 分度值/mL | | 0.01 | | 0.02 | 0.05 | 0.1 | 0.1 | 0.2 |
| 容量允差/mL | A | ±0.010 | | ±0.010 | ±0.025 | ±0.04 | ±0.05 | ±0.10 |
| | B | ±0.020 | | ±0.020 | ±0.050 | ±0.08 | ±0.10 | ±0.20 |
| 流出时间/s | A | 20~35 | | | 30~45 | 45~70 | 60~90 | 70~100 |
| | B | 15~35 | | | 20~45 | 35~70 | 50~90 | 60~100 |
| 等待时间/s | | 30 | | | | | | |
| 分度线宽度/mm | | ≤0.3 | | | | | | |

### 知识点 5　检定条件

① 温度。室温（20±5）℃，且室温变化不得大于 1℃/h，水温与室温之差不得大于 2℃。

② 检定介质。纯水（蒸馏水或去离子水），应符合 GB 6682 要求。

③ 天平。测量范围为 200g，分度值为 0.1mg。

④ 精密温度计。测量范围 10～30℃，分度值为 0.1℃。

⑤ 秒表。分辨力为 0.1s。

⑥ 有盖的称量杯。

### 知识点 6　滴定管检定点的选择

1～10mL 半容量和总容量两点。

25mL(0～5)mL、(0～10)mL、(0～15)mL、(0～20)mL、(0～25)mL 五点。

50mL(0～10)mL、(0～20)mL、(0～30)mL、(0～40)mL、(0～50)mL 五点。

100mL(0～20)mL、(0～40)mL、(0～60)mL、(0～80)mL、(0～100)mL 五点。

### 知识点 7　不同温度下标准滴定溶液体积的校准

滴定分析仪器都是以 20℃ 为标准温度来标定和校准的，但是使用时则往往不是在 20℃，温度变化会引起仪器容积和溶液体积的改变。当温度变化不大时，玻璃仪器容积变化的数值很小，可忽略不计，但溶液体积的变化则不能忽略。溶液体积的改变是由于溶液密度的改变所致，稀溶液密度的变化和水相近。表 4-10 列出了在不同温度下标准滴定溶液体积的补正值。

**表 4-10　不同温度下标准滴定溶液体积的补正值（GB/T 601—2016）**

单位：mL/L

| 温度/℃ | 水及 0.05mol/L 以下的各种水溶液 | 0.1mol/L 及 0.2mol/L 各种水溶液 | 盐酸溶液 $c_{HCl}=$ 0.5mol/L | 盐酸溶液 $c_{HCl}=$ 1mol/L | 硫酸溶液 $c_{\frac{1}{2}H_2SO_4}=$ 0.5mol/L 氢氧化钠溶液 $c_{NaOH}=$ 0.5mol/L | 硫酸溶液 $c_{\frac{1}{2}H_2SO_4}=$ 1mol/L 氢氧化钠溶液 $c_{NaOH}=$ 1mol/L | 碳酸钠溶液 $c_{\frac{1}{2}Na_2CO_3}=$ 1mol/L | 氢氧化钾-乙醇溶液 $c_{KOH}=$ 0.1mol/L |
|---|---|---|---|---|---|---|---|---|
| 5 | +1.38 | +1.7 | +1.9 | +2.3 | +2.4 | +3.6 | +3.3 | |
| 6 | +1.38 | +1.7 | +1.9 | +2.2 | +2.3 | +3.4 | +3.2 | |
| 7 | +1.36 | +1.6 | +1.8 | +2.2 | +2.2 | +3.2 | +3.0 | |
| 8 | +1.33 | +1.6 | +1.8 | +2.1 | +2.2 | +3.0 | +2.8 | |
| 9 | +1.29 | +1.5 | +1.7 | +2.0 | +2.1 | +2.7 | +2.6 | |
| 10 | +1.23 | +1.5 | +1.6 | +1.9 | +2.0 | +2.5 | +2.4 | +10.8 |
| 11 | +1.17 | +1.4 | +1.5 | +1.8 | +1.8 | +2.3 | +2.2 | +9.6 |
| 12 | +1.10 | +1.3 | +1.4 | +1.6 | +1.7 | +2.0 | +2.0 | +8.5 |
| 13 | +0.99 | +1.1 | +1.2 | +1.4 | +1.5 | +1.8 | +1.8 | +7.4 |
| 14 | +0.88 | +1.0 | +1.1 | +1.2 | +1.3 | +1.6 | +1.5 | +6.5 |
| 15 | +0.77 | +0.9 | +0.9 | +1.0 | +1.1 | +1.3 | +1.3 | +5.2 |
| 16 | +0.64 | +0.7 | +0.8 | +0.8 | +0.9 | +1.1 | +1.1 | +4.2 |
| 17 | +0.50 | +0.6 | +0.6 | +0.6 | +0.7 | +0.8 | +0.8 | +3.1 |
| 18 | +0.34 | +0.4 | +0.4 | +0.4 | +0.5 | +0.6 | +0.6 | +2.1 |
| 19 | +0.18 | +0.2 | +0.2 | +0.2 | +0.2 | +0.3 | +0.3 | +1.0 |

| 温度/℃ | 水及 0.05mol/L 以下的各种水溶液 | 0.1mol/L 及 0.2mol/L 各种水溶液 | 盐酸溶液 $c_{HCl}=$ 0.5mol/L | 盐酸溶液 $c_{HCl}=$ 1mol/L | 硫酸溶液 $c_{\frac{1}{2}H_2SO_4}=$ 0.5mol/L 氢氧化钠溶液 $c_{NaOH}=$ 0.5mol/L | 硫酸溶液 $c_{\frac{1}{2}H_2SO_4}=$ 1mol/L 氢氧化钠溶液 $c_{NaOH}=$ 1mol/L | 碳酸钠溶液 $c_{\frac{1}{2}Na_2CO_3}=$ 1mol/L | 氢氧化钾-乙醇溶液 $c_{KOH}=$ 0.1mol/L |
|---|---|---|---|---|---|---|---|---|
| 20 | 0.00 | 0.00 | 0.00 | 0.0 | 0.00 | 0.00 | 0.0 | 0.0 |
| 21 | -0.18 | -0.2 | -0.2 | -0.2 | -0.2 | -0.3 | -0.3 | -1.1 |
| 22 | -0.38 | -0.4 | -0.4 | -0.5 | -0.5 | -0.6 | -0.6 | -2.2 |
| 23 | -0.58 | -0.6 | -0.7 | -0.7 | -0.8 | -0.9 | -0.9 | -3.3 |
| 24 | -0.80 | -0.9 | -0.9 | -1.0 | -1.0 | -1.2 | -1.2 | -4.2 |
| 25 | -1.03 | -1.1 | -1.1 | -1.2 | -1.3 | -1.5 | -1.5 | -5.3 |
| 26 | -1.26 | -1.4 | -1.4 | -1.4 | -1.5 | -1.8 | -1.8 | -6.4 |
| 27 | -1.51 | -1.7 | -1.7 | -1.7 | -1.8 | -2.1 | -2.1 | -7.5 |
| 28 | -1.76 | -2.0 | -2.0 | -2.0 | -2.1 | -2.4 | -2.4 | -8.5 |
| 29 | -2.01 | -2.3 | -2.3 | -2.3 | -2.4 | -2.8 | -2.8 | -9.6 |
| 30 | -2.30 | -2.5 | -2.5 | -2.6 | -2.8 | -3.2 | -3.1 | -10.6 |
| 31 | -2.58 | -2.7 | -2.7 | -2.9 | -3.1 | -3.5 | | -11.6 |
| 32 | -2.86 | -3.0 | -3.0 | -3.2 | -3.4 | -3.9 | | -12.6 |
| 33 | -3.04 | -3.2 | -3.3 | -3.5 | -3.7 | -4.2 | | -13.7 |
| 34 | -3.47 | -3.7 | -3.6 | -3.8 | -4.1 | -4.6 | | 14.8 |

本表的用法：如 1L 硫酸溶液（$c_{\frac{1}{2}H_2SO_4}=1mol/L$）由 25℃ 换算为 20℃ 时，其体积补正值为 -1.5mL/L，故 40.00mL 换算为 20℃ 时的体积为：

$$V_{20}=40.00-\frac{1.5}{1000}\times40.00=39.94(\text{mL})$$

【例 4-2】 在 10℃ 时，滴定用去 26.00mL 0.1mol/L 标准滴定溶液，计算在 20℃ 时该溶液的体积应为多少？

解：查表 4-10 得，10℃ 时 1L 0.1mol/L 水溶液的补正值为 +1.5mL/L，则在 20℃ 时该溶液的体积为：

$$26.00+\frac{1.5}{1000}\times26.00=26.04(\text{mL})$$

**知识点 8　玻璃量器液面的观察方法**

弯月面的最低点应与分度线上边缘的水平面相切，视线应与分度线在同一水平面上；为使弯月面最低点的轮廓清晰地显现，可在玻璃量器的背面衬一黑色纸带，黑色纸袋的上缘放在弯月面的下缘 1mm 处。有蓝线乳白衬背的玻璃量器，应使蓝色最尖端与分度线的上边缘相重合。

**知识点 9　仪器容量的校准**

在实际工作中容量仪器的校准通常采用绝对校准和相对校准两种方法。

（1）绝对校准法（又叫衡量法、称量法）

① 原理。称量玻璃量器中水的质量，并根据该温度下 $K_t$ 值，计算出该玻璃量器在 20℃ 时的实际容量。

注：量入式玻璃量器——量器上标示的体积表示容量仪器容纳的体积，包括器壁上所挂液体的体积，用符号"In"表示。

量出式玻璃量器——量器上标示的体积表示从容量仪器中放出的液体的体积，不包括器壁上所挂液体的体积，用符号"Ex"表示。

绝对校准法是指称取滴定分析仪器某一刻度内放出或容纳纯水的质量，根据该温度下 $K_t$ 值，将水的质量换算成体积的方法，其换算公式为式(4-12)。

② 容量瓶的校准。将洗涤合格，并倒置沥干的容量瓶放在天平上称量。取蒸馏水充入已称质量的容量瓶中至刻度，称量并测水温（准确至 0.1℃）。根据该温度下 $K_t$ 值，计算真实体积。

③ 移液管的校准。将移液管洗净至内壁不挂水珠，取具塞锥形瓶，擦干外壁、瓶口及瓶塞，称量。按移液管使用方法量取已测温的纯水，放入已称质量的锥形瓶中，在分析天平上称量盛水的锥形瓶，计算在该温度下的真实体积。

（2）相对校准法

在实际的分析工作中，容量瓶与移液管常常配套使用，如经常将一定量的物质溶解后在容量瓶中定容，用移液管取出一部分进行定量分析。因此，重要的不是要知道所用容量瓶和移液管的绝对体积，而是容量瓶与移液管的体积比是否正确，如用 25mL 移液管从 250mL 容量瓶中移出溶液的体积是否是容量瓶体积的 1/10。一般只需要作容量瓶和移液管的相对校准。

在分析工作中，滴定管一般采用绝对校准法，对于配套使用的移液管和容量瓶，可采用相对校准法，用作取样的移液管，则必须采用绝对校准法。绝对校准法准确，但操作比较麻烦。相对校准法操作简单，但必须配套使用。

## 任务五
考核

**盐酸标准滴定溶液的标定**

（1）考核内容

量取 25.00mL 氢氧化钠溶液，加入 50mL 无二氧化碳的水及 2～3 滴酚酞-乙醇指示液（10g/L），用配制好的盐酸标准滴定溶液滴定，接近终点时加热至 80℃，继续滴定至溶液由粉红色变为无色。平行测定四次，同时做空白。

计算公式盐酸标准滴定溶液的实际浓度 $c_{HCl}$，mol/L，按式(4-13) 计算：

$$c_{HCl} = \frac{V_1 c_1}{V}$$ (4-13)

式中　$V_1$——氢氧化钠标准滴定溶液的用量，mL；

　　　$c_1$——氢氧化钠标准滴定溶液的实际浓度，mol/L；

$V$——盐酸溶液的用量，mL。

（2）考核表（考核时间 90min）

盐酸标准滴定溶液的标定考核表见表 4-11。

**表 4-11　盐酸标准滴定溶液的标定考核表**

| 序号 | 考核内容 | 考核要点 | 配分 | 评分标准 | 扣分 | 得分 |
|---|---|---|---|---|---|---|
| 1 | 操作前准备 | 移液管使用 | 20 | 移液前未润洗，或润洗方法不正确，每次扣 2 分，最多扣 4 分 | | |
| | | | | 移液返工扣 5 分 | | |
| | | | | 移液时吸空或进入气泡，每次扣 1 分，最多扣 2 分 | | |
| | | | | 排放溶液时移液管管尖不靠壁，扣 2 分 | | |
| | | | | 排放溶液时移液管不垂直，不与锥形瓶成 30°，扣 2 分 | | |
| | | | | 液体流尽后，保持原来操作方式等待不足 15s，扣 5 分 | | |
| 2 | 实际操作 | 滴定操作 | 40 | 滴定管装溶液前应将瓶中溶液摇匀，否则扣 1 分；取药标签未向手心扣 1 分 | | |
| | | | | 瓶塞放置错误；试剂瓶未及时回盖；每次扣 1 分，最多扣 2 分 | | |
| | | | | 滴定管尖有气泡未排除扣 2 分 | | |
| | | | | 加入指示剂量不合适扣 2 分 | | |
| | | | | 滴定管尖不在锥形瓶口下 1～2cm 处扣 2 分 | | |
| | | | | 未掌握摇瓶速度和滴定速度扣 5 分 | | |
| | | | | 滴定过程漏液扣 5 分 | | |
| | | | | 试液外溅扣 5 分 | | |
| | | | | 管尖悬液处理错误每次扣 1 分 | | |
| | | | | 终点颜色不正确每个扣 2 分，最多扣 4 分 | | |
| | | | | 读数时，姿势不正确(不平行、手握管身有溶液处等)扣 3 分 | | |
| | | | | 调零或滴定结束后，未等待 30s 就读数扣 5 分 | | |
| | | | | 读数错误扣 2 分 | | |
| 3 | 数据处理 | 精密度 | 15 | 相对极差≤0.1% 不扣分 | | |
| | | | | 相对极差 0.1%～0.2% 扣 3 分 | | |
| | | | | 相对极差 0.2%～0.3% 扣 6 分 | | |
| | | | | 相对极差 0.3%～0.4% 扣 9 分 | | |
| | | | | 相对极差 0.4%～0.5% 扣 12 分 | | |
| | | | | 相对极差＞0.5% 扣 15 分 | | |
| | | 结果与记录 | 15 | 涂改每处扣 1 分，杠改每处扣 0.5 分，最多扣 3 分 | | |
| | | | | 计算公式或结果不正确扣 10 分 | | |
| | | | | 记录不及时、转抄扣 2 分 | | |
| 4 | 试验管理 | 文明操作 | 10 | 台面整洁，仪器摆放整齐，否则扣 3 分 | | |
| | | | | 仪器破损扣 5 分 | | |
| | | | | 三废处理正确，否则扣 2 分 | | |
| 合计 | | | 100 | | | |

## 任务六
### 测试题及练习

**一、选择题**

1. 容积 1~5mL，分刻度值为 0.005mL 或 0.01mL 的滴定管称为 （ ） 滴定管。

A. 常量　　　　　　B. 微量　　　　　　C. 半微量　　　　　　D. 普通

2. 有油污不易洗净的酸式滴定管，可用 （ ） 洗涤。

A. 自来水　　　　　B. 肥皂水　　　　　C. 洗衣粉水　　　　　D. 铬酸洗液

3. 不能检查酸式滴定管漏水的方法是 （ ）。

A. 凡士林是否呈透明状态　　　　　　B. 刻度线上的液面是否下降

C. 滴定管下端有无水滴滴下　　　　　D. 活塞缝隙中有无渗水

4. 悬在滴定管尖端的液滴，（ ） 处理。

A. 用滤纸吸掉　　　　　　　　　　　B. 用小烧杯内壁碰一下

C. 甩掉　　　　　　　　　　　　　　D. 用手指弹落

5. 滴定时，应使滴定管尖嘴部分插入锥形瓶口下 （ ） cm 处。

A. 1~2　　　　　　B. 2~3　　　　　　C. 3~4　　　　　　D. 4~5

6. 滴定时速度应以每秒 （ ） 滴为宜。

A. 1~2　　　　　　B. 2~3　　　　　　C. 3~4　　　　　　D. 4~5

7. 滴定管注入溶液或放出溶液后，需等待 （ ） 后才能读数。

A. 30s~1min　　　B. 2~3min　　　　C. 3~4min　　　　D. 4~5min

8. 滴定管读数，对于深色溶液，应读取弯月面两侧 （ ） 处与水平相切的点。

A. 最低　　　　　　B. 最高　　　　　　C. 水平　　　　　　D. 相切

9. 读取滴定管读数时，若视线俯视，则读数结果 （ ）。

A. 偏高　　　　　　B. 偏低　　　　　　C. 正确　　　　　　D. 无法确定

10. 读取滴定管读数时，若视线仰视，则读数结果 （ ）。

A. 偏高　　　　　　B. 偏低　　　　　　C. 正确　　　　　　D. 无法确定

11. 下列溶液中，适于装在棕色酸式滴定管中的有 （ ）。

A. $H_2SO_4$　　　　B. NaOH　　　　　C. $KMnO_4$　　　　D. $K_2Cr_2O_7$

12. 碱式滴定管漏水时，可以 （ ）。

A. 调换为较大的玻璃珠　　　　　　　B. 将玻璃珠涂油后再装入

C. 调换为下口直径较细的尖管　　　　D. 调好液面立即滴定

13. 碱式滴定管的气泡一般是藏在 （ ）。

A. 尖嘴处　　　　　B. 玻璃珠附近　　　C. 管身处　　　　　D. 哪都可以有

14. 使用碱式滴定管进行滴定，正确的操作方法是 （ ）。

A. 右手捏玻璃珠中上部近旁的胶管　　B. 右手捏玻璃珠中下部近旁的胶管

C. 左手捏玻璃珠中上部近旁的胶管　　D. 左手捏玻璃珠中下部近旁的胶管

15.滴定终点与化学计量点两者往往不一致，由此产生的误差为（　　　）。

A.滴定误差　　　　B.标准偏差　　　　C.相对偏差　　　　D.绝对偏差

16.标准溶液与被测组分定量反应完全时，即二者的计量比与反应式所表示的化学计量关系恰好相符时，反应就达到了（　　　）。

A.理论变色点　　　　　　　　　B.化学计量点

C.滴定终点　　　　　　　　　　D.指示剂变色转折点

17.指示剂的变色点称为（　　　）。

A.理论变色点　　　　　　　　　B.化学计量点

C.滴定终点　　　　　　　　　　D.指示剂变色转折点

18.指示剂用量过多，则（　　　）。

A.终点变色更易观察　　　　　　B.并不产生任何影响

C.终点变色不明显　　　　　　　D.滴定准确度更高

19.标定 $AgNO_3$ 标准溶液的基准物 NaCl 最好选用（　　　）。

A.分析纯　　　　B.化学纯　　　　C.基准试剂　　　　D.实验试剂

20.标定酸用的基准物如 $NaHCO_3$、$Na_2CO_3$、$KHCO_3$ 均在（　　　）干燥并恒重。

A.90～105℃　　　　B.110～115℃　　　　C.250～270℃　　　　D.270～300℃

21.量器的校准方法有（　　　）。

A.称量法　　　　B.相对校准法　　　　C.计算法　　　　D.滴定法

22.分析实验所用的水其纯度越高，要求储存的条件（　　　）。

A.越严格　　　　B.成本越高　　　　C.成本越低　　　　D.越宽泛

23.三级水储存于（　　　）。

A.不可储存，使用前制备　　　　B.密闭的、专用聚乙烯容器

C.密闭的、专用玻璃容器　　　　D.普通容器即可

24.标定的方法有（　　　）。

A.用基准物质标定　　　　　　　B.用标准溶液标定

C.用标准物质标定标准溶液　　　D.比较法

**二、判断题**

1.配制铬酸洗液时，研细的重铬酸钾 20g 慢慢溶于 360mL 浓硫酸中。（　　　）

2.滴定管是准确测量放入液体体积的仪器。（　　　）

3.滴定时，应边滴边前后振动，使溶液混合均匀。（　　　）

4.读数时，滴定管应用拇指和食指拿住滴定管的上端（无刻度处），使管身保持垂直后读数。（　　　）

5.使用碱式滴定管时，捏住胶管中玻璃珠下方的胶管，捏挤胶管使其与玻璃珠之间形成一条缝隙，溶液即可流出。（　　　）

6.移液管管颈上部刻有一环形标线，表示在室温下移出的体积。（　　　）

7.实验中，要尽量使用同一支吸量管以减小误差。（　　　）

8.在滴定分析中，对基准物质有一定的要求，其中一条最好"具有较大的摩尔质量"，

以减少称量误差。                                                （  ）

    9.滴定管为量入式计量玻璃仪器。                              （  ）

    10.为了减少测量误差，吸量管取液时应放出多少体积就吸取多少体积。  （  ）

**三、思考题**

    1.酸式滴定管操作中手能否离开旋塞？手操作旋塞过程中能否向手心之外用力？

    2.滴定管中存在气泡对分析有何影响？怎样赶除气泡？

    3.每次从滴定管放出溶液或开始滴定时，为什么要从"0.00"刻度开始？

    4.滴定管读数时手能否握住液面以下位置？为什么？

    5.碱式滴定管排气泡时应注意什么？

    6.滴定管是否要用待装溶液润洗？如何润洗？

    7.滴定结束时滴定管下端悬挂溶液应如何处理？

    8.容量分析仪器为什么要进行校准？

    9.滴定管校准时称量纯水所用器具为什么必须是具塞三角瓶？为什么要避免将磨口和瓶塞沾湿？在放出纯水时，瓶塞如何放置？

    10.在校准滴定管时，为什么具塞三角瓶的外壁必须干燥？其内壁是否一定要干燥？

**四、实践训练任务**

    1.酸式滴定管操作练习；

    2.碱式滴定管操作练习；

    3.酸碱溶液互滴操作练习；

    4.50mL 酸式滴定管的校正。

# 参考答案

**一、选择题**

1.B  2.D  3.A  4.B  5.A  6.C  7.A  8.B  9.B  10.A  11.C  12.A  13.B  14.C  15.A  16.B  17.C  18.C  19.C  20.D  21.AB  22.AB  23.BC  24.ABC

**二、判断题**

1.×  正确答案：配制铬酸洗液时，研细的重铬酸钾 20g 溶于 40mL 水中，慢慢加入 360mL 浓硫酸。

2.×  正确答案：滴定管是准确测量放出液体体积的仪器。

3.×  正确答案：滴定时，应边滴边摇，向同一方向作圆周旋转而不应前后振动，以免溅出溶液。

4.√

5.×  正确答案：使用碱式滴定管时，捏住胶管中玻璃珠所在部位稍上处，捏挤胶管使其与玻璃珠之间形成一条缝隙，溶液即可流出。

6.×  正确答案：移液管管颈上部刻有一环形标线，表示在一定温度下（一般为 20℃）移出的体积。

7.√

化学实验基本操作技术

8. √

9. ×　正确答案：滴定管为量出式计量玻璃仪器。

10. ×　正确答案：为了减少测量误差，吸量管每次都应从最上面刻度为起始点，往下放出所需体积，而不是放出多少体积就吸取多少体积。

三、思考题

1.酸式滴定管操作中，用左手控制旋塞，来控制滴定速度，右手摇动锥形瓶，左手不能离开旋塞任溶液自行流下。手操作旋塞过程中不能向手心之外用力，以免使活塞松动，溶液从活塞缝隙中流出。

2.滴定管中存在气泡会影响滴定体积的准确性，从而影响分析结果。排气泡时，将溶液加到"0"刻度以上，使滴定管倾斜30°，全开活塞使溶液冲出带出气泡。

3.每次滴定最好都从0.00mL开始，这样在平行测定时，使用同一段滴定管，可减小测量误差，提高精密度。

4.不能，手的温度高于室温，使滴定管内的溶液随温度变化热胀冷缩，影响读数体积，从而影响测定的准确性。

5.碱式滴定管尖端的气泡，一般藏在胶管中的玻璃珠附近。检查时应对光仔细观察。将胶管向上弯曲同时挤捏玻璃珠稍上方处，使溶液从尖嘴喷出将气泡带出，然后对光检查气泡是否全部排出。

6.滴定管在滴定前要用待装溶液润洗三遍，以除去管内残留的水分，确保溶液的浓度不变。每次加入量约10~15mL，先从滴定管下端放出少量溶液，洗涤尖嘴部分，然后关闭活塞，双手横持滴定管并慢慢转动，使溶液与管内壁全部接触，最后将溶液从管上口倒出弃去。但不要打开活塞，以防活塞上的油脂冲入管内，污染洗净的管壁。尽量倒空后再洗第二次，每次都要冲洗尖嘴部分。如此反复三次。

7.滴定结束时滴定管下端悬挂溶液应靠在锥形瓶内壁上，小心倾斜锥形瓶，或用洗瓶吹洗，使液滴进入溶液中并摇匀。

8.由于制造工艺的限制、温度的变化或试剂的侵蚀等原因，量器实际容积与标示的容积之间存在或多或少的差值。因此在工业分析中，对准确度要求较高的分析工作、仲裁分析、科学研究以及长期使用的玻璃量器，必须进行校准。

9.避免水漏出或蒸发影响称量质量，因此要用具塞锥形瓶。并且要避免将磨口和瓶塞沾湿，因为磨口和瓶塞上的水也占有一部分体积，如称量不准确，会使最终水的体积有所变动。在放出纯水时，瓶塞放在洁净的滤纸上或夹在中指和无名指之间，防止沾污。

10.在校准滴定管时，具塞锥形瓶的外壁必须干燥，避免有水影响称量的质量。其内壁不必干燥，但磨口和瓶塞要保持干燥。

# 项目五
# 样品的采集

**1. 基本知识**

① 采样的目的和基本原则;

② 采样方案的内容;

③ 试样处理和保存的一般知识;

④ 典型固体样品、液体样品、气体样品的采集方法;

⑤ 安全分析的注意事项;

⑥ 实验室采样、留样及样品交接管理制度。

**2. 技术技能**

① 遵守实验室采样、留样及样品交接管理制度;

② 采样前,能明确采样方案;能检查采样工具和样品容器是否符合要求,准备好样品标签和采样记录表;

③ 能正确、熟练地使用合适的采样工具和样品容器,采取、保存和制备固体样品、液体样品和气体样品;

④ 能理解企业生产中安全分析的重要意义,能正确进行安全分析样品的采集和测试。

**3. 品德品格**

① 具有社会责任感,能够在分析检验技术技能实践中理解并遵守职业道德和职业规范,履行责任;

② 具有关于安全、健康、环境的责任理念,良好的质量服务意识,应对危机与突发事件的基本能力;

③ 身心健康,能够承受较强的工作负荷及工作、生活中的各种压力;

④ 具有自主学习和终身学习的意识,有不断学习和适应发展的能力。

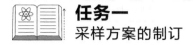

# 任务一
## 采样方案的制订

**学习目标：**

① 了解实验室采样、留样及样品交接管理制度；

② 掌握采样方案的制订方法；

③ 了解样品采集方面的相关术语。

### 1. 采样的基本原则

采样是指从一定数量的整批物料中采取少量检查试样的操作过程，通过检验样品而对总体物料的质量做出评价和判断。因此采样的基本原则是从被检总体物料中取得有代表性的样品。

采样的重要性并不次于实验工作本身，如果所采取的样品没有代表性，测定结果被错误地判定是该批物料的质量，会给生产带来难以估计的后果，使实验工作失去意义。因此，采样是实验工作中不可分割的重要环节，是保证实验结果正确的前提条件。

### 2. 对试样的基本要求

试样是鉴定产品全部质量指标是否符合某一标准的产品，因此必须能够代表总体物料的特性。

① 试样应具有足够的代表性，应按标准规定的方法取样，否则测定结果无代表性。

② 试样必须有足够数量，作鉴定分析或仲裁用的试样应留样封存，以备检查或重复检验。

③ 采样用的采样器和盛装试样的容器要与试样的性质相适应，并且必须清洁干燥，并备好盖子或塞子，以防污染。试样容器上应贴上标签，注明试样的相关信息。

### 3. 采样方案的制订

采样方案的制订是采样工作中的一个重要环节。制订采样方案的目的是以最低的成本，在允许的采样误差范围内获得总体物料有代表性的样品。

采样方案的内容应包括以下几个方面：总体物料的范围；采样单元；样品数和样品量；采样部位；采样操作方法和采样工具；样品的加工方法；采样安全措施等。

（1）确定样品数和样品量

在满足需要的前提下，样品数和样品量越少越好。

① 样品数。总体物料的单元数小于 500 的，按表 5-1 确定采样单元；总体物料的单元数大于 500 的，按总体单元立方根的三倍来确定采样单元，即 $3 \times \sqrt[3]{N}$（$N$ 为总体的单元数，如遇小数时，则进为整数）。

表 5-1  采样单元数的规定

| 总体物料的单元数 | 选取的最少单元数 |
| --- | --- |
| 1～10 | 全部单元 |
| 11～49 | 11 |
| 50～64 | 12 |
| 65～81 | 13 |
| 82～101 | 14 |
| 102～125 | 15 |
| 126～151 | 16 |
| 152～181 | 17 |
| 182～216 | 18 |
| 217～254 | 19 |
| 255～296 | 20 |
| 297～343 | 21 |
| 344～394 | 22 |
| 395～450 | 23 |
| 451～512 | 24 |

② 样品量。在满足需要的前提下，样品量至少应满足以下要求。

a. 至少满足三次重复检测的需求；

b. 当需要留存样品时，应满足留样的需求；

c. 如需做制样处理时，应满足加工处理的需要。

（2）选择采样工具和样品容器

① 按照质量、用途的等级要求，采样工具一般分为专用、混用两类；

② 采样工具和盛装试样的容器在使用前必须洗净、干燥，并且都应清洁到不用样品冲洗就可以使用的程度；

③ 材质必须不与样品起作用，并不能有渗透性；对光敏感的物料，样品容器应是不透光的，或在容器外罩避光塑料袋；

④ 大批的日常例行采样，在采样前应在样品容器上做出标记，并严格按照标记采取相应的样品；应避免采错试样，给下一步分析检验工作带来不必要的麻烦；

⑤ 装有样品的容器应密闭，以防止物料损失或挥发。具有符合要求的盖、塞或阀门；

⑥ 使用适当的运载工具来运输，尽量减少样品容器的破损及由此引起的危险性；

⑦ 样品容器标签上应注明样品名称、采样地点、牌号、油罐号、批号、车号、产地、采样日期和时间、采样者等。

（3）明确采样安全守则

当没有确切的资料说明样品是无害时，所有新的待采物质都应认为是有危险的，采样时应严格执行采样安全操作规程。

① 采样前，采样者要完全了解样品的危险性及预防措施，并根据物料的性质准备好合适的采样工具和相应的安全防护措施；涉及防爆区域采样，要求使用防爆工具；

② 当需要用待采物料去清洗样品容器，而该物料又存在危险时，应准备适当的设施以处理那些清洗用过的物料；

③ 采样时，不应使该批物料受到损害；采样完毕，采样者必须确保所有被打开的部件和采样口按照要求重新关闭好；

④ 采样者应有第二者陪伴，此人的任务是确保采样者的安全；

⑤ 无论在何处接触化学品时，都要坚持使用保护眼睛的设施；

⑥ 采样者必须知道采样地点报警系统和灭火设备的位置。发生的异常事件和情况，应及时向有关主管人汇报。

（4）遵守实验室采样、留样及样品交接管理制度

采样应按照一定的原则、方法进行，可参阅相关的国家标准和各行业制定的标准。为了保证样品分析数据的准确性和具有可追溯性，便于抽查、复查，满足监督管理要求，分清质量责任，每名分析检验人员都应遵守相关的管理制度。

采样管理制度：

① 采样人员要严格按照采样标准的规定实施采样操作，保证所取的样品具有代表性和真实性；

② 到装置现场取样时，要注意现场作业环境，找操作工一同前往取样点配合采样，由操作工启封开盖；

③ 取样完毕后，做好现场取样记录，贴好样品标签；

④ 在样品的采集、运输和保存的过程中，应注意防止样品的污染。采得样品应立即进行分析或封存，以防氧化变质和污染；

⑤ 凡发生以下情况应停止采样：

a. 取样现场通道发生障碍；

b. 雨天且风速在 4 级以上；无雨但风速在 6 级以上；雷电、暴雨的气候条件；

c. 槽车取样无现场工作人员配合。

（5）采样前的准备工作

① 制订采样方案，确定采样工具、样品数和样品量、现场安全状况等；

② 根据采样方案，准备好合适的采样器和样品容器，并检查其是否清洁干燥、有无破损裂痕；

③ 准备好样品标签和采样记录表；

④ 根据样品的性质配备好合适的防护用品，包括工作服、工作鞋、安全帽、防护眼镜、防毒面具、防护手套、防爆工具（如防爆手电筒、铜扳手）等。

知识点
链接

知识点 1　留样管理制度

① 样品的保留由检查员负责，在有效保存期内要根据样品的特性妥善保管好样品。

② 保留样品的容器（包括口袋）要清洁，必要时密封以防变质；标识要清楚、齐全，分类有序摆放。

③ 样品保留量要根据样品全分析用量而定，不少于两次全分析用量。

④ 保留期限。通常情况，成品样品液体保留三个月，固体保留半年；中控分析样品一律保留至下次取样，特殊情况保留 24h。

⑤ 样品超过保存期限后，按"三废"管理制度进行处理。

⑥ 留样间要通风、避光、防火、防爆、专用。

**知识点 2　样品交接管理制度**

① 为了确保班组安全生产正常进行，交接班人员必须做到"交班清、接班严"。

② 交班人员交班前要认真填写好交班记录及样品交接记录，包括本班的仪器运转情况、工作完成情况及各项技术指标，卫生清扫、传达临时工作指令等。需要交接的样品必须注明名称、采样地点、数量、检验项目等内容。

③ 交班人员保证样品处理时所用的器具清洗干净，摆放整齐。

④ 接班人经确认无误后交接班双方共同签字，后续工作由接班人负责。

**知识点 3　采样目的**

分析检验工作遇到的分析对象是多种多样的，有固体、液体和气体；有均匀的和不均匀的；等等。采样目的大致可分为下列几种情况。

（1）技术方面目的

确定原材料、中间产品、成品的质量；中间生产工艺的控制；测定污染程度、来源；未知物的鉴定等。

（2）商业方面目的

确定产品等级、定价；验证产品是否符合合同规定；确定产品是否满足用户质量要求等。

（3）法律方面目的

检查物料是否符合法律要求；确定生产中是否泄漏、有毒有害物质是否超标；为了确定法律责任，配合法庭调查、仲裁等。

（4）安全方面目的

确定物料的安全性；分析事故原因的检测；对危险物料安全性分类的检测等。

**知识点 4　采样误差**

采样误差分为采样随机误差和采样系统误差。

（1）采样随机误差

采样随机误差是由采样过程中一些无法控制的偶然因素所引起的偏差，这是无法避免的。增加采样的重复次数可以缩小这个误差。

（2）采样系统误差

采样系统误差是由采样方案、采样设备、操作者以及环境等因素引起的偏差。其误差是定向的，应极力避免。

**注**：采得的样品都可能包含采样的随机误差和系统误差，因此在通过检测样品求得的特性值数据的差异中，既包括采样误差，也包括试验误差。

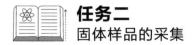

## 任务二
### 固体样品的采集

固体样品种类繁多，采样条件千变万化。采样应根据标准中规定的基本原则和方法，按照实际情况选择最佳采样方案和采样技术。

**学习目标：**

① 了解固体样品采集的相关知识；

② 拟定采样方案，掌握土壤的采集、样品处理等操作方法；

③ 了解固体样品采集时的相关注意事项。

**仪器与试剂：**

舌形铲，固体取样器，锤子，采样桶，粉碎机，方形瓷盘，密封塑料袋，广口瓶，土壤，标签。

**1. 制订采样方案**

采样前应对采样物料进行预检，检查物料名称、批号、数量、净含量、颜色、外观受损情况，采用一切可行的方法和手段，尽可能详细地了解物料的性质，选用合适的采样方法和采样工具进行采样，尽量减少采样误差。

（1）确定采样工具

① 舌形铲。长度为300mm，宽度为250mm，适于从物料堆中进行人工采样，可用于采取煤、焦炭、矿石等不均匀固体物料的样品。

② 取样钻。如图 5-1 所示，适用于从包装袋或桶内采取细粒状固体物料。

③ 双套取样管。如图 5-2 所示，双套取样管用不锈钢管或铜管制成。

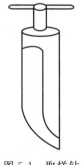

图 5-1　取样钻

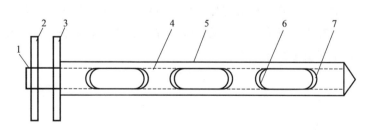

图 5-2　双套取样管

1—内管管口；2—内管木柄；3—外管木柄；4—内管；

5—外管；6—内管槽口；7—外管槽口

（2）确定样品数和样品量

① 单元物料。按表 5-1 采样单元数的规定来确定（GB/T 6678—2003）。

② 散装物料。

a. 批量少于 2.5t，采样为 7 个单元（或点）；

b. 批量为 2.5～80t，采样为 $\sqrt{批量(t)\times 20}$ 个单元（或点），计算到整数；

c. 批量大于 80t，采样为 40 个单元（或点）。

**2. 采样**

固体样品应从原始样品的各个部位采集，以使样品具有均匀性和代表性。

（1）静止的均匀物料的采样

用勺、铲、采样探子或其他合适的工具，从物料的一定部位或沿一定方向插入一定深度取样，然后混合均匀。

（2）运动物料的采样

用合适的工具从皮带运输机或物质的落流中随机地或按一定的时间取样。

**3. 样品的制备**

样品的制备一般包括粉碎、混合、缩分三个阶段。先将粗样粉碎、过筛、然后再充分混匀，按四分法进行缩分。根据需要可将试样多次粉碎和缩分，直到留下所需的样品量为止。一般为 0.5～1kg。把样品等量分成两份。一份供检测用，一份留作备考。每份样品量至少应为检验需要量的三倍。

（1）粉碎

用研钵或锤子等手工工具，或用适当的研磨机械粉碎样品。在试样粉碎过程中，应避免混入杂质，过筛时不能弃去未通过筛孔的粗颗粒，而应再磨细后使其通过筛孔，以保证所得试样能代表整个物料的平均组成。

（2）混合

根据样品量的大小，选用合适的工具（如手铲等）混合样品。

（3）缩分

常用的方法有四等分法或用分样器缩分样品。

四等分法：将试样混匀后，堆成圆锥形，略为压平，通过中心分为四等分，把任意对角的两份弃去，其余对角的两份收集在一起混匀，如图 5-3、图 5-4 所示。这样每经一次处理，试样就缩减了一半。

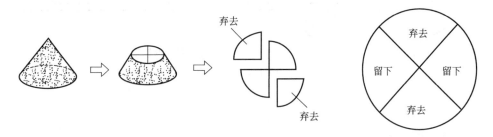

图 5-3　样品缩分示意图

图 5-4　土壤样品的缩分

**4. 样品的保存**

根据样品的性质及储存时间选择对样品呈惰性的包装材质及合适的包装形式。样品容器在装入样品后应立即贴上标签。样品制成后应尽快检验。备检样品储存时间一般为六个月。根据实际的需要和物料的特性，可以适当延长和缩短。

知识点
链接

**知识点 1　样品制备的目的和基本原则**

样品制备的目的是从较大量的原始样品中获取最佳量的、能满足检验要求的、能代表总体物料特性的样品。

样品制备的原则是在制备过程中不破坏样品的代表性，不改变样品组成，不使样品受到污染和损失。

**知识点 2　试样的溶解**

定量分析的大多数方法都需要把试样制成溶液。有些样品溶解于水；有些可溶于酸；有些可溶于有机溶剂；有些既不溶于水、酸，又不溶于有机溶剂，则需经熔融，使待测组分转变为可溶于水或酸的化合物。

（1）水

多数分析项目是在水溶液中进行的，因此凡是能在水中溶解的样品，都可以用水作溶剂，将它们制成水溶液。

（2）有机溶剂

许多有机样品易溶于有机溶剂。根据相似相溶的原则选择合适的有机溶剂。极性有机化合物易溶于极性有机溶剂，非极性有机化合物易溶于非极性有机溶剂。常用的有机溶剂有乙醇、丙酮、三氯甲烷、甲苯等。

（3）无机酸

常用的无机酸有盐酸、硝酸、硫酸、高氯酸、氢氟酸等。

在金属活动性顺序表中，氢以前的多数金属及其氧化物或碳酸盐，可用盐酸溶解。硝酸具有氧化性，它可以溶解金属活动性顺序表中氢以后的多数金属。硫酸沸点高（338℃），可在高温下分解矿石、有机物或用以除去易挥发的酸。用一种酸难以溶解的样品，可以采用混合酸，如 $HCl+HNO_3$、$H_2SO_4+HF$、$H_2SO_4+H_3PO_4$ 等。

（4）熔剂

对于难溶于酸的样品，可加入某种固体熔剂，在高温下熔融，使其转化为易溶于水或酸的化合物。常用的碱性熔剂有 $Na_2CO_3$、$NaOH$、$Na_2O_2$ 或其混合物，它们用于分解酸性试样，如硅酸盐、硫酸盐等。常用的酸性熔剂有 $K_2S_2O_7$ 或 $KHSO_4$，它们用于分解碱性或中性试样，如 $Al_2O_3$、$Fe_3O_4$ 等，可使其转化为可溶性硫酸盐。

# 任务三
## 液体样品的采集

**学习目标：**

① 了解液体样品采样的术语及基本要求；

② 能根据采样方案，使用合适的采样设备和操作方法进行不同部位液体样品的采集；

③ 掌握液体石油产品和水样采集时的注意事项。

**仪器与试剂：**

圆柱形采样桶，聚乙烯塑料桶，塑料采样杯，玻璃采样管，黄铜采样器，底部采样器，防静电采样绳，乳胶管，洗耳球，广口瓶，棕色细口瓶，矿泉水瓶，标签。

**1. 制订采样方案**

采样人员必须熟悉被采液体产品的特性、安全操作的有关知识，严格遵守相关采样标准的有关规定，并在采样前进行预检，根据检查结果制订采样方案，采得具有代表性的样品。

（1）明确样品的类型（图 5-5）

① 部位样品。从物料的特定部位采得的样品。

② 表面样品。在物料表面采得的样品。

③ 底部样品。在物料的最低点采得的样品。

④ 上部（中部、下部）样品。在液面下相当于总体积的 1/6（1/2、5/6）处采得的部位样品。

⑤ 全液位样品。取样器在一个方向上通过整个液层采得的样品。

⑥ 平均样品。把采得的部位样品按一定比例混合成的样品。

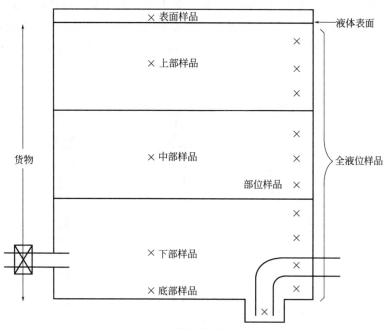

图 5-5　样品类型分布图

⑦ 混合样品。把容器中物料混匀后随机采得的样品。

（2）选用合适的采样工具

① 表面样品采样勺。如图 5-6(a) 所示。

② 混合样品采样勺和采样杯。物料混匀后用它随机采样，如图 5-6(b)、(c) 所示。

③ 采样管。由玻璃、金属或塑料制成，能插入到桶、罐、槽车中所需要的液面上。

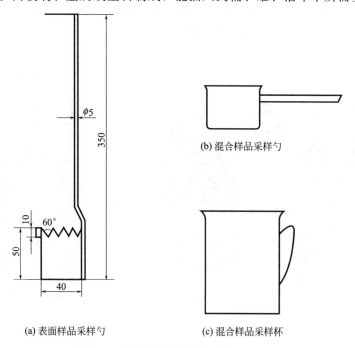

(a) 表面样品采样勺　　　　(c) 混合样品采样杯

图 5-6　采样勺和采样杯（单位：mm）

对大多数桶装物料用管长 750mm 为宜。管上端的口径收缩到拇指能按紧，一般为 6mm；下端的口径视被采物料黏度而定，黏度较小的用 1.5mm，较大的用 5mm。如图 5-7(a)、（b）所示。对于桶装黏度较大的液体，也可采用不锈钢制双套筒采样管，如图 5-7(c) 所示。

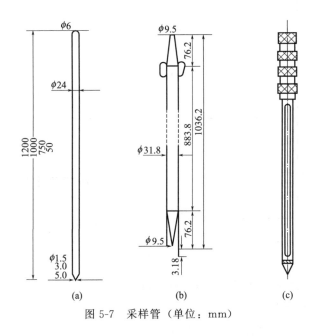

图 5-7　采样管（单位：mm）

④ 采样瓶。把具塞玻璃瓶，套上加重铅锤，放入加重金属笼罐中固定而成。如图 5-8 所示。

⑤ 金属制采样器。通常为不锈钢或黄铜制成，体积 500mL，适用于储罐、槽车和船舶采样，如图 5-9 所示。但是所采液面不能低于罐底的上方 12mm。

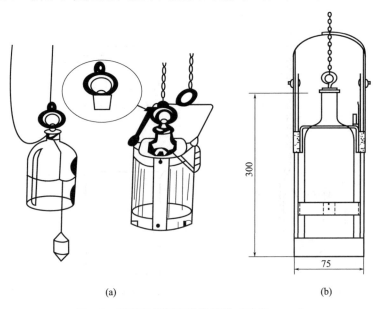

图 5-8　玻璃采样瓶和采样笼罐（单位：mm）

⑥ 底部采样器。用于储罐、槽车、船舱底部采样，如图 5-10 所示。当采样器与罐底接触时，它的阀或塞子就被打开，当其离开罐底时，它的阀或塞子就被关闭。

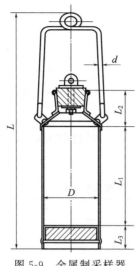

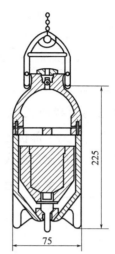

图 5-9　金属制采样器　　　　图 5-10　底部采样器（单位：mm）

**2. 储罐的采样**

（1）立式圆柱形储罐的采样

立式圆柱形储罐的采样主要有三种方法。

① 从安装在储罐壁上的上、中、下采样口进行采样，然后将采得的样品混合均匀。

② 当储罐上未安装上、中、下采样口时，可先将物料混匀，再从排料口采样。

③ 从顶部采样口放入采样器，降到所需位置时，以急速的动作拉动绳子，打开采样器的塞子，待采样器充满油后，提出采样器，采得部位样品。采全液位样品时，将采样器降到罐底，以急速的动作拉动绳子，打开取样器的塞子，同时上提采样器，使其在一个方向上匀速通过整个液层。

将采得的部位样品分别倒入相应的样品容器中，立即密封存放，防止挥发和损失。并贴好标签，注明样品信息。举例如表 5-2 所示。

表 5-2　采样标签

| 样品名称 | 95 号车用汽油 |
| --- | --- |
| 采样地点 | 油品一车间　205 罐 |
| 采样部位 | 上部样 |
| 采样时间 | 2016.3.9　9：30 |
| 采样者 | ××× |

如需分析平均样品的质量时，可将采得的部位样品按表 5-3 的比例混合成平均样品。

表 5-3　立式圆柱形储罐采样部位和比例

| 采样时液面情况 | 混合样品时相应的比例 | | |
|---|---|---|---|
| | 上 | 中 | 下 |
| 满罐 | 1/3 | 1/3 | 1/3 |
| 液面未达到上采样口但更接近上采样口 | 0 | 2/3 | 1/3 |
| 液面未达到上采样口但更接近中采样口 | 0 | 1/2 | 1/2 |
| 液面低于中采样口 | 0 | 0 | 1 |

（2）卧式圆柱形储罐的采样

可按照上、中、下三个部位进行采样，然后按照相应的比例混合成平均样品。卧式圆柱形储罐采样部位和采样比例如表 5-4 所示。

表 5-4　卧式圆柱形储罐采样部位和采样比例

| 液体深度(距底直径比)/% | 采样液位(距底直径比)/% | | | 混合样品时相应的比例/份 | | |
|---|---|---|---|---|---|---|
| | 上 | 中 | 下 | 上 | 中 | 下 |
| 100 | 80 | 50 | 20 | 3 | 4 | 3 |
| 90 | 75 | 50 | 20 | 3 | 4 | 3 |
| 80 | 70 | 50 | 20 | 2 | 5 | 3 |
| 70 | 0 | 50 | 20 | 0 | 6 | 4 |
| 60 | 0 | 40 | 20 | 0 | 5 | 5 |
| 50 | 0 | 40 | 20 | 0 | 4 | 6 |
| 40 | 0 | 0 | 20 | 0 | 0 | 10 |
| 30 | 0 | 0 | 15 | 0 | 0 | 10 |
| 20 | 0 | 0 | 10 | 0 | 0 | 10 |
| 10 | 0 | 0 | 5 | 0 | 0 | 10 |

（3）注意事项

① 采样器应分类使用和存放，避免交叉污染。

② 当需采取上部、中部和下部试样时，应按从上到下的顺序进行，以免取样时扰动较低一层液面。

③ 采取易燃易爆的液体样品时，应禁止吸烟，禁止使用可能发生火花的设备。采样者最好选用棉织品衣服。应穿导电鞋。不允许用铁采样器采样（尤其是汽油等低闪点油），避免因与器壁撞击产生火花，造成爆炸事故。

④ 采取挥发性试样时，应站在上风口，避免中毒。

⑤ 液体流动和液体混合时常会产生静电，因此，在液体运动停止之后应等候足够的时间以确保由运动而产生的电荷全部泄入地下后再进行采样。

⑥ 液体石油产品试样不宜装满容器，应留出至少 10％的无油空间。

⑦ 在储罐或槽车顶部采样时要预防掉下去，上下梯子时要一手扶住梯子扶手，一手拎采样器具。

**3. 桶装润滑油的采样**

① 根据采样方案确定采样单元。

② 准备采样工具。玻璃（或塑料）采样管和带盖广口瓶事先要清洁、干燥，准备 F 型铜扳手、废液瓶、标签及抹布等。

③ 采样步骤。在静止情况下用采样管采全液位样品或部位样品混合成平均样品。或在搅拌均匀后，用采样管采得混合样品。如需知表面或底部情况时，可分别采得表面样品或底部样品。

将待采的桶直立，有桶口的一侧朝上放置，从桶口取样。（如果要求检测水、锈或其他不溶性污染物时，要使桶在这个位置保持足够长的时间，使污染物沉淀下来。）

使用铜扳手等工具取下桶盖，把它放在桶口旁边，沾油的一面朝上。用拇指封闭采样管的上端，把它伸进油中约 30cm。移开拇指，让油进入采样管。再用拇指封闭上端，抽出采样管。持管子接近水平位置并将其转动，使油能接触到取样时浸没那部分采样管的内表面，用这样的方法冲洗管子。要避免手接触到在取样操作期间管子浸没到油的部分。将冲洗油倒入废液瓶，让管内液体流净。

用拇指封闭上端，再把管子插进油中（如果要求取全液位样品时，插入管子时要敞开上端）。当管子到达底部时，移开拇指，让管子进满油。再用拇指封闭顶端，迅速抽出管子，并把油转移到样品容器中。不能让手接触到样品的任何部分。

取样完毕，封闭样品容器，放回桶盖并拧紧。用抹布将周围洒落的样品擦净。样品容器贴好标签，标注清楚样品名称、牌号、采样地点、采样时间、采样者等信息。举例如表 5-5 所示。

表 5-5　样品标签

| 样品名称 | 46 号汽轮机油 |
| --- | --- |
| 采样地点 | 催化裂化一车间增压机 |
| 采样时间 | 2016.9.1　13：00 |
| 采样者 | ××× |

**4. 水样的采集**

水质的分析项目有很多，如电导率、浊度、硬度、余氯、水中油、挥发酚、氨氮、吸光度、铁、磷酸盐、pH 值、COD、$BOD_5$、有机物的测定等。应根据试验目的和试验要求，选用合适的采样器对不同深度的水样进行采集。可参考国家环境保护标准 HJ 494—2009 和 HJ 495—2009。

（1）样品量

采集水样的数量应满足试验和复核需要。供全分析用的水样不应少于 5L，供单项分析用的水样不应少于 0.5L。

（2）采样工具及样品容器

硬质玻璃磨口瓶（容器盖内有聚四氟乙烯内衬）——不宜存放测定痕量硅、钠、钾、硼等成分的水样；

聚乙烯瓶——不宜存放测定重金属、铁、铜、有机物等成分的水样；

聚乙烯塑料桶，矿泉水瓶，乳胶管，洗耳球，标签。

（3）采样方法

① 新启用的容器必须用硝酸溶液（1+1）浸泡一昼夜，用自来水冲净，用纯净水洗涤一遍，采样前再用待测水样冲洗容器 3 遍，方可取样。

② 从自来水或有抽水设备的井水中采样。采样时，先将水龙头或泵打开，让水流出数分钟，将积留在水管中的杂质冲洗掉后再用干净瓶收集水样。

③ 从井水、泉水中采样。采样时，将简易采样器沉入水面以下 0.5～1m 处，提起瓶塞，使水样流入采样瓶中，放下瓶塞，提出采样器即可。

④ 生活污水的采样。生活污水成分复杂，变化很大，为使水样具有代表性，必须分多次采样后加以混合。一般是每 1h 采取一个子样，将 24h 内收集的水样混合作为代表性样品。采样后，瓶子要立刻贴好标签并涂上石蜡，尽快送往实验室分析。溶解氧、生物需氧量、余氯、硫化氢等项目的测定，必须在采样后立刻进行。

⑤ 测定水样中的铜、铁、铝，水样采集时应使用专用磨口玻璃瓶，并将其用盐酸（1+1）浸泡 12h 以上，再用一级试剂水充分洗净，然后向取样瓶内加入优级纯浓盐酸（每 500mL 水样加浓盐酸 2mL），直接采取水样，并立即将水样摇匀。

⑥ 用乳胶管和洗耳球从水浴中采取水样。

（4）注意事项

① 水样的存放时间受其性质、温度、保存条件及试验要求等因素影响，采集水样后应及时分析，并采取适当保存措施，以防止或减少在存放期间试样的变化。

常用的保存措施有：控制溶液的 pH 值、加入化学稳定试剂、冷藏和冷冻、避光和密封等，以减缓生物作用、水解、氧化还原作用及减少组分的挥发。

② 水样运送与存放时，应注意检查水样瓶是否封闭严密，并应防冻、防晒，并在报告中注明存放时间或温度等条件。

③ 测定水样中的有机物，水样采集应使用硬质玻璃瓶（容器盖内有聚四氟乙烯内衬），取样后应尽快测定。部分有机样品采样注意事项见表 5-6。

表 5-6　部分有机样品采样注意事项

| 项目 | 容器 | 保存剂 | 保存期 | 采样量 | 容器洗涤 |
|---|---|---|---|---|---|
| 油类 | G | 加 HCl 至 pH≤2 | 7d | 250mL | I |
| 农药类[①] | G | 加 HCl 至 pH≤2 | 24h | 1000mL | I |
| 除草剂类[①] | G | 加 HCl 至 pH≤2 | 24h | 1000mL | I |
| 邻苯二甲酸酯类[①] | G | 加 HCl 至 pH≤2 | 24h | 1000mL | I |
| 挥发性有机物[①] | G | 加 HCl 至 pH≤2 | 12h | 1000mL | I |
| 甲醛[①] | G |  | 24h | 250mL | I |

| 项目 | 容器 | 保存剂 | 保存期 | 采样量 | 容器洗涤 |
|---|---|---|---|---|---|
| 酚类① | G | 加 $H_3PO_4$ 至 $pH \leqslant 2$ | 24h | 1000mL | I |
| 阴离子表面活性剂 | G、P | | 24h | 250mL | I |

① 表示低温（0~4℃）避光保存。

注：1. G 为硬质玻璃、P 为乙烯塑料桶（瓶）。

2. 采样量为最少采样量。

3. I 表示洗涤方法：用自来水洗涤 3 次，烘干，用铬酸洗液浸泡 40min，用自来水将铬酸洗液冲净，用蒸馏水冲洗 3 次，烘干备用。

4. 有机采样应使用专业的采样容器（硬质玻璃，容器盖内应使用聚四氟乙烯内衬，且能够保持容器的充分密闭）。

知识点链接

### 知识点1　样品的代表性

如被采容器内物料已混合均匀，采取混合样品作为代表性样品。如被采容器内物料未混合均匀，可采部位样品按一定比例混合成平均样品作为代表性样品。

### 知识点2　样品的缩分

一般原始样品量大于实验室样品需要量，因而必须把原始样品量缩分成二~三份小样。一份送实验室检测，一份保留，在必要时封送一份给买方。

### 知识点3　水样采集案例（水中铁细菌的测定 GB/T 14643.6—2009）

① 采样瓶的灭菌。将洗净并烘干后的 1000mL 磨口试剂瓶瓶口和瓶颈用牛皮纸裹好，扎紧，置电热干燥箱中，于（160±2）℃灭菌 2h。

② 水样的采集。用无菌采样瓶采集被测样品，在采样过程中，要保护瓶口和颈部，防止这些部分受杂质污染，瓶内要留下足够的空间，以备测定之前摇匀。

③ 若采集的水中有余氯，应在采样前，在无菌操作下，于无菌采样瓶中加入灭过菌的硫代硫酸钠，加入的量为每升水样约 0.1g。

④ 水样采集后应立即进行测定，如果在 2h 内不能进行测定，应把水样放在冰箱中于 4~10℃保存，存放时间不宜超过 24h。经冷冻保存后的水样需测定时，从冰箱中取出，于 30℃左右活化 4~5h，再进行测定。

### 知识点4　水样采集案例（水中余氯的测定 GB/T 14424—2008）

① 取样瓶须用带螺纹盖的棕色细口瓶，用市售洗涤剂清洗后，再用蒸馏水冲洗。

② 敞开式循环冷却水系统，通常在进入冷却塔之前的回水管道中取样；直流水系统，在出水管处取样；对封闭水系统，则在低位取样。

③ 为保证取样具有代表性，管道内各处应保持全部充满水，并且在正式取样之前，先放掉一些，再从有压管道中取出试样来清洗取样瓶，后将试样充满取样瓶，旋紧盖子，存放阴凉处。

④ 取样后应立即开始测定，试样须避免光照、搅动和受热。

# 任务四
## 气体样品的采集

**学习目标：**

① 掌握工作场所空气中有害物质监测的采样方法和技术要求；

② 掌握液化石油气样品采集的方法及相关注意事项；

③ 掌握安全分析时气体的采集和测试方法。

**仪器与试剂：**

① 仪器。大型气泡吸收管，空气采样器（流量0～3L/min），10mL 具塞比色管，分光光度计，液化气采样器，采样导管（由铜、铝、不锈钢、尼龙做成的软管），铜扳手，可燃气体测爆仪（指针式 XP-311A XP-311 型测爆仪、数显式 XP-3110 型测爆仪），测氧仪，铜管，乳胶管，检测管，采样抽子，双联球。

② 试剂。无氨蒸馏水，吸收液（将 26.6mL 硫酸缓缓加入 1000mL 水中），纳氏试剂，氨标准溶液。

**1. 工作场所空气中有害物质测定的采样**

采用氨的纳氏试剂分光光度法。

（1）原理

空气中氨用大型气泡吸收管采集，在碱性溶液中，氨与纳氏试剂反应生成黄色；于420nm 波长下测量吸光度，进行测定。

（2）样品的采集、运输和保存（现场采样按照 GBZ 159 执行）

① 采样前的准备。

a.现场调查。为正确选择采样点、采样对象、采样方法等，必须在采样前对工作场所进行现场调查。必要时可进行预采样。调查内容主要包括工作过程中使用的原料、辅助材料，生产的产品和中间产物等的种类、数量、纯度，劳动者的工作状况，包括劳动者数量、在工作地点停留时间、工作方式、接触有害物质的程度和频度及持续时间等。

b.采样仪器及试剂的准备。检查所用的空气收集器和空气采样器是否处于完好备用状态。将两只各装有 5.0mL 吸收液的大型气泡吸收管串联起来，立即封闭吸收管进出气口，置清洁的容器内保存，等待运输到采样点。

c.根据现场有害物质的性质，配备好相应的个人防护用品。

② 选择采样点。采样点选择的原则是选定有代表性的、空气中有害物质浓度最高的、劳动者接触时间最长的工作地点作为重点采样点。

在不影响劳动者工作的情况下，采样点尽可能靠近劳动者；将空气收集器的进气口尽量安装在劳动者工作时的呼吸带。

采样点应设在工作地点的下风向，应远离排气口和可能产生涡流的地点。

③ 确定采样点的数目。

a.工作场所按产品的生产工艺流程，凡存在有害物质的工作地点，至少应设置1个采样点。

b.一个有代表性的工作场所内有多台同类生产设备时，1~3台设置1个采样点；4~10台设置2个采样点；10台以上，至少设置3个采样点。

c.劳动者在多个工作地点工作时，在每个工作地点设置1个采样点。

d.仪表控制室和劳动者休息室，至少设置1个采样点。

④ 选择采样时段。在空气中有害物质浓度最高的时段进行采样。

⑤ 确定采样时间。一般不超过15min；当劳动者实际接触时间不足15min时，按实际接触时间进行采样。

⑥ 样品的采集。在选定的采样点，将两只已经串联好的各装有5.0mL吸收液的大型气泡吸收管进出气口打开，与空气采集器相连，以0.5L/min流量采集15min空气样品。

对照试验：将装有5.0mL吸收液的大型气泡吸收管带至采样点，除不采集空气样品外，其余操作同样品，作为样品的空白对照。

采样后，立即封闭吸收管进出气口，置于清洁的容器内运输和保存。样品尽量在当天测定。

⑦ 样品处理。将采过样的吸收液洗涤吸收管内壁3次。前后管分别取出1.0mL样品溶液于具塞比色管中，加吸收液至10mL，摇匀，供测定。若浓度超过测定范围，用吸收液稀释后测定，计算时乘以稀释倍数。

（3）空气中氨的浓度计算

按式(5-1)将采样体积换算成标准采样体积。

标准采样体积指在气温为20℃，大气压为101.3kPa（760mmHg）下，采集空气样品的体积，以$V_0$表示。

换算公式为：

$$V_0 = V_t \frac{293}{273+t} \times \frac{p}{101.3} \tag{5-1}$$

式中　$V_0$——标准采样体积，L；

　　　$V_t$——在温度为$t$，大气压为$p$时的采样体积，L；

　　　$t$——采样点的气温，℃；

　　　$p$——采样点的大气压，kPa。

按式(5-2)计算空气中氨的浓度：

$$c = \frac{5(m_1+m_2)}{V_0} \tag{5-2}$$

式中　$c$——空气中氨的浓度，mg/m³；

$m_1$，$m_2$——测得前后样品管中氨的质量，$\mu$g；

　　　$V_0$——标准采样体积，L。

（4）采样记录

工业场所空气中有害物质定点采样记录表见表5-7。

表 5-7　工业场所空气中有害物质定点采样记录表

| 采样日期 | | 采样人 | | | | 陪同人 | | |
|---|---|---|---|---|---|---|---|---|
| 样品编号 | 待测物 | 采样地点 | 采样仪器 | 采样流量/(L/min) | | 采样时间 | | 温度气压 |
| | | | | | 开始时间 | 结束时间 | | |
| | | | | | | | | |
| | | | | | | | | |

（5）注意事项

① 采样记录单应在现场进行填写，记录单上的样品编号应与空气收集器上编号相同，写明采样地点和时间。

② 妥善运输和保存样品，尽快送回实验室分析。

**2. 液化石油气采样法**

（1）采样器

采样器应采用适宜等级的不锈钢制成，它可制成单阀型或双阀型，排出管型或非排出管型。采样器的大小可按试验需要量确定，常见的液化石油气采样器见图5-11。

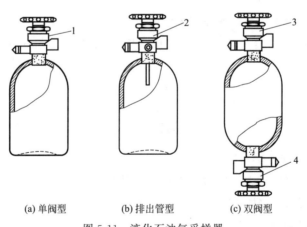

(a) 单阀型　　　(b) 排出管型　　　(c) 双阀型

图 5-11　液化石油气采样器

1,2—阀；3—出口阀；4—入口阀

（2）准备工作

① 按试验所需的试样量，选择好清洁、干燥的采样器及适宜的采样管。

② 佩戴好相应的防护用品，包括防静电工作服、工作鞋、防毒面具、防冻伤手套、铜扳手等。

③ 用待采试样冲洗采样管及采样器，至少三次。

（3）采样

① 当最后一次冲洗采样器的液相残余物排完后，立即关闭出口阀，打开控制阀和入口阀，让液相试样充满采样器。关闭入口阀和控制阀。待安全卸压后，拆卸连接于采样口和采样器的采样管。

② 调整采样量。排出占采样器容量20%的试样，留下80%的试样在采样器中。

对于非排出管型的采样器用称量法。

对于排出管型的采样器用排出管法。

③ 泄漏检查。在排出规定数量试样后，把容量浸入水浴中检查是否泄漏，在采样期间如发现泄漏，则试样报废。

（4）注意事项

① 所采得的试样只能是液相。

② 对于容积大的储罐，采样前应使样品进行循环，达到均匀后再进行采样。

③ 采样人员应避免液化石油气接触皮肤，应戴上手套和防护眼镜，防止冻伤。

④ 在采样期间，禁止明火及一切可以产生静电或火花的设备，包括手机。

⑤ 在清洗采样器和排出采样器内样品期间，要注意安全，并站在上风口，避免吸入蒸气。

⑥ 试样应尽可能置于阴凉处存放，直至所有试验完成为止。如在采样期间及样品保存期间发现采样器泄漏，则试样报废，应重新进行采用。

**3. 安全分析——可燃气体测定**

安全分析分为三个方面的内容，即动火分析、氧含量分析、有毒气体的分析。

在动火作业前要对动火部位及动火场所空气中的易燃物质进行分析，分析合格后在动火证上签字，方可动火。在需要进入容器中、管道里及阴井、阴沟下动火或检修时，必须先进行氧含量分析，氧含量合格（19.5%～23.5%）后，再进行有毒气体分析，全都合格后，方可进入容器内，以免发生意外。

（1）准备工作

① 检查可燃气体测爆仪、测氧仪电池电压，判断能否使用。将仪器转换开关由OFF转到BATT位置，显示电池的电压，低于3.6V时，更换新电池。

② 调零和21%调整。将测爆仪转换开关由BATT转到L挡位置，待指针稳定，确认"0"，如指针偏于"0"时，由调零旋钮调到"0"（调零必须在新鲜空气中在L挡位置进行调整）。

将测氧仪转换开关从"OFF"位置转至"ON"位置，在清洁空气中将调整旋钮慢慢转动，调整成21%。

③ 测爆仪灵敏度测试。在开机状态下，将测爆仪吸入管放在装有可燃液体瓶口处，吸取可燃气体，这时仪器指针向右偏转，如发现指针不动，或过于迟缓，则意味着活性铂丝中毒失效，不能使用。

④ 检查检测管的种类、数量、有效期。

⑤ 采样器试漏。将未开口的检测管插入采样器的进气口，拉开手柄。到第二挡位，

约几分钟，转动手柄，使红三角与红刻线错开，松开手柄，手柄自动回到原位，说明不漏。

（2）测量

① 确定安全分析的种类。

a. 在容器外动火，只做动火分析。

b. 人在容器内工作，不动火时，只做氧含量及有毒气体分析。

c. 人在容器内动火，必须做动火分析、氧含量及有毒气体分析。

② 动火分析。

a. 将测爆仪转换开关调到 H 挡（0~100%LEL）直接把吸入管伸到要测定地点，进行粗测量，如果指针指示在 10%LEL 以下时，将仪器开关转换调到 L 挡（0~10%LEL）进行细测量。

b. 仪器的刻度是在可燃气体或可燃蒸气的爆炸下限为 100% 时来分度的。

c. 检测完毕后，必须使检测器吸干净空气，而使得指针回到 "0" 位置方可关电源。

d. 注意事项。

（a）测试环境中的硫化氢含量不应超过 0.001mg/L，并不得有氯气、砷气等有害气体，以免铂丝中毒，活性失灵。

（b）动火点附近不准有可燃、助燃物料，测爆点不准有水蒸气。

（c）测爆点与动火点完全相符。

（d）管线测爆时首先对动火点附近环境进行测试；在被测管线两端加好盲板后，在管两端测试合格后在动火点钻孔直接测试。在立管除测动火部位外应增加最低点测试。

（e）环境测爆时，要对动火点附近空气、地沟、下水井、管线、法兰、阀门等处全部进行测量，注意死角的位置，环境测爆只对当时环境有效。

（f）测爆合格后 30min 内有效，30min 后动火需重新测试。

测爆仪指针状态说明见表 5-8。

表 5-8　测爆仪指针状态说明

| 指针状态 | 危险情况 |
| --- | --- |
| 在绿色区 | 安全 |
| 在黄色区 | 引起注意或危险 |
| 在超过 100% 以外红色区 | 随时有爆炸危险 |
| 左右大幅度地摆动不能稳定 | 在爆炸下限之间危险性最大 |
| 先向右至最大，再回到左边 | 超过爆炸上限 |

### 4. 安全分析——氧含量分析

先将转换开关从 "OFF" 位置转至 "ON" 位置，在清洁空气中将调整旋钮慢慢转动，调整成 21%。然后把吸入管连接铜管，进行测定。显示稳定后读数。显示达到 18% 以下，蜂鸣器就以断续音警报以示欠氧。读数在 19.5%~23.5%，表明氧含量合格。使用后一定待指示恢复到 21.0% 之后，再关机。

**5. 安全分析——有毒气体的测定（快速检测管法）**

当含有有毒气体的样品通过载有指示剂的检测管时发生反应，导致检测管内指示剂颜色变化，其变色区域的长度与有毒气体含量成正比，因此由变色长度及通气量即可得到样品中的有毒气体的含量。有毒气体检测表见表5-9。

表5-9　有毒气体检测表

| 气体名称 | 一氧化碳 | 硫化氢 | 苯 | 甲苯 | 二甲苯 | 总烃 | 氨 | 二氧化硫 |
|---|---|---|---|---|---|---|---|---|
| 取样量/mL | 100 | 200 | 200 | 100 | 200 | 200 | 100 | 100 |
| 停留时间/s | 30 | 120 | 120 | 60 | 120 | 120 | 60 | 60 |
| 指标/(mg/m³) | ≤30 | ≤10 | ≤10 | ≤100 | ≤100 | ≤300 | ≤30 | ≤10 |
| 颜色变化 | 无色变为红棕色 | 无色变为红棕色 | 无色变为红棕色 | 无色变为红棕色 | 无色变为红棕色 | 无色变为红棕色 | 黄色变为蓝色 | 蓝色变为黄色 |

注：特殊情况以检测管包装盒为准。

① 将铜管（必要时接上白皮胶管）、双联球连接好，铜管伸向检测点，捏动双联球多次置换气体。

② 置换完毕，把检测管两头割开，零点朝外，插在采样器进气口上，将手柄上红三角对准后，拉动手柄，抽取气体。按照表5-9要求的取样量选择挡位及停留时间。显示稳定后读数，记录于表5-10。

③ 结果报出。检测出颜色变化报实数，不变色报未检出。

表5-10　快速检测管法测定有毒气体含量原始记录

| 样品名称 | 采样地点 | 采样时间 | 检测项目 | 取样量/mL | 检测管读数/(mg/m³) | 检测管读数/(mg/kg) | 检测管读数/% |
|---|---|---|---|---|---|---|---|
| | | | | | | | |
| | | | | | | | |
| | | | | | | | |
| | | | | | | | |
| | | | | | | | |
| | | | | | | | |

检验人：　　　　　　　　　　复核人：

知识点链接

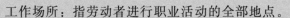

**知识点1　相关术语**

工作场所：指劳动者进行职业活动的全部地点。

工作地点：指劳动者从事职业活动或进行生产管理过程中经常或定时停留的地点。

空气收集器：包括大注射器（100mL）、采气袋、各类气体吸收管及吸收液、固体吸附剂管、无泵型采样器、滤料及采样夹和采样头等。

空气采样器：以一定的流量采集空气样品的仪器，通常由抽气动力和流量调节装置等组成。

**知识点 2　空气检测物浓度的表示方法**

空气检测物的浓度常以 mg/m³、mg/kg 表示。这两种浓度可按式(5-3)换算。

$$c = X \times 22.4/M \tag{5-3}$$

式中　$c$——污染物以 mg/kg 表示的浓度值；

　　　$X$——污染物以 mg/m³ 表示的浓度值；

　　　$M$——污染物的分子量。

**知识点 3　采集气体的常用方法**

（1）注射器采样法

这种方法用 50mL 或 100mL 医用气密型注射器作为收集器。在采样现场，先抽取空气将注射器清洗 3～5 次，再采集现场空气，然后将进气口密闭。在运输过程中，应将进气口朝下，注射器活塞在上方，保持近垂直位置。注射器活塞本身的质量，使注射器内空气样品处于正压状态，以防外界空气渗入注射器，影响空气样品的浓度或使其被污染。

（2）采气袋采样法

通常使用 50～1000mL 铝箔复合塑料袋、聚乙烯袋、球胆等。要求采气袋既不吸附空气检测物，也不与所采集的空气检测物发生化学反应。使用前应检查采气袋的气密性。

检查方法如下：用双联球或直接将采气袋接在气体管线上，将采气袋充足气后夹紧进气口，将其置于水中，进气口管应在水面外，观察水面不应冒气泡。

在采样现场，将双联球进气口一端朝外，另一端与采气袋连接，在呼吸带高度处反复捏挤双联球至采气袋充足气，双手轻拍气袋至气体混均，然后从采气袋进气口对角方向折叠，放掉袋内的空气，如此反复冲洗三至五次即可，每次排尽残余气体。冲洗完毕，用双联球再次采集现场空气至气袋膨胀。但不宜采满，防止气袋胀破。

采样结束后立即密封袋口，取标签纸贴在气袋明显处编号。将采好样品的气袋放入采样箱或大的口袋中，以免刮破，尽快送回实验室分析。

**知识点 4　液化石油气**

在温度和压力适当的情况下，能以液相储存和输送的石油气体。其主要成分是丙烷、丙烯、丁烷和丁烯，带有少量的乙烷、乙烯和戊烷、戊烯。通常是以其主要成分来命名，例如工业丁烷和工业丙烷。

**知识点 5　室内空气检测采样点的选择**

根据我国《室内空气质量标准》（GB/T 18883—2002）和民用建筑工程室内环境污染控制规范（GB 50325—2020），在监测室内空气污染时，应该按照所监测的室内面积大小和现场情况确定采样点的位置、数量，以便能正确反映室内空气检测物的水平。

① 室内空气的采样点应避开通风道和通风口，离墙壁距离应大于 0.5m。高度应与人的呼吸带高度相一致。

② 小于 50m² 的房间应设 1～3 个采样点；50～100m² 设 3～5 个采样点；100m² 以上至少设 5 个采样点。当房间内有 2 个及以上的采样点时，应取各点检测结果的平均值作为该房间的检测值。

③ 采样前至少关闭门窗 4h。评价室内空气质量对人体健康有影响时，在人们正常活动情况下采样；经装修的室内环境，采样应在装修完成 7d 以后进行，一般建议在使用前采样监测。

### 知识点 6  安全分析对取样的要求

① 对于大的容器、长的管道，必须保证人到什么位置，取样胶管就应插入什么位置。

② 必须注意死角的地方，要保证全部取到。

③ 若在室内动火取样时，不可停留在一方，动火处四周均需要取到。

### 知识点 7  安全分析注意事项

① 分析人员一定要注意安全防护措施，加强自我保护意识。按要求穿戴好劳保用具，佩戴好相应的防毒面具和安全帽，并系好下颌带。测试前要分清对象是哪一类安全分析。分析结束后，立刻离开现场。在一些交叉作业比较复杂的地方，一定要注意高空坠物。分析时一人分析，一人监护。

② 上比较陡的楼梯时一定要双手扶梯，握紧把牢；在高处、危险处测试时必须系好安全带。

③ 对容器、塔、罐进行测爆前要注意容器、塔、罐相连接的管线是否有效隔离开，阀门是否关闭。

④ 不要让水和油污进入仪器（测爆仪、测氧仪、有毒气体采样器、铜管、双联球等）。

⑤ 双联球使用时不可采气量过大，以免胀破球囊。

⑥ 当所有采样点分析结束后，填写分析报告单，每点有一项超标时，该点视为不合格点。

⑦ 分析中严格执行操作规程和安全规程，检查所采用的安全措施是否与动火证上要求的相符，否则可拒绝取样。动火证上除准确填写分析结果外，还应填写取样时间、地点、有关安全措施及分析者签字。对特殊的气体样品要用采气袋留样 8h。

⑧ 分析仪器必须经常保持良好状态，定期进行校正，保证分析及时、结果准确。交接班时要交接好测氧测爆仪的使用状态（完好程度）、各类检测管的数量以及各种材料的使用状态，并记好记录，要面对面交接，签字确认。

## 任务五
### 考核

**安全分析——有毒气体的测定**

（1）考核内容

用快速检测管法检测给定球胆中有毒气体的含量。

（2）考核表

有毒气体的测定考核表见表 5-11。

表 5-11　有毒气体的测定考核表

| 序号 | 考核内容 | 考核要点 | 配分 | 评分标准 | 检测结果 | 得分 |
|---|---|---|---|---|---|---|
| 1 | 准备 | 检测管和采样器的准备 | 30 | 未检查检测管的有效期限扣 10 分 | | |
| | | | | 未检查检测管的种类和数量扣 5 分 | | |
| | | | | 采样器未试漏扣 10 分 | | |
| | | | | 未佩戴好相应的防毒面具扣 5 分 | | |
| 2 | 测定 | 测定过程 | 50 | 检测管两端未打开扣 5 分 | | |
| | | | | 检测管零点朝外,插在采样器进气口上,否则扣 10 分 | | |
| | | | | 手柄上红三角对准后,再拉动手柄抽取气体,否则扣 10 分 | | |
| | | | | 采气量选择挡位不正确扣 10 分 | | |
| | | | | 采气停留时间不正确扣 5 分 | | |
| | | | | 显示未稳定就读数扣 10 分 | | |
| 3 | 结果 | 记录填写 | 10 | 涂改每处扣 2 分,杠改每处扣 1 分,项目填写不全每处扣 1 分,扣完为止 | | |
| | | 结果考察 | 10 | 结果报出错误每处扣 2 分,扣完为止 | | |
| | | | | 结果未填写单位符号每处扣 2 分,扣完为止 | | |
| 合计 | | | 100 | | | |

## 任务六
### 测试题及练习

**一、选择题**

1.下列内容不属于采样方案基本内容的是（　　）。

A. 确定样品数　　　　B. 确定采样单元　　　　C. 物料的价值　　　　D. 规定采样工具

2.适用于储罐、槽车和船舶采样的采样设备是（　　）。

A. 玻璃采样瓶　　　　B. 采样笼罐　　　　C. 普通型采样器　　　　D. 加重型采样器

3. 相对密度较大的液体化工样品适宜于选用（　　　）。

A. 采样瓶　　　　　　B. 底部采样器　　　　　C. 普通型采样器　　　D. 金属制采样器

4. 运用于储罐、槽车、船舱底部采样的采样设备是（　　　）。

A. 底部采样器　　　　B. 采样管　　　　　　　C. 普通型采样器　　　D. 金属制采样器

5. 一般化工产品，当总体物料的单元数为 188 时，应选取的最少单元数为（　　　）。

A. 15　　　　　　　　B. 16　　　　　　　　　C. 17　　　　　　　　D. 18

6. 对于固体散装物料，当批量大于 80t 时，采样单元（或点）应为（　　　）。

A. 40　　　　　　　　B. 50　　　　　　　　　C. 30　　　　　　　　D. 60

7. 采集的样品量，应至少能满足（　　　）次重复检验的需求。

A. 2　　　　　　　　　B. 3　　　　　　　　　C. 4　　　　　　　　D. 5

8. 采集低于大气压的气体，应将采样器的一端连到采样导管，然后（　　　）。

A. 另一端接抽气泵　　B. 清洗导管　　　　　C. 清洗采样器　　　　D. 采集样品

9. 从立式圆形储罐采取液体样品，如果物料装满，应将上中下样品按（　　　）比例
混合。

A. 1∶1∶1　　　　　　B. 3∶4∶3　　　　　　C. 2∶1∶1　　　　　　D. 2∶5∶3

10. 如果需要知道大桶装液体化工样品的表面情况，应该（　　　）。

A. 采全液位样品后取表面部分样品

B. 采部位样品混合均匀后取表面部分样品

C. 滚动或搅拌均匀取混合样后取表面部分样品

D. 取表面样品

11. 采取石油化工样品时，如果有风，应该（　　　）。

A. 站在上风口采样　　　　　　　　　　　B. 站在下风口采样

C. 不采样　　　　　　　　　　　　　　　D. 随意站稳后采样

12. 采取气体石油化工样品，采样钢瓶只装至其容积的（　　　）%。

A. 60　　　　　　　　B. 70　　　　　　　　　C. 80　　　　　　　　D. 90

13. 采取稍加热即成流动态的化工产品，采样设备应该是（　　　）材料。

A. 金属　　　　　　　B. 树脂　　　　　　　　C. 耐压　　　　　　　D. 耐热

14. 固体化工样品备检样品的储存时间一般为（　　　）。

A. 3 个月　　　　　　B. 6 个月　　　　　　　C. 1 年　　　　　　　D. 2 年

15. 气体化工样品采样导管的清洗，一般用（　　　）倍以上体积的气体清洗。

A. 3　　　　　　　　　B. 5　　　　　　　　　C. 8　　　　　　　　D. 10

## 二、思考题

1. 固体样品如何制备？

2. 采易燃样品时有哪些安全注意事项？

3. 采水样时用什么器具盛装样品？

4. 安全分析分为哪几种？如何判断应进行哪一类分析？

5. 安全分析时只有一项不合格，应如何报出结果？

### 三、实践训练任务

1. 土壤的采集与制备；

2. 桶装润滑油样品的采集；

3. 水样的采集；

4. 测氧、测爆和有毒气体检测（检测管法）。

# 参考答案

### 一、选择题

1. C 2. C 3. D 4. A 5. D 6. A 7. B 8. A 9. A 10. D 11. A 12. C 13. D 14. B 15. D

### 二、思考题

1. 样品的制备一般包括粉碎、混合、缩分三个阶段。先将粗样粉碎、过筛、然后再充分混匀，按四分法进行缩分。根据需要可将试样多次粉碎和缩分，直到留下所需的样品量为止。

2. 应禁止吸烟，禁止使用可能发生火花的设备。采样者最好选用棉织品衣服。应穿导电鞋。不允许用铁采样器采样，避免因与器壁撞击产生火花，造成爆炸事故。

3. 采水样时通常用硬质玻璃磨口瓶、聚乙烯瓶或矿泉水瓶盛装样品。

4. 安全分析分为三个方面的内容，即动火分析、氧含量分析和有毒气体的分析。在容器外动火，只做动火分析。

人在容器内工作，不动火时，只做氧含量及有毒气体分析。人在容器内动火，必须做动火分析、氧含量及有毒气体分析。

5. 安全分析时只有一项不合格时，该点亦视为不合格点。

# 项目六

# 物质的物理常数测定

## 1. 基本知识

① 物理常数测定的意义；

② 物理常数测定操作规程；

③ 物理常数测定安全注意事项。

## 2. 技术技能

① 掌握几种物理常数的测定方法及步骤；

② 能够对实验中发生的突发情况进行适当的处理；

③ 熟悉安全操作规程，能够独立完成操作。

## 3. 品德品格

① 具有社会责任感和职业精神，能够在分析检验技能实践中理解并遵守职业道德和规范，履行责任；

② 具有安全、健康、环保的责任理念，良好的质量服务意识，应对危机与突发事件的基本能力；

③ 能够进行交流，有团队合作精神与职业道德，可独立或合作学习与工作；

④ 培养正确、及时、简明记录实验原始数据的习惯。

## 任务一
### 液体产品密度测定

**学习目标：**

① 掌握密度的定义、单位及单位换算；

② 掌握使用密度计法、韦氏天平法和密度瓶法测定透明液体密度的方法及注意事项；

③ 养成及时记录原始数据的习惯，能独立完成操作任务。

**仪器与试剂：**

① 仪器。密度计（见图 6-1，分度值为 0.001g/cm³），密度计量筒（250～500mL），恒温水浴（温度控制在 20℃±0.1℃），温度计（范围 0～50℃，分度值为 0.1℃），玻璃棒，分析天平（分度值为 0.0001g），比重瓶（25～50mL，见图 6-2），韦氏天平。

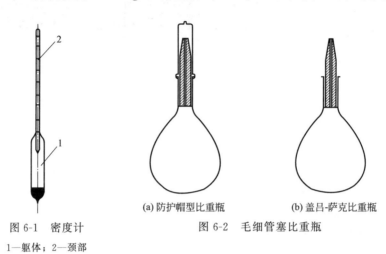

图 6-1 密度计
1—躯体；2—颈部

(a) 防护帽型比重瓶        (b) 盖吕-萨克比重瓶

图 6-2 毛细管塞比重瓶

② 试剂。无水乙醇；柴油。

**1. 密度的定义及单位**

（1）密度 $\rho_t$

在规定温度下，单位体积内所含物质的质量。

$$\rho_t = \frac{m}{V} \tag{6-1}$$

单位为 kg/m³ 或 g/cm³。当报告密度时，注明所用的密度单位和温度。例如，kg/m³ 或 g/cm³，$t$。密度由 g/cm³ 换算到 kg/m³ 应乘以 $10^3$，即 $1000\text{kg/m}^3 = 1\text{g/cm}^3$。

（2）标准密度 $\rho_{20}$

在 20℃和 101.325kPa 下，单位体积液体的质量。

**2. 密度计法**

（1）原理

由密度计在被测定液体中达到平衡状态时所浸没的深度读出该液体的密度。

（2）样品制备

① 样品温度。把样品加热到使其能充分流动，但温度不能高到引起轻组分损失，或低到样品中的蜡析出。

② 样品混合。为了使用于试验的试样尽可能地具有代表性和完整性，在取用样品前，应将其在原来的容器和密闭系统中混合均匀（在开口容器中混合挥发性样品将导致轻组分

损失，并将影响测得的密度值）。

（3）测定步骤（在恒温 20℃±0.1℃ 下的测定）

① 把试样转移到清洁、干燥的密度计量筒中，避免试样飞溅和生成空气泡（可用一片清洁的滤纸除去试样表面上形成的气泡）。

② 把装有试样的量筒垂直地放在恒温浴（20℃±0.1℃）中。

③ 待温度恒定后，用合适的温度计或玻璃棒作垂直旋转运动搅拌试样，使整个量筒中试样的密度和温度达到均匀。记录温度接近 0.1℃。从密度计量筒中取出温度计或玻璃棒。

④ 把合适的密度计缓缓放入试样中，达到平衡位置时放开，使密度计的下端距离筒底至少 2cm，不能与筒壁接触，密度计的上端露在液面外的部分所沾液体不得超过 2～3 个分度。要有充分的时间让密度计静止，并让所有气泡升到表面，读数前要除去所有气泡。液体密度越大，密度计浸入越少；液体密度越小，密度计浸入越多。

⑤ 待密度计在试样中稳定后，读出密度计弯月面下缘的刻度值，即为 20℃时试样的密度。

（4）报告结果

密度最终结果报告到 0.1kg/m$^3$（0.0001g/cm$^3$），20℃。

（5）精密度

① 重复性。同一操作者用同一台仪器对同一种透明的液体试样进行测定，所得连续测定结果之差，不应超过 0.5kg/m$^3$。

② 再现性。不同操作者，在不同实验室对同一种透明的液体试样进行测定，所得两个独立的结果之差，不应超过 1.2kg/m$^3$。

（6）报告单

密度计法测定记录于表 6-1。

表 6-1　密度计法测定记录

| 试样名称 | | | 采样地点 | |
|---|---|---|---|---|
| 采样时间 | | | 分析时间 | |
| 密度计号 | | | 校正值/(kg/m$^3$) | |
| 温度计号 | | 实测温度/℃ | 补正后温度/℃ | |
| （1）视值 | 校正后值 | | 标准值 | |
| （2）视值 | 校正后值 | | 标准值 | |

### 3. 比重瓶法

（1）原理

将试样装入比重瓶，恒温至测定温度，称出试样的质量。由这一质量除以在相同温度下预先测得的比重瓶中水的质量（水值）与其密度之比，即可计算出试样的密度。

（2）测定步骤

① 比重瓶的准备。将比重瓶依次用铬酸洗液、自来水、蒸馏水、无水乙醇冲洗，用

干燥的空气吹干。

② 比重瓶的校准——比重瓶水值的测定。称量干燥后并冷却至室温的空比重瓶的质量（$m_0$），精确至 0.0001g。用新煮沸并冷却至18℃左右的蒸馏水注满比重瓶，不得有气泡，塞上毛细管塞。将比重瓶置于 20℃±0.1℃的恒温水浴中，浸没至比重瓶颈中部，恒温 1h。用滤纸片先迅速擦去毛细管塞顶部多余的水分，然后将比重瓶从恒温水浴中取出，使比重瓶及内盛物冷却至稍低于恒温水浴的温度。用清洁、干燥的无毛布擦干比重瓶外壁，称量装有水的比重瓶质量（$m_1$），其与空比重瓶的质量之差即为比重瓶的水值。

③ 样品测定。将干燥、清洁并测过水值的比重瓶称量。将试样注满比重瓶，放入恒温水浴中，恒温 20min，其他操作同上，得装有试样的比重瓶质量（$m_2$），平行测定两次。

（3）结果计算

密度 $\rho_t$ 按式(6-2)计算：

$$\rho_t = (m_2 - m_0)\rho_{H_2O}/(m_1 - m_0) \tag{6-2}$$

式中　$\rho_t$——测定温度下试样的密度，$kg/m^3$；

　　$m_1$——装有水的比重瓶质量，g；

　　$m_2$——装有试样的比重瓶质量，g；

　　$m_0$——空比重瓶的质量，g；

　　$\rho_{H_2O}$——在 20℃时水的密度，$998.2kg/m^3$。

（4）报出结果

取重复测定两个结果的算术平均值作为试样密度的测定结果。报告到 $0.1kg/m^3$，t。

（5）精密度

同一操作者用同一台仪器对同一种试样进行测定，所得连续测定结果之差，不应超过 $0.6kg/m^3$。

比重瓶法测定记录见表 6-2。

表 6-2　比重瓶法测定记录

| 项目 | 1 | 2 | 备用 |
|---|---|---|---|
| 空瓶质量/g | | | |
| 瓶＋水质量/g | | | |
| 水的质量/g | | | |
| 20℃水密度/(kg/m³) | | | |
| 瓶体积/mL | | | |
| 瓶＋乙酸乙酯质量/g | | | |
| 乙酸乙酯质量/g | | | |
| 乙酸乙酯密度/(kg/m³) | | | |
| 平均密度/(kg/m³) | | | |

**4. 韦氏天平法**

（1）原理

在水和被测试样中，分别测量"浮锤"的浮力，由游码的读数计算出试样的密度。

（2）韦氏天平的构造（图 6-3）

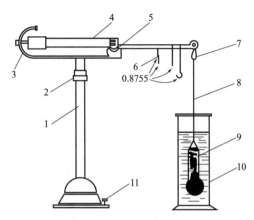

图 6-3　韦氏天平

1—支架；2—调节器；3—指针；4—横梁；5—刀口；6—游码；

7—小钩；8—细铂丝；9—浮锤；10—玻璃筒；11—调整螺丝

（3）测定步骤

① 将韦氏天平安装好，浮锤通过细铂丝挂在小钩上，旋转调整螺丝，使两个指针对正为止。

② 向玻璃筒缓慢注入预先煮沸并冷却至约 20℃的蒸馏水，将浮锤全部浸入水中，不得带入气泡，把玻璃筒置于 20℃±0.1℃的恒温水浴中，恒温 20min 以上，待温度一致时，通过调节天平的游码，使天平梁平衡，记录读数。

③ 取出浮锤，干燥后在相同温度下，用待测的试样同样操作。重复测定两次以上。

（4）结果计算

密度 $\rho$($g/cm^3$) 按式(6-3)计算：

$$\rho = \frac{\rho_2}{\rho_1} \times \rho_0 \tag{6-3}$$

式中　$\rho_1$——在水中游码的读数，$g/cm^3$；

　　　$\rho_2$——在被测试样中游码的读数，$g/cm^3$；

　　　$\rho_0$——20℃时水的密度，$g/cm^3$。

分别计算样品密度 $\rho_1$、$\rho_2$，取两次结果平均值为试样密度并记录于表 6-3 中。

表 6-3　韦氏天平法测定记录

| 项目 | 1 | 2 |
|---|---|---|
| 20℃水密度/($g/cm^3$) | | |

| 项目 | 1 | 2 |
|---|---|---|
| 水中游码读数/(g/cm³) | | |
| 乙酸乙酯中游码读数/(g/cm³) | | |
| 无水乙醇中游码读数/(g/cm³) | | |
| 乙酸乙酯密度/(g/cm³) | | |
| 无水乙醇密度/(g/cm³) | | |

知识点
链接

**知识点 1　视密度与标准密度的换算**

① 使用下面公式对得到的视密度作玻璃密度计膨胀系数修正，得到测定温度下的密度。

$$\rho_t = \rho_t' \times [1 - 0.000023(t-20) - 0.00000002(t-20)^2] \tag{6-4}$$

式中　$t$——试样的温度，℃；

$\rho_t'$——在温度 $t$ 时试样的视密度；

$\rho_t$——在温度 $t$ 时试样的密度。

② 使用下面计算公式将测定温度下的密度换算到 20℃下标准密度。

$$\rho_{20} = \rho_t + \gamma(t-20) \tag{6-5}$$

式中　$\gamma$——密度温度系数，可根据查表或由不同液体化工产品实测求得。

**知识点 2　相对密度**

物质在给定温度下的密度与标准温度下标准物质的密度的比值叫相对密度。

**知识点 3　比重瓶法测定石油产品密度的方法和原理**

比重瓶法源于密度的定义。即 $\rho = \dfrac{m}{V}$。要测定密度就要测定比重瓶的容积以及测定充满上述容积的石油产品的质量。比重瓶法规定试验在标准温度 20℃下进行。测定比重瓶的容积，先称量空比重瓶，然后称量用水充满至规定标线的比重瓶，就可以求出比重瓶内水的质量，用水的质量除以水在 20℃的密度即得出比重瓶的容积。测定时被试验的石油产品充满至该比重瓶的同一标线，并进行恒重，即可求出石油产品的质量，再利用公式即可求出石油产品的密度。

**知识点 4　用密度计法测定黏度较大的石油产品的方法**

① 由于石油产品过于黏稠，当放下密度计时造成密度计不能自由沉浮。同时在密度计读数标尺上粘有深色产品，影响读数，造成分析结果不准或根本无法测定。所以测定时要用煤油稀释。

② 在测定 50℃时的黏度大于 200cst（1cst＝1mm²/s）的石油产品的密度时，可用等体积的已知密度（$\rho_2$）的煤油稀释，测出混合油的密度（$\rho_1$）后，按 $\rho＝2\rho_1－\rho_2$ 的公式计算出试样的密度 $\rho$。这一公式是基于石油产品密度带有相加性质而来的。

③ 用稀释法测定试油密度时，要求试样与稀释用煤油必须在相同温度下混合。

**知识点 5　使用密度计时注意事项**

① 使用前必须将密度计擦拭干净。擦拭干净后不要再握最高分度线以下各部，以免影响读数。

② 测定密度用的量筒其直径应至少比所用的石油密度计的外径大 25mm。以免密度计与量筒内壁擦碰，影响准确度；量筒高度应能使密度计漂浮在试样中，密度计底部距量筒底部至少 25mm。

③ 将密度计浸入试油时，应轻轻缓放，以防止密度计一下子沉到量筒底部，碰破密度计。不许横拿密度计细管一端，以防折断。

④ 读数时一律按液面上边缘读数。记完密度计读数应把当时的温度记下来。

⑤ 试样内或其表面存在气泡时，会影响读数，在测定前应用滤纸消除气泡。

⑥ 当试样加热时，温度不能高到引起轻组分损失，或低到样品中的蜡析出。

**知识点 6　用比重瓶测定石油产品密度时的注意事项**

① 比重瓶使用前应用铬酸洗液、自来水、蒸馏水和无水乙醇依次洗净并干燥。

② 测定"水值"的水必须用新煮沸并经冷却至 18～20℃的蒸馏水。比重瓶水值应至少测定 5 次，其极差不应大于 0.0005g，取算术平均值作为比重瓶的水值。

③ 用比重瓶法测定石油产品的密度应在标准温度 20℃下进行，恒温器应保持 20℃±1℃的精确度。恒温器的水面应稍低于比重瓶颈，不得浸没其上端。

④ 将比重瓶内的液面调节到规定标线，操作应特别小心细致。要尽可能做到迅速称量，以免因称量时液体的蒸发而影响准确度。

## 任务二
### 石油产品运动黏度的测定

**学习目标：**

① 掌握车用柴油运动黏度测定的方法及操作技能；

② 掌握车用柴油运动黏度测定结果的计算方法；

③ 了解测定其他石油产品运动黏度的方法，本方法适用于测定液体石油产品（指牛顿液体）的运动黏度，如柴油、润滑油、渣油、原油等。

**仪器与试剂：**

① 仪器。玻璃毛细管黏度计（图 6-4），恒温浴，玻璃水银温度计，秒表。

② 试剂。车用柴油，溶剂油。

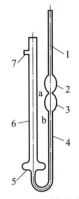

图 6-4 毛细管黏度计

1,6—管身；2,3,5—扩张部分；
4—毛细管；7—支管；a,b—标线

### 1. 原理

在某一恒定的温度下，测定一定体积的液体在重力下流过一个标定好的玻璃毛细管黏度计的时间，黏度计的毛细管常数与流动时间的乘积，即为该温度下测定液体的运动黏度。单位为 $mm^2/s$。

黏度的大小常以动力黏度、运动黏度或条件黏度等来表示。

### 2. 对黏度计的要求

① 应根据试验的温度选用适当的黏度计，必须使试样的流动时间不少于 200s，内径 0.4mm 的黏度计流动时间不少于 350s。

② 毛细管内径为 0.4mm，0.6mm，0.8mm，1.0mm，1.2mm，1.5mm，2.0mm，2.5mm，3.0mm，3.5mm，4.0mm，5.0mm 和 6.0mm。

### 3. 准备工作

（1）试样处理

试样含有水或机械杂质时，在试验前必须经过脱水处理，用滤纸过滤除去机械杂质。

（2）清洗黏度计

测定黏度前必须将黏度计用溶剂油或石油醚洗涤，如果黏度计沾有污垢，就用铬酸洗液、水、蒸馏水或 95% 乙醇依次洗涤，然后放入烘箱中烘干或用通过棉花滤过的热空气吹干。

### 4. 测定

（1）吸入试样

在装试样之前，将橡胶管套在支管上，并用手指堵住管身的管口，同时倒置黏度计，然后将管身回插入装着试样的容器中；这时利用橡胶球将液体吸到上标线，同时注意不要使管身和扩张部分中的液体发生气泡和裂隙。当液面达到上标线时，就从容器里提起黏度计，并迅速恢复其正常状态，同时将管端外壁所沾着的多余试样擦去，并从支管取下橡胶管套在管身上。

（2）安装仪器

将装有试样的黏度计浸入事先准备妥当的恒温浴中，将恒温浴调整到规定的温度。并用夹子将黏度计固定在支架上，在固定位置时，必须把毛细管黏度计的扩张部分浸入一半，并将黏度计调整成为垂直状态。

（3）恒温

按表 6-4 规定的时间恒温。试验的温度必须保持恒定到 $\pm 0.1℃$。

表 6-4 黏度计在恒温浴中的恒温时间

| 试验温度/℃ | 恒温时间/min | 试验温度/℃ | 恒温时间/min |
| --- | --- | --- | --- |
| 80~100 | 20 | 20 | 10 |
| 40~50 | 15 | −50~0 | 15 |

（4）测定

利用毛细管黏度计管身口所套着的橡胶管将试样吸入扩张部分，使试样液面稍高于最上面的标线，并且注意不要产生气泡。

（5）记录流动时间

观察试样在管身中的流动情况，液面正好到达上标线时，开动秒表；液面正好流到下标线时，停止秒表。记录下流动时间，应重复测定至少三次。

取三次流动时间的算术平均值，作为试样的平均流动时间。其中各次流动时间与其算术平均值的相对误差应符合表 6-5 的要求。

表 6-5 不同温度下，允许单次测定流动时间与算术平均值的相对误差

| 测定温度范围/℃ | 允许相对测定误差/% |
| --- | --- |
| −30~15 | 1.5 |
| 15~100 | 0.5 |

**5. 实验结果的表示**

（1）计算

在温度 $t$ 时，试样的运动黏度 $\upsilon_t$（$mm^2/s$）按式（6-6）计算：

$$\upsilon_t = c\tau_t \tag{6-6}$$

式中　$c$——黏度计常数，$mm^2/s^2$；

　　$\tau_t$——试样的平均流动时间，s。

【例 6-1】　黏度计常数为 $0.4780mm^2/s^2$，试样在 50℃ 时的流动时间为 318.0s，322.4s，322.6s 和 321.0s，因此流动时间的算术平均值为：

$$\tau_{50} = \frac{318.0+322.4+322.6+321.0}{4} = 321.0(s)$$

各次流动时间与平均流动时间的允许相对误差为：$\dfrac{321.0 \times 0.5}{100} = 1.6(s)$

因为 318.0s 与平均流动时间之差已超过 1.6s，所以这个读数应弃去。计算平均流动时间时，只采用 322.4s，322.6s 和 321.0s 的观测读数，它们与算术平均值之差，都没有超过 1.6s。

于是平均流动时间为：

$$\tau_{50} = \frac{322.4+322.6+321.0}{3} = 322.0(s)$$

试样运动黏度测定结果为：

$$\upsilon_{50} = c\tau_{50} = 0.4780 \times 322.0 = 154.0(mm^2/s)$$

（2）报告

取重复测定结果的算术平均值，作为试样的运动黏度，保留四位有效数字。原始记录按表 6-6 填写。

表 6-6    运动黏度测定记录

| 样品名称 | | 采样地点 | | |
| --- | --- | --- | --- | --- |
| 采样日期 | 年　　月　　日 | 分析时间 | 月　　日　　时 | |
| 仪器名称 | 运动黏度测定仪 | 依据标准 | GB/T 265 | |
| 水浴温度/℃ | | 20±0.1□　　40±0.1□ | | |
| 试验序号 | | Ⅰ | Ⅱ | |
| 黏度计号 | | | | |
| 黏度计规格/mm | | | | |
| 黏度计常数 $c$/($mm^2/s^2$) | | | | |
| 流动时间 | 第 1 次 $t_1$/s | | | |
| | 第 2 次 $t_2$/s | | | |
| | 第 3 次 $t_3$/s | | | |
| 平均流动时间 $t$/s | | | | |
| 运动黏度结果 $v_t$/($mm^2/s$) | | | | |
| 平均结果 $v_t$/($mm^2/s$) | | | | |

检验人：　　　　　　　　　　　　　　复核人：

（3）重复性

同一操作者，在 15～100℃时，用同一试样重复测定的两个结果之差，不应超过算术平均值的 1.0%。

（4）再现性

由不同操作者，在 15～100℃，在两个实验室提出的两个结果之差，不应超过 2.2%。

知识点
链接

### 知识点 1    动力黏度定义

该温度下运动黏度和同温度液体的密度之积为该温度下液体的动力黏度。

### 知识点 2    运动黏度测定的影响因素

① 黏度计的尺寸与制造的精密性，能影响测定运动黏度的精密度。

② 与试油在黏度计内流动的时间有关。按规定应根据试验温度，选用使试油流动时间能在 200s 以上相当的直径的黏度计。

③ 与测定能否保持恒温有关。油品的黏度和温度关系很大，黏度一般均随温度升高而减小，随温度的降低而增大。

④ 与毛细管黏度计浸入恒温浴中的位置是否垂直有关。按规定在安装黏度计时，必须从两个互相垂直的方向将黏度计调整成垂直状态。

⑤ 与测量时间的准确度有关。在测定黏度时，秒表最好放在水平的位置上。

⑥ 试油中含有杂质、水分以及毛细管黏度计未洗净，会影响油品在毛细管黏度计中的正常流动，使结果偏高。

⑦ 吸油时带有气泡，由于气泡有浮力，在毛细管中难以靠重力流下去，从而产生阻力，使结果偏大。

**知识点 3　测定黏度时要严格按规定恒温的原因**

严格恒温是测定黏度的重要条件之一。因为黏度随温度的升高而减小，随温度的下降而增大，哪怕是极微小的温度波动，也会使黏度测定结果产生较大的误差，故在测定时必须严格按规定恒温。

**知识点 4　为什么装入黏度计中的试样不许有气泡？**

试油中存在气泡会影响装油体积，而且进入毛细管后可能形成气塞，增大了液体流动阻力，使流动时间拖长，测定结果偏高。

**知识点 5　测定运动黏度时要将黏度计调整成垂直状态的原因**

测定运动黏度时，GB/T 265 测定法规定要将黏度计调整成为垂直状态。因为若黏度计的毛细管倾斜时，会改变液柱高度，从而改变静压力的大小，使测定结果产生误差。

**知识点 6　为什么测定黏度的试样必须脱水和除去机械杂质？**

当用来测定黏度的试样含有水或机械杂质时，在试验前必须经过脱水处理，并用滤纸过滤除去机械杂质。因为有杂质存在，会影响液体石油产品在黏度计中正常流动，它黏附于毛细管内壁会使流动时间增长，测定结果偏高，并使平行测定结果重现性差；有水分时，在较高测定温度下它会汽化，低温时则凝结，均影响液体石油产品在黏度计中的正常流动，使测出的结果不是偏低就是偏高。

**知识点 7　测黏度时，为什么辅助加热开关在温度接近给定值前 10℃ 左右关掉？**

辅助加热系统主要是为了加快起始升温速率而设定的，因此，本加热系统不受恒温控制，所以当温度即将达到给定温度时，必须关掉加热开关，否则，温度将不受控制。

**知识点 8　测定石油产品黏度对生产和使用的意义**

① 润滑油的牌号大部分以产品标准中运动黏度的平均值来划分。

② 黏度是润滑油最重要的质量指标，正确选择一定黏度的润滑油，可保证发动机稳定可靠的工作状态。

③ 黏度对于润滑油的输送有重要意义。当油的黏度增大时，输送压力便要增加。

④ 黏度是工艺计算的主要参考数据之一。

⑤ 油品的黏度通常随着它的馏程增高而增加。但同一馏程的馏分，因化学组成不同，其黏度也不相同。

⑥ 燃料雾化的好坏是喷气发动机正常工作的最重要条件之一。

⑦ 黏度是柴油的重要性质之一。它可决定柴油在内燃机内雾化燃烧的情况，黏度过大，喷油嘴喷出的油滴颗粒大且不均匀，雾化状态不好，与空气混合不充分，燃烧不完全。

 **任务三**
石油产品闭口闪点测定

**学习目标：**

① 掌握车用柴油闪点测定（GB/T 261—2008）方法及操作技能；

② 掌握车用柴油闪点测定结果修正与计算方法；

③ 掌握开口闪点和闭口闪点测定器的使用性能和操作方法。

**仪器与试剂：**

① 仪器。闭口闪点测定器，开口闪点测定器，温度计，防护屏，点火器，废液杯，气源。

② 试剂。普通柴油或车用柴油，溶剂油，润滑油。

**1. 闪点的定义**

在规定试验条件下，试验火焰引起试样蒸气着火，并使火焰蔓延至液体表面的最低温度，修正到 101.3kPa 大气压下，以℃表示。

**2. 准备工作**

（1）试样脱水

试样的水分超过 0.05％时，必须脱水。脱水处理是在试样中加入新煅烧并冷却的食盐、硫酸钠或无水氯化钙作为脱水剂进行脱水（闪点高于 100℃时，需加热到 50～80℃）。脱水后，取试样的上层澄清部分供试验使用。

（2）清洗油杯

油杯要用车用汽油或溶剂油洗涤，再用空气吹干。

**3. 测定**

① 试样注入油杯。试样和油杯的温度都不应高于试样脱水的温度。杯中试样要装满到环状标记处，然后盖上清洁、干燥的杯盖，插入温度计，并将油杯放在空气浴中。试验闪点低于 50℃的试样时，应预先将空气浴冷却到室温（20℃±5℃）。

② 引燃点火器。将点火器灯芯或煤气引火点燃，将火焰调整到接近球形，直径为 3～4mm。使用灯芯点火器之前，向其中加入轻质润滑油（如缝纫机油、变压器油等）燃料。并围好防护屏，便利于观察闪火。

③ 控制升温，以 5～6℃/min 的升温速率升温。

④ 点火试验。对闪点不高于110℃的试样，从预期闪点（23℃±5℃）以下开始点火试验，试样每升高1℃点火一次。对闪点高于110℃的试样，从预期闪点（23℃±5℃）以下开始点火试验，试样每升高2℃点火一次。未知闪点的试样，从高于起始加热温度5℃开始第一次点火。

试样在试验期间都要转动搅拌器进行搅拌；只有在点火时才停止搅拌。点火时，使火焰在0.5s内降到杯上含蒸气的空间中，留在这一位置1s立即迅速回到原位。如果看不到闪火，就继续搅拌试样，并按本条的要求重复进行点火试验。

在试样液面上方最初出现蓝火焰时，立即从温度计上读出温度作为闪点的测定结果（不要把火焰周围淡蓝色光轮视为闪点）。观察到闪点与最初点火温度的差值应在18～28℃之内，否则认为此结果无效，应更换新试样重新试验。

⑤ 同时记录大气压。

### 4. 实验结果表示

① 原始记录按表6-7填写，温度精确到0.5℃，大气压力精确至0.1kPa。

表 6-7    石油产品闪点（闭口杯）测定记录

| 样品名称 | | 采样地点 | | |
|---|---|---|---|---|
| 采样日期 | 年　　月　　日 | 分析时间 | | 月　　日　　时 |
| 仪器名称 | 石油产品闪点测定仪 | 依据标准 | | GB/T 261 |
| 试验序号 | | I | | II |
| 温度计号 | | | | |
| 视闪点温度 $t_0$/℃ | | | | |
| 大气压补正值 $\Delta t_1$/℃ | | | | |
| 温度计补正值 $\Delta t_2$/℃ | | | | |
| 闭口闪点结果 $t$/℃ | | | | |
| 闭口闪点平均结果 $\bar{t}$/℃ | | | | |
| 计算：$t = t_0 + \Delta t_1 + \Delta t_2$    $\bar{t} = (t_I + t_{II})/2$ | | | | |
| 检验人： | | 复核人： | | |

② 观察闪点的修正。用式（6-7）将观察闪点修正到标准大气压（101.3kPa）下的闪点，$T_C$：

$$T_C = T_0 + 0.25(101.3 - p) \qquad (6-7)$$

式中　$T_0$——环境大气压下的观察闪点，℃；

　　　　$p$——环境大气压，kPa。

**注**：本公式仅限大气压在98.0～104.7kPa之内。

③ 结果表示。结果报告修正到标准大气压（101.3kPa）下的闪点，精确至0.5℃。

④ 重复性。在同一实验室，由同一操作者使用同一仪器，按照相同的方法，对同一试样连续测定的两个试验结果之差不能超过 $0.029X$，$X$ 为两个连续试验结果的平均值。

**知识点1　闪点测定的意义**

① 判断柴油组分轻重闪点越低，柴油组分越轻，挥发性越大。

② 闪点是评价柴油蒸发倾向和着火危险性的指标，闪点越低，柴油蒸发性越好，但过低的闪点，会引起柴油猛烈燃烧，致使柴油机工作不稳定，同时也增大了柴油储运及使用中的着火危险性。我国车用柴油的闪点分别要求不低于55℃、50℃、45℃。

③ 可以检验柴油是否变质或混入杂质。

**知识点2　闭口杯闪点测定注意事项**

① 温度计符合要求并定期进行校正。

② 液杯用无铅汽油清洗并用空气吹干。

③ 闪点测定器应放在避风较暗的地方。

④ 按方法规定控制试样和油杯的温度。

⑤ 注意试样要按规定装到油杯刻度。

⑥ 控制加热速率，注意测定时点火时间的长短和点火火焰的大小。

⑦ 测定过程要不断搅拌，仅在点火时停止搅拌。

⑧ 温度计读数应进行校正和大气压力修正。

**知识点3　燃点定义**

燃点是在规定条件下，试验火焰引起试样蒸气着火，且至少持续5s时的最低温度，修正到101.3kPa大气压下，以℃表示。

**知识点4　石油产品的闪点和哪些测定条件有关?**

① 与测定所用仪器的型式有关（开口或闭口），通常开口闪点测定器测得的闪点比闭口闪点测定器测得的结果高。

② 与加热试油量有关。油量多结果偏低；油量少结果偏高。

③ 与点火用的火焰大小、离液面高低及停留时间有关。

④ 与加热速率有关。速率快，结果偏低；速率慢，结果偏高。

**知识点5　测定石油产品闪点时试油含水对测定闪点的影响**

闭口闪点测定法规定水分大于0.05%，开口闪点测定法规定水分大于0.1%时必须脱水。因为加热试油时，分散在油中的水会汽化形成水蒸气，有时形成气泡覆盖在液面上，影响油的正常汽化，推迟了闪火时间，使测定结果偏高。水分较多的重油，用开口闪点测定闪点时加热至一定温度，试油很容易溢出杯外，使试验无法进行。

**知识点6　闪点测定器用防护屏的作用**

闪点测定器用防护屏的作用是防止明亮光线和空气流动，使测定结果准确。

### 知识点7　石油产品的闪点与馏程的关系

一般情况下，油品的闪点与其初馏点和10％馏出温度有密切关系，对同一油品，闪点随初馏点和10％馏出温度的升高而升高。

### 知识点8　石油产品闪点测定法为什么要分成闭口杯法和开口杯法？

石油产品闪点测定法之所以要分成闭口杯法和开口杯法，主要决定于石油产品的性质和使用条件。通常蒸发性较大的轻质石油产品多用闭口杯法测定。对于多数润滑油及重质油，尤其是在非密闭的机件或温度的条件下使用，这类产品都采用开口杯法测定。

### 知识点9　某一油品闪点突然偏高或偏低可能是什么原因引起的？如何判断是否正常？

首先应查馏程中的初馏点和10％馏出温度有无变化；如果馏程相应变重或变轻就属正常；如果馏程各点都未变，闪点变化大于2℃以上就应该查找原因，可能的原因有：混进轻油或重油；加热速率慢或快；试油量少或多。偏高的直接原因还有油杯盖或温度计处密封不严漏气，或油中含水量超过标准中规定的范围。

### 知识点10　测定某一油品闪点时当出现第一次闪火之后连续几次不闪火，然后再连续闪火怎样处理？

这种情况下有可能是混进部分轻油或其他原因，第一次闪火的温度不能作为结果报出，要重新做试验，如果情况相同，应以连续闪火的最低温度作为闪点。

## 任务四
### 柴油倾点和凝点测定

**学习目标：**
① 掌握车用柴油倾点、凝点测定方法及操作技能；
② 了解测定车用柴油倾点、凝点意义。

**仪器与试剂：**

① 仪器。凝点测定仪，圆底试管（高度160mm±10mm，内径20mm±1mm，在距管底30mm的外壁处有一环形标线），圆底的玻璃套管（高度130mm±10mm，内径40mm±2mm），装冷却剂用的广口保温瓶或筒形容器（高度不少于160mm，内径不少于120mm，可以用陶瓷、玻璃、木材或带有绝缘层的铁片制成），液体温度计（供测定凝点低于－35℃的石油产品使用），支架（有能固定套管、冷却剂容器和温度计的装置），水浴。

② 试剂。无水乙醇（化学纯），柴油。

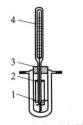

图 6-5 凝点测定管

1—环形标线；2—搅拌器；

3—软木塞；4—温度计

**1. 凝点测定方法概要**

将试样装在规定的试管（图 6-5）中，并冷却到预期的温度时，将试管倾斜 45°，经过 1min，观察液面是否移动。

**2. 准备工作**

（1）加入制冷剂

在凝点测定仪中添加适量的制冷剂（无水乙醇），开启仪器电源，设定制冷温度（冷却剂的温度要比试样的预期凝点低 7～8℃），冷却剂的温度必须准确到±1℃。

（2）试样处理

无水的试样直接测定，试样的水分超过产品标准允许范围，试验前需要脱水。

**3. 凝点测定**

（1）注入试样

在干燥、清洁的试管中注入试样，使液面到环形标线处。用软木塞将温度计固定在试管中央，使水银球距管底 8～10mm。

（2）预热

装有试样和温度计的试管，垂直地浸在 50℃±1℃ 的水浴中，直至试样的温度达到 50℃±1℃ 为止。

（3）冷却试样

从水浴中取出装有试样和温度计的试管，擦干外壁，用软木塞将试管牢固地装在含有 1～2mm 乙醇的套管中央。垂直地固定在支架上，在室温条件下静置，直至冷却到 35℃±5℃。

（4）测定试样凝点

将冷却到 35℃±5℃ 的试管和套管一起浸在装好冷却剂的凝点测定仪中（外套管浸入冷却剂的深度应不少于 70mm）。

当试样温度冷却到预期的凝点时，将浸在冷却剂中的套管倾斜成为 45°，并将这样的倾斜状态保持 1min（但仪器的试样部分仍要浸没在冷却剂内）。从冷却剂中小心取出仪器，迅速地用工业乙醇擦拭套管外壁，垂直放置仪器并透过套管观察试管里面的液面是否有过移动的迹象。

① 当液面位置有移动时，从套管中取出试管，并将试管重新预热至试样达 50℃±1℃，然后用比上次试验温度低 4℃ 的温度重新进行测定，直至某试验温度能使液面位置停止移动为止。

试验温度低于−20℃ 时，重新测定前应将装有试样和温度计的试管放在室温中，待试样温度升到−20℃，才将试管浸在水浴中加热。

② 当液面的位置没有移动时，从套管中取出试管，并将试管重新预热至试样达 50℃±1℃，然后用比上次试验温度高 4℃ 的温度重新进行测定。直至某试验温度能使液面位

置有移动为止。

③ 确定试样的凝点，找出凝点的温度范围（液面位置从移动到不移动或从不移动到移动的温度范围）之后，就采用比移动的温度低 2℃的温度，或采用比不移动的温度高 2℃的温度，重新进行试验。如此重复试验，直至确定某试验温度能使试样的液面停留不动，而提高 2℃又有液面移动时，就取使液面不动的温度，作为试样的凝点。

**4. 倾点的确定**

上述测得的凝点加 3℃，作为试样的倾点或下倾点。

**5. 实验结果表示**

（1）原始记录

按表 6-8 填写。取重复测定两个结果的算术平均值，作为试样的凝点，以℃表示，保留整数。

表 6-8　倾点凝点测定原始记录

| 试样名称 | | | 采样地点 | | |
|---|---|---|---|---|---|
| 采样日期 | 年　　月　　日 | | 分析时间 | 月　　日　　时 | |
| 冷却浴温度/℃ | | | 温度计号 | | |
| 测定次数 | 1 | | 2 | | |
| | 温度/℃ | 现象 | 温度/℃ | 现象 | |
| 第一次观察 | | | | | |
| 第二次观察 | | | | | |
| 第三次观察 | | | | | |
| 凝点/℃ | | | | | |
| 平均凝点/℃ | | | | | |
| 倾点 | | | | | |
| 检验人： | | | 复核人： | | |

（2）重复性

由同一操作者重复测定两个结果之差，不应超过 2℃。

（3）再现性

不同操作者使用不同仪器，测定相同试样，测定结果之差不应超过 4℃。

知识点
链接

**知识点 1　柴油的低温流动性能**

柴油的低温流动性能是指柴油在低温下使用时，维持正常流动，顺利输送的能力。评定普通柴油、车用柴油低温流动性的指标主要有凝点和冷滤点。

### 知识点 2　石油产品在低温时失去流动性的原因

① 油品随着温度的降低而黏度增大，当黏度增大到一定程度时，油品便丧失流动。

② 溶解在油品内的石蜡发生结晶，使油品失去流动性。

### 知识点 3　凝点与倾点的定义

油品凝点又称凝固点，试样在规定的试验条件下，将盛于试管内的试油冷却并倾斜45°，经过1min后，油面不再移动的最高温度，以℃表示。

试样经预加热后，在规定的速率下冷却，每隔3℃检查一次试样的流动性。记录观察到试样能够流动的最低温度作为倾点（凝点加上3℃）。

### 知识点 4　凝点与倾点测定的意义

① 划分柴油牌号。我国普通柴油和车用柴油按凝点划分牌号。例如，0 号柴油，其凝点不高于0℃，－10 号柴油，其凝点不高于－10℃。

② 预测柴油低温流动性。输送油品时，必须处于流动状态，一般使用凝点低于环境温度5～7℃以上的柴油，才能保证顺利抽注、运输、储存和使用。

③ 估计油品含蜡量。含蜡油品的含蜡量越高，其凝点越高，因此凝点可以作为估计油品含蜡量的指标。

### 知识点 5　玻璃套管的作用

主要是控制冷却速率。因为隔一层玻璃套管，传热就不像把试管直接插入冷却剂那样快，保证试管中的试油较慢和均匀地冷却，能更好地保证测定结果准确。

### 知识点 6　每看完一次液面是否移动后，试油都要重新预热到50℃±1℃的原因

主要目的是将油品中石蜡晶体溶解，破坏其结晶网络，使其重新冷却和结晶，而不至于在低温下停留时间过长。

### 知识点 7　控制冷却剂的温度要比试油的预期凝点低7～8℃

因为只有保持这一温差，才能使试油在规定冷却速度下冷却到预期的凝点。若冷却剂温度比预期凝点低不到7～8℃时，往往使结果偏高。若温差太悬殊，低得太多，冷却速率过快，会使测定结果偏低。

### 知识点 8　测定石油产品凝点时要固定好温度计在试管内的位置

因为若固定不好，温度计在试管内能活动，会搅动试油，从而阻碍石蜡"结晶网络"的形成。往往当石蜡"结晶网络"的个别部分正在形成时，温度计一搅动就会破坏了，从而使测定结果偏低。

### 知识点 9　影响石油产品凝点的因素

① 油品的凝点与油品的化学成分有关；

② 油品的凝点与冷却速率有关；

③ 含蜡油品的凝点与热处理作用有关。

对于同一类化学成分的油品，其凝点和馏程尤其是 50％馏程，包括 50％以后各点馏出温度有密切关系，直馏油关系更密切，一般情况下，凝点随馏程升高而升高，降低而降低。

# 任务五
## 柴油冷滤点测定

**学习目标：**
① 掌握车用柴油冷滤点测定方法及操作技能；
② 了解测定车用柴油冷滤点意义。

**仪器与试剂：**
① 仪器。冷滤点自动测定仪器，铂电阻温度计，冷浴，真空泵，电子控制和测量装置。
② 试剂。正庚烷（分析纯），丙酮（分析纯）。

### 1. 方法概要

试样在规定条件下冷却，通过可控的真空装置，使试样经标准滤网过滤器吸入吸量管。试样每低于前次温度 1℃，重复此步骤，直至试样中蜡状结晶析出量足够，使流动停止或流速降低，记录试样充满吸量管的时间超过 60s 或不能完全返回到试杯时的温度作为试样的冷滤点。

### 2. 实验步骤

① 调节冷浴温度应为 $-34℃\pm0.5℃$。
② 将已过滤的 45mL 试样倒入清洁、干燥的试杯中至刻线处。
③ 将保温环和定位环放到套管内的合适位置。
④ 将装有温度计、吸量管（已预先与过滤器接好）的塞子塞入盛有 45mL 试样的试杯中，并确保过滤器放在试杯的底部。
⑤ 如果需要，将吸量管与真空源再次连接。接通真空源，调节空气流速为 15L/h。开始试验前，检查 U 型管水位压差计应稳定指示压差为 $200mm\pm1mm$。
⑥ 当试样温度达到 $30℃\pm5℃$ 时，将试杯放入装置，立刻打开压力开关。如果已知试样的浊点，则最好将试样直接冷却到浊点以上 5℃。仪器将自动执行试验步骤，且在适当的温度会自动调节冷浴温度，当试样在 60s 时未达到吸量管刻度标记，或在切断压力下，试样不能完全自然流回试杯中，则记录本次抽吸开始的温度为试样的冷滤点。

### 3. 实验结果表示

**（1）原始记录**

按表 6-9 填写。取重复测定两个结果的算术平均值，作为试样的冷滤点，以℃表示，保留整数。

表 6-9　冷滤点测定原始记录

| 样品名称 | | 采样地点 | |
|---|---|---|---|
| 采样日期 | 年　月　日 | 分析时间 | 月　日　时 |
| 仪器名称 | 石油产品冷滤点测定仪 | 依据标准 | SH/T 0248 |
| 仪器状态 | | | |
| 试验序号 | | Ⅰ | Ⅱ |
| 温度计号 | | | |
| 冷浴温度/℃ | | $-34\pm0.5$□　$-51\pm1.0$□ | $-67\pm2.0$□ |
| 观察冷滤点温度 $t_0$/℃ | | | |
| 温度计补正值 $\Delta t$/℃ | | | |
| 冷滤点结果 $t$/℃ | | | |
| 冷滤点平均结果 $\bar{t}$/℃ | | | |

计算公式：$t=t_0+\Delta t$　　　　　　$\bar{t}=(t_{\,Ⅰ}+t_{\,Ⅱ})/2$

检验人：　　　　　　　　　　　复核人：

**（2）重复性**

由同一操作者重复测定的两个结果之差，不应超过1℃。

知识点
链接

**知识点 1　冷滤点的定义**

在规定条件下，柴油试样在 60s 内开始不能通过过滤器 20mL 时的最高温度，称为冷滤点，以℃表示。

**知识点 2　冷滤点测定的意义**

冷滤点测定仪是模拟柴油在低温下通过滤清器的工作状况而设计的，因此比凝点更能反映柴油低温使用性能，它是保证普通柴油、车用柴油输送和过滤性的指标，并且能正确判断添加低温流动改进剂后的普通柴油和车用柴油质量。

**任务六**
有机化合物折射率的测定

**学习目标：**
① 了解阿贝折射仪的构造和折射率测定的基本原理；
② 掌握用阿贝折射仪测定液态有机化合物折射率的方法。

**仪器与试剂：**
① 仪器。阿贝折射仪。
② 试剂。无水乙醇，蒸馏水，有机化合物样品。

**1. 方法概要**

光在两个不同介质中的传播速度是不相同的，所以光线从一个介质进入另一个介质，当它的传播方向与两个介质的界面不垂直时，则在介面处的传播方向发生改变，这种现象称为光的折射现象（图 6-6）。根据折射定律：

$$n = \frac{v_1}{v_2} = \frac{\sin\alpha}{\sin\beta}$$

式中　　$n$——折射率，$n > 1$；
　　　　$\alpha$——入射角，$\alpha > \beta$；
　　　　$\beta$——折射角。

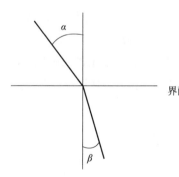
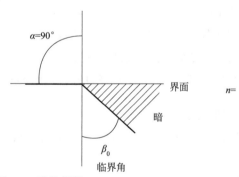

$$n = \frac{1}{\sin\beta_0}$$

图 6-6　光的折射

而我们通常在测定时都是光从空气射入液体介质中，因此，我们通常用在空气中测得的折射率作为该介质的折射率。

当 $\alpha = 90°$ 时，此时的折射角最大，$\beta_0$ 称为临界角。若入射角从 0° 到 90° 都有入射的单色光，那么折射角从 0° 到临界角 $\beta_0$ 都有折射光，即有明暗两区，从明暗两区分界线的位置就可以测出临界角 $\beta_0$。

而当 $\alpha = 90°$ 时，$n = 1/\sin\beta_0$。由此可见，如果测定了临界角 $\beta_0$，就可以求得介质的

折射率。折射率常用 $n_D^t$ 表示，D 是以钠灯的 D 线作光源，$t$ 是与折射率相对应的温度。例如 $n_D^{20}$ 表示 20℃时，该介质对钠灯 D 线的折射率。通常用阿贝（Abbe）折射仪测定物质的折射率。

**2. 实验步骤**

① 将阿贝折射仪置于靠窗口的桌上或白炽灯前，但避免阳光直射，用超级恒温槽通入所需温度的恒温水于两棱镜夹套中，棱镜上的温度计应指示所需温度，否则应重新调节恒温槽的温度。

② 松开锁钮，打开棱镜，滴 1～2 滴丙酮在玻璃面上，合上两棱镜，待镜面全部被丙酮湿润后再打开，用擦镜纸轻擦干净。

③ 校正用重蒸馏水校正。打开棱镜，滴 1 滴蒸馏水于下面镜面上，在保持下面镜面水平情况下关闭棱镜，转动刻度盘罩外手柄（棱镜被转动），使刻度盘上的读数等于蒸馏水的折射率（$n_D^{20} = 1.3330$，$n_D^{25} = 1.3325$），调节反射镜使入射光进入棱镜组，并从测量望远镜中观察，使视场最明亮，调节测量镜（目镜），使视场十字线交点最清晰。

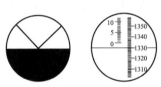

图 6-7　折射仪镜筒中视野图

转动消色调节器，消除色散，得到清晰的明暗界线，然后用仪器附带的小旋棒旋动位于镜筒外壁中部的调节螺丝，使明暗线对准十字交点，校正即完毕。折射仪镜筒中视野如图 6-7 所示。

④ 测定。用丙酮清洗镜面后，滴加 1～2 滴样品于毛玻璃面上，闭合两棱镜，旋紧锁钮。如样品很易挥发，可用滴管从棱镜间小槽中滴入。

转动刻度盘罩外手柄（棱镜被转动），使刻度盘上的读数为最小，调节反射镜使光进入棱镜组，并从测量望远镜中观察，使视场最明亮，再调节目镜，使视场十字线交点最清晰。

再次转动罩外手柄，使刻度盘上的读数逐渐增大，直到观察到视场中出现半明半暗现象，并在交界处有彩色光带，这时转动消色散手柄，使彩色光带消失，得到清晰的明暗界线，继续转动罩外手柄使明暗界线正好与目镜中的十字线交点重合。从刻度盘上直接读取折射率。

**3. 实验结果表示**

原始记录按表 6-10 填写。取重复测定两个结果的算术平均值得出结果，两个结果的绝对值差不大于 0.0002。

表 6-10　折射率测定原始记录

| 项目 | 测定次数 | | |
|---|---|---|---|
| | 1 | 2 | 3 |
| 样品 1 折射率 | | | |
| 样品 1 平均折射率 | | | |
| 样品 2 折射率 | | | |
| 样品 2 平均折射率 | | | |

### 知识点链接

#### 知识点 1 光的折射现象

光在两个不同介质中的传播速度是不相同的，所以光线从一个介质进入另一个介质，当它的传播方向与两个介质的界面不垂直时，则在介面处的传播方向发生改变，这种现象称为光的折射现象。

#### 知识点 2 折射率

折射率是有机化合物最重要的物理常数之一，作为液体物质纯度的标准，它比沸点更为可靠。利用折射率，可以鉴定未知化合物，也用于确定液体混合物的组成。

#### 知识点 3 折射率测定注意事项

① 要特别注意保护棱镜镜面，滴加液体时防止滴管口划伤镜面。

② 每次擦拭镜面时，只许用擦镜头纸轻擦，测试完毕，也要用丙酮洗净镜面，待干燥后才能合拢棱镜。

③ 不能测量带有酸性、碱性或腐蚀性的液体。

④ 测量完毕，拆下连接恒温槽的胶管，棱镜夹套内的水要排尽。

⑤ 若无恒温槽，所得数据要加以修正，通常温度升高1℃，液态化合物折射率降低 $3.5 \times 10^{-4} \sim 5.5 \times 10^{-4}$。

## 任务七
### 苯甲酸熔点的测定

**学习目标：**

① 了解熔点测定的原理及意义；

② 初步掌握提勒管式装置测定固体熔点的操作方法。

**仪器与试剂：**

① 仪器。提勒管（图 6-8），表面皿，熔点管，温度计（250℃），玻璃管（40cm），酒精灯。

② 试剂。苯甲酸（分析纯），甘油，未知物（可选用尿素、肉桂酸、乙酰苯胺等）。

**1. 方法概要**

以甘油为浴液，采用提勒管测定装置，分别测定苯甲酸和未知物的熔点。根据未知物的熔点，推测可能的化合物，并向

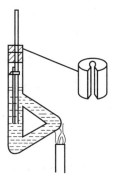

图 6-8 提勒管测定装置

实验教师索取该化合物，然后将其与未知样品等量混合，测定熔点，以确认测定结果。

**2. 苯甲酸熔点的测定**

（1）熔点管的制作

取长度约为 15cm，直径为 1～1.2mm，两端封熔的毛细管，用砂片从中间划一下，并轻轻折断，即制得两支熔点管。

（2）填装样品

取约 0.1g 苯甲酸，放入洁净干燥的表面皿中，用玻璃钉或玻璃棒研细。

（3）安装仪器

将提勒管固定在铁架台上，高度以酒精灯火焰可对侧管处加热为准。在提勒管中装入甘油，液面与上侧管平齐即可。将附有熔点管的温度计安装在提勒管中两侧管之间。

（4）加热测熔点

用酒精灯在侧管底部加热，控制升温速率约为 5℃/min，当温度升至近 110℃ 时，移动酒精灯，使升温速率减至约 1℃/min，接近 120℃ 时，酒精灯移至侧管边缘处缓慢加热，使温度上升更慢些。注意观察熔点管中样品的变化，记录初熔和全熔的温度。样品全熔后，撤去并熄灭酒精灯。待温度下降 10℃ 以上后，取出温度计，将熔点管弃去，换上另一支盛有样品的熔点管，重复测定一次。

**3. 未知样熔点的测定**

取未知样一份，在洁净干燥的表面皿上研细后，填装 3 支熔点管。待甘油浴的温度降到 100℃ 以下后，按上述方法测定未知样的熔点。先快速升温粗测一次，得到粗略熔点后，再精测两次。

**4. 操作要点**

① 甘油黏度较大，挂在壁上的甘油流下后就可使液面超过侧管。另外，受热膨胀后也会使液面升高。

② 由于测管内浴液的对流循环作用，使提勒管中部的温度变化较稳定，熔点管在此位置受热较均匀。

③ 已测定过熔点的样品，经冷却后虽然固化，但不能用作第二次测定。因为有些物质受热后，会发生部分分解，还有些物质会转变成具有不同熔点的其他结晶形式。

**5. 实验结果表示**

原始记录按表 6-11 填写。取重复测定两个结果的算术平均值报出结果，以℃ 表示，保留整数。

表 6-11　苯甲酸熔点测定原始记录

| 样　品 | 测　定　值/℃ | | 平均值/℃ | 文献值/℃ |
|---|---|---|---|---|
| 苯甲酸 | 第一次 | | | |
| | 第二次 | | | |
| 未知样 | 第一次 | | | |
| | 第二次 | | | |
| 混合样 | 第一次 | | | |
| | 第二次 | | | |

知识点
链接

## 知识点 1　熔点的定义

熔点是晶体将其物态由固态转变（熔化）为液态的过程中固液共存状态的温度。进行相反动作（即由液态转为固态）的温度，称为凝固点（也称冰点），晶体的凝固点和熔点相同。一般地，非晶体并没有固定的熔点和凝固点。与沸点不同的是，熔点受压力的影响很小。

## 知识点 2　毛细管法测定熔点的注意事项

① 熔点管本身要干净，管壁不能太厚，封口要均匀。容易出现的问题是，封口一端发生弯曲和封口端壁太厚，所以在毛细管封口时，一端在火焰上加热时要尽量让毛细管接近垂直方向，火焰温度不宜太高，最好用酒精灯，断断续续地加热，封口要圆滑，以不漏气为原则。

② 用橡胶圈将毛细管缚在温度计旁，并使装样部分和温度计水银球处在同一水平位置，同时要使温度计水银球处于提勒管两侧管中心部位。

③ 升温速率不宜太快，特别是当温度将要接近该样品的熔点时，升温速率更不能快。一般情况是，开始升温时速率可稍快些（5℃/min）但接近该样品熔点时，升温速率要慢（1～2℃/min），对未知物熔点的测定，第一次可快速升温，测定化合物的大概熔点。

④ 熔点温度范围（熔程、熔点、熔距）的观察和记录，注意观察时，样品开始萎缩（塌落）并非熔化开始的指示信号，实际的熔化开始于能看到第一滴液体时，记下此时的温度，到所有晶体完全消失呈透明液体时再记下这时的温度，这两个温度即为该样品的熔点范围。

⑤ 熔点的测定至少要有两次重复的数据，每一次测定都必须用新的熔点管，装新样品。进行第二次测定时，要等浴温冷至其熔点以下约30℃再进行。

⑥ 测定工作结束，一定要等浴液冷却后方可将浓硫酸倒回瓶中。温度计也要等冷却后，用废纸擦去硫酸方可用水冲洗，否则温度计极易炸裂。

**任务八**
考核

### 1. 石油产品密度测定（密度计法）

（1）考核内容

选择合适的密度计测定未知样品的密度。

（2）考核表（考核时间 30min）

密度计法测定石油产品的密度考核表见表 6-12。

表 6-12　密度计法测定石油产品的密度考核表

| 序号 | 考核内容 | 考核要点 | 配分 | 评分标准 | 检测结果 | 扣分 | 得分 |
|---|---|---|---|---|---|---|---|
| 1 | 准备 | 试样准备 | 15 | 未摇动试样使其均匀扣 3 分 | | | |
| | | | | 试样外溅扣 5 分 | | | |
| | | | | 未用清洁滤纸除去气泡扣 5 分 | | | |
| | | | | 未用合适的温度计或搅拌棒垂直搅拌试样扣 2 分 | | | |
| | | 正确选取密度计 | 10 | 不能估计石油密度的大致范围选取合适的密度计扣 10 分 | | | |
| | | 记录温度 | 10 | 记录错误扣 5 分；未用合适的温度计或搅拌棒垂直搅拌试样扣 5 分 | | | |
| 2 | 测定 | 放入密度计 | 15 | 手未拿密度计最高分度线以上部分扣 2 分 | | | |
| | | | | 密度计未垂直放入试样中扣 5 分 | | | |
| | | | | 试样液面以上密度计杆部黏附试样过多扣 5 分 | | | |
| | | | | 放开密度计时未轻轻转动使其离开量筒壁自由漂浮扣 3 分 | | | |
| | | 正确读取密度计刻度 | 15 | 密度计读数方式不正确扣 5 分 | | | |
| | | | | 读数错误扣 5 分 | | | |
| | | | | 记录密度计读数后未再测试样温度扣 5 分 | | | |
| | | 回收温度计 | 5 | 密度计使用后，未用滤纸擦拭干净扣 5 分 | | | |
| 3 | 结果 | 记录填写 | 20 | 每错误一处扣 2 分，涂改每处扣 2 分，杠改每处扣 0.5 分，最多扣 5 分 | | | |
| | | 修正并换算 | | 未进行密度计读数修正扣 5 分 | | | |
| | | | | 未进行密度计读数换算扣 5 分 | | | |
| | | 结果考察 | | 精密度不符合规定扣 5 分 | | | |
| 4 | 试验管理 | 文明操作 | 10 | 台面整洁，仪器摆放整齐，否则扣 2 分 | | | |
| | | | | 仪器破损扣 5 分 | | | |
| | | | | 三废未正确处理扣 3 分 | | | |
| | 合计 | | 100 | | | | |

**2. 石油产品运动黏度测定**

（1）考核内容

选择合适的黏度计测定未知样品的黏度。

（2）考核表（考核时间 50min）

石油产品黏度考核表见表 6-13。

表 6-13　石油产品黏度考核表

| 序号 | 考核内容 | 考核要点 | 配分 | 评分标准 | 检测结果 | 扣分 | 得分 |
|---|---|---|---|---|---|---|---|
| 1 | 准备 | 试样及黏度计准备 | 25 | 试样含水或杂质未除去扣 3 分 | | | |
| | | | | 恒温浴未恒定到规定范围扣 2 分 | | | |
| | | | | 选择黏度计内径不符合要求扣 5 分 | | | |
| | | | | 试样装入黏度计手法不正确扣 2 分 | | | |
| | | | | 吸取试样不正确扣 3 分 | | | |
| | | | | 黏度计外壁试液未擦拭干净扣 5 分 | | | |
| | | | | 黏度计未调整成垂直状态扣 5 分 | | | |
| 2 | 测定 | 测定过程 | 25 | 吸取试样时产生气泡扣 5 分 | | | |
| | | | | 恒温浴未保持恒温扣 5 分 | | | |
| | | | | 液面位置读错扣 5 分 | | | |
| | | | | 记录时间错误扣 5 分 | | | |
| | | | | 测定结束后未正确清洗黏度计扣 5 分 | | | |
| 3 | 结果 | 记录填写 | 10 | 每错误一处扣 2 分,涂改每处扣 2 分,杠改每处扣 0.5 分,最多扣 10 分 | | | |
| | | 结果考察 | 25 | 未测 3 次流动时间来计算其平均值扣 5 分 | | | |
| | | | | 各次流动时间与平均值差数不符合要求扣 5 分 | | | |
| | | | | 计算公式错误或计算错误扣 10 分 | | | |
| | | | | 精密度不符合要求扣 5 分 | | | |
| 4 | 试验管理 | 文明操作 | 15 | 台面整洁,仪器摆放整齐,否则扣 2 分 | | | |
| | | | | 仪器破损扣 5 分 | | | |
| | | | | 三废未正确处理扣 5 分 | | | |
| | | 器皿清洗 | | 未清洗黏度计及其他玻璃器皿扣 3 分 | | | |
| | 合计 | | 100 | | | | |

**3. 石油产品闭口闪点测定**

（1）考核内容

用闭口闪点测定仪测定未知样品的闪点。

（2）考核表（考核时间 40min）

石油产品闭口闪点考核表见表 6-14。

表 6-14　石油产品闭口闪点考核表

| 序号 | 考核内容 | 考核要点 | 配分 | 评分标准 | 检测结果 | 扣分 | 得分 |
|---|---|---|---|---|---|---|---|
| 1 | 准备 | 试样及仪器的准备 | 20 | 含水试样未正确处理扣 3 分 | | | |
| | | | | 试验前应洗涤并干燥试验杯,未按规定操作扣 2 分 | | | |
| | | | | 测试前试样及油杯温度不符合规定扣 5 分 | | | |
| | | | | 未检测试验时大气压力扣 5 分 | | | |
| | | | | 取样准确,否则扣 5 分 | | | |
| 2 | 测定 | 测定过程 | 30 | 未正确控制加热速度扣 15 分 | | | |
| | | | | 试验火焰直径不符合规定扣 5 分 | | | |
| | | | | 未按规定进行搅拌扣 5 分 | | | |
| | | | | 点火时间间隔不正确扣 5 分 | | | |
| | | | | 点火操作不正确扣 5 分 | | | |
| | | | | 正确观测闪火温度,否则扣 15 分 | | | |
| 3 | 结果 | 记录填写 | 10 | 每错误一处扣 2 分,涂改每处扣 2 分,杠改每处扣 0.5 分,最多扣 10 分 | | | |
| | | 结果考察 | 20 | 温度未修正或修正错误扣 10 分 | | | |
| | | | | 精密度不符合规定扣 10 分 | | | |
| 4 | 试验管理 | 文明操作 | 20 | 台面整洁,仪器摆放整齐,否则扣 5 分 | | | |
| | | | | 仪器破损扣 10 分 | | | |
| | | | | 三废未正确处理扣 5 分 | | | |
| 合计 | | | 100 | | | | |

**任务九**
测试题及练习

## 一、选择题

1. 将密度计放入试样中,液面以上的密度计杆浸湿不得超过 (　　) 个最小分度值。

A. 1　　　　　　　　B. 2　　　　　　　　C. 3　　　　　　　　D. 4

2. 用密度计测定密度两次完成后,测定温度与前次温度计数之差不应超过 (　　) ℃。

A. 0.2　　　　　　　B. 0.3　　　　　　　C. 0.4　　　　　　　D. 0.5

3. 测定比重瓶的水值,比重瓶在恒温水浴中应至少保持 (　　) min。

A. 10　　　　　　　B. 20　　　　　　　C. 30　　　　　　　D. 40

4. 用比重瓶法测定样品的密度,比重瓶在恒温水浴中应至少保持 (　　) min。

A. 10　　　　　　　B. 20　　　　　　　C. 30　　　　　　　D. 40

5. 测定闭口闪点时,油杯一般用 (　　) 洗涤。

A. 溶剂油　　　　　B. 无铅汽油　　　　C. 铬酸洗液　　　　D. 乙醇

6.用比重瓶法测定液体石油产品密度，两个测定结果之差不应大于（　　　）g/cm³。

A. 0.0001　　　　　　　B. 0.0002　　　　　　　C. 0.0004　　　　　　　D. 0.0008

7.密度计量筒的内径应至少比所用的石油密度计外径大（　　　）mm。

A. 15　　　　　　　　　B. 20　　　　　　　　　C. 25　　　　　　　　　D. 30

8.汽油的闪点，实际上是它的（　　　）。

A. 爆炸极限　　　　　　　　　　　　　　B. 爆炸下限

C. 爆炸上限　　　　　　　　　　　　　　D. 有时是爆炸上限，有时是爆炸下限

9.测定闭口闪点，点火时，火焰要留在点火位置（　　　）s后立即回到原位。

A. 0.5　　　　　　　　　B. 2　　　　　　　　　　C. 1　　　　　　　　　　D. 1.5

10.黏度测定时，如果试验温度为20℃，则恒温时间为（　　　）min。

A. 10　　　　　　　　　B. 15　　　　　　　　　C. 20　　　　　　　　　D. 30

## 二、判断题

1.柴油冷滤点与经典的凝点相比具有广泛的适应性，可以判断柴油的低温性能。

（　　　）

2.密度是物质的一种特性，石油产品的密度与石油产品的组成无关。　　（　　　）

3.比重瓶法的基本原理是测定一定体积液体产品的质量与同温度同体积纯水的质量进行比较，从而得到液体产品的密度。　　　　　　　　　　　　　　　　　　（　　　）

4.第一次密度测定完成后，应将密度计取出后重测。　　　　　　　　　　（　　　）

5.用比重瓶法测定样品的密度，不能浸没比重瓶塞。　　　　　　　　　　（　　　）

6.应用密度计法测定样品的密度，可以根据测得的温度和视密度查得样品的20℃密度。　　　　　　　　　　　　　　　　　　　　　　　　　　　　　　　（　　　）

7.测定黏度时若试油中有杂质存在，会影响正常流动，使流动时间增长，测定结果偏高。　　　　　　　　　　　　　　　　　　　　　　　　　　　　　　　　（　　　）

8.闪点是指可燃性液体的蒸气同空气的混合物在临近火焰时能发生短暂闪火的最低温度。　　　　　　　　　　　　　　　　　　　　　　　　　　　　　　　　（　　　）

9.测定闭口闪点，点火试验在试样温度达到预期闪点前10℃时进行。　　（　　　）

10.闭口闪点仪用防护屏围着是为了有效地避免气流和光线的影响。　　（　　　）

## 三、思考题

1.是否可以使用第一次测过熔点时已经熔化的有机化合物再做第二次测定呢？为什么？

2.如何洗涤黏度计？

3.为什么测定石油产品凝点时在试管外再套玻璃套管？

4.毛细管黏度计浸入恒温浴中为什么要垂直放置？

5.闪点测定过程中出现异常现象的原因是什么？

## 四、实践训练任务

1.液体产品密度测定（密度计法、韦氏天平法、比重瓶法）；

2.石油产品运动黏度的测定；

3.石油产品闭口闪点测定；

4.柴油倾点、凝点和冷滤点测定；

5.有机化合物折射率的测定；

6.苯甲酸熔点的测定。

# 参考答案

## 一、选择题

1.B　2.B　3.C　4.B　5.B　6.C　7.C　8.C　9.C　10.A

## 二、判断题

1.√

2.×　正确答案：石油产品的密度与石油产品的组成有关。

3.√

4.×　正确答案：第一次密度测定完成后，应将密度计在量筒中轻轻转动一下后重测。

5.√　6.√　7.√　8.√　9.√　10.√

## 三、思考题

1.不可以。因为已测定过熔点的样品，经冷却后虽然固化，但不能用作第二次测定。因为有些物质受热后，会发生部分分解，还有些物质会转变成具有不同熔点的其他结晶形式。

2.测定黏度前必须将黏度计用溶剂油或石油醚洗涤，如果黏度计沾有污垢，就用铬酸洗液、水、蒸馏水或95％乙醇依次洗涤，然后放入烘箱中烘干或用通过棉花滤过的热空气吹干。

3.主要是控制冷却速率。因为隔一层玻璃套管，传热就不像把试管直接插入冷却剂那样快，保证试管中的试油较慢和均匀地冷却，能更好地保证测定结果准确。

4.因为若黏度计的毛细管倾斜时，会改变液柱高度，从而改变了静压力的大小，使测定结果产生误差。

5.可能的原因有：混进轻油或重油、加热速度慢或快、试油量少或多。偏高的直接原因还有油杯盖或温度计处密封不严漏气造成的，或油中含水量超过标准中规定的范围。

# 附录一

# 原子量（$A_r$）

| 元素 | | $A_r$ | 元素 | | $A_r$ |
|---|---|---|---|---|---|
| 符号 | 名称 | | 符号 | 名称 | |
| Ag | 银 | 107.868 | Na | 钠 | 22.98977 |
| Al | 铝 | 26.98154 | Nb | 铌 | 92.9064 |
| As | 砷 | 74.9216 | Nd | 钕 | 144.24 |
| Au | 金 | 196.9665 | Ni | 镍 | 58.69 |
| B | 硼 | 10.81 | O | 氧 | 15.9994 |
| Ba | 钡 | 137.33 | Os | 锇 | 190.2 |
| Be | 铍 | 9.01218 | P | 磷 | 30.97376 |
| Bi | 铋 | 208.9804 | Pb | 铅 | 207.2 |
| Br | 溴 | 79.904 | Pd | 钯 | 106.42 |
| C | 碳 | 12.011 | Pr | 镨 | 140.9077 |
| Ca | 钙 | 40.8 | Pt | 铂 | 195.08 |
| Cd | 镉 | 112.41 | Ra | 镭 | 226.0254 |
| Ce | 铈 | 140.12 | Rb | 铷 | 85.4678 |
| Cl | 氯 | 35.453 | Re | 铼 | 186.207 |
| Co | 钴 | 58.9332 | Rh | 铑 | 102.9055 |
| Cr | 铬 | 51.996 | Ru | 钌 | 101.07 |
| Cs | 铯 | 132.9054 | S | 硫 | 32.06 |
| Cu | 铜 | 63.546 | Sb | 锑 | 121.75 |
| F | 氟 | 18.998403 | Sc | 钪 | 44.9559 |
| Fe | 铁 | 55.847 | Se | 硒 | 78.96 |
| Ga | 镓 | 69.72 | Si | 硅 | 28.0855 |
| Ge | 锗 | 72.59 | Sn | 锡 | 118.69 |
| H | 氢 | 1.0079 | Sr | 锶 | 87.62 |
| He | 氦 | 4.00260 | Ta | 钽 | 180.9479 |
| Hf | 铪 | 178.49 | Te | 碲 | 127.60 |
| Hg | 汞 | 200.59 | Th | 钍 | 232.0381 |
| I | 碘 | 126.9045 | Ti | 钛 | 47.88 |
| In | 铟 | 114.82 | Tl | 铊 | 204.383 |
| K | 钾 | 39.0983 | U | 铀 | 238.0289 |
| La | 镧 | 138.9055 | V | 钒 | 50.9415 |
| Li | 锂 | 6.941 | W | 钨 | 183.85 |
| Mg | 镁 | 24.305 | Y | 钇 | 88.9059 |
| Mn | 锰 | 54.9380 | Zn | 锌 | 65.38 |
| Mo | 钼 | 95.94 | Zr | 锆 | 91.22 |
| N | 氮 | 14.0067 | | | |

# 化合物的摩尔质量（$M$）

| 化学式 | $M/(g/mol)$ | 化学式 | $M/(g/mol)$ |
|---|---|---|---|
| $Ag_3AsO_3$ | 446.52 | $CaCO_3$ | 100.09 |
| $Ag_3AsO_4$ | 462.52 | $CaC_2O_4 \cdot H_2O$ | 146.11 |
| $AgBr$ | 187.77 | $CaCl_2$ | 110.99 |
| $AgSCN$ | 165.95 | $CaF_2$ | 78.08 |
| $AgCl$ | 143.32 | $CaO$ | 56.08 |
| $Ag_2CrO_4$ | 331.73 | $CaSO_4$ | 136.14 |
| $AgI$ | 234.77 | $CaSO_4 \cdot 2H_2O$ | 172.17 |
| $AgNO_3$ | 169.87 | $CdCO_3$ | 172.42 |
| $Al(C_9H_6ON)_3$ (8-羟基喹啉铝) | 459.44 | $Cd(NO_3)_2 \cdot 4H_2O$ | 308.48 |
| $AlK(SO_4)_2 \cdot 12H_2O$ | 474.38 | $CdO$ | 128.41 |
| $Al_2O_3$ | 101.96 | $CdSO_4$ | 208.47 |
| $As_2O_3$ | 197.84 | $CoCl_2 \cdot 6H_2O$ | 237.93 |
| $As_2O_5$ | 229.84 | $CuSCN$ | 121.62 |
| | | $CuHg(SCN)_4$ | 496.45 |
| $BaCO_3$ | 197.34 | $CuI$ | 190.45 |
| $BaCl_2$ | 208.24 | $Cu(N(O_3)_2 \cdot 3H_2O$ | 241.60 |
| $BaCl_2 \cdot 2H_2O$ | 244.27 | $CuO$ | 79.55 |
| $BaCrO_4$ | 253.32 | $CuSO_4 \cdot 5H_2O$ | 249.68 |
| $BaSO_4$ | 233.39 | | |
| $BaS$ | 169.39 | $FeCl_2 \cdot 4H_2O$ | 198.81 |
| $Bi(NO_3)_3 \cdot 5H_2O$ | 485.07 | $FeCl_3 \cdot 6H_2O$ | 270.30 |
| $Bi_2O_3$ | 465.96 | $Fe(NO_3)_3 \cdot 9H_2O$ | 404.00 |
| $BiOCl$ | 260.43 | $FeO$ | 71.85 |
| | | $Fe_2O_3$ | 159.69 |
| $CH_2O$（甲醛） | 30.03 | $Fe_3O_4$ | 231.54 |
| $C_{14}H_{14}N_3O_3SNa$（甲基橙） | 327.33 | $FeSO_4 \cdot 7H_2O$ | 278.01 |
| $C_6H_5NO_3$（硝基酚） | 139.11 | | |
| $C_4H_8N_2O_2$（丁二酮肟） | 116.12 | $HCOOH$ | 46.03 |
| $(CH_2)_6N_4$（六亚甲基四胺） | 140.19 | $CH_3COOH$ | 60.05 |
| $C_7H_6O_6S$（磺基水杨酸） | 218.18 | $H_2CO_3$ | 62.03 |
| $C_{12}H_6N_2$（邻二氮菲） | 180.21 | $H_2C_2O_4$（草酸） | 90.04 |
| $C_{12}H_8N_2 \cdot H_2O$ | 198.21 | $H_2C_2O_4 \cdot 2H_2O$ | 126.07 |
| $C_2H_5NO_2$（氨基乙酸，甘氨酸） | 75.07 | $H_2C_4H_4O_4$（琥珀酸，丁二酸） | 118.090 |
| $C_6H_{12}N_2O_4S_2$（L-胱氨酸） | 240.30 | $H_2C_4H_4O_6$（酒石酸） | 150.088 |

| 化学式 | $M/(\text{g/mol})$ | 化学式 | $M/(\text{g/mol})$ |
|---|---|---|---|
| $H_3C_6H_5O_7 \cdot H_2O$(柠檬酸) | 210.14 | $MnCO_3$ | 114.95 |
| $HCl$ | 36.46 | $MnO_2$ | 86.94 |
| $HNO_2$ | 47.01 | $MnSO_4$ | 151.00 |
| $HNO_3$ | 63.01 | | |
| $H_2O_2$ | 34.01 | $NH_2OH \cdot HCl$(盐酸羟胺) | 69.49 |
| $H_3PO_4$ | 98.00 | $NH_3$ | 17.03 |
| $H_2S$ | 34.08 | $NH_4$ | 18.04 |
| $H_2SO_3$ | 82.07 | $NH_4C_2H_3O_2$(醋酸铵) | 77.08 |
| $H_2SO_4$ | 98.07 | $NH_4SCN$ | 76.12 |
| $HClO_4$ | 100.46 | $(NH_4)_2C_2O_4 \cdot H_2O$ | 142.11 |
| $HgCl_2$ | 271.50 | $NH_4Cl$ | 53.49 |
| $Hg_2Cl_2$ | 472.09 | $NH_4F$ | 37.04 |
| $HgO$ | 216.59 | $NH_4Fe(SO_4)_2 \cdot 12H_2O$ | 482.18 |
| $HgS$ | 232.65 | $(NH_4)_2Fe(SO_4)_2 \cdot 6H_2O$ | 392.13 |
| $HgSO_4$ | 296.65 | $NH_4HF_2$ | 57.04 |
| | | $(NH_4)_2Hg(SCN)_4$ | 468.98 |
| $KAl(SO_4)_2 \cdot 12H_2O$ | 474.38 | $NH_4NO_3$ | 80.04 |
| $KBr$ | 119.00 | $NH_4OH$ | 35.05 |
| $KBrO_3$ | 167.00 | $(NH_4)_3PO_4 \cdot 12MoO_3$ | 1876.34 |
| $KCN$ | 65.116 | $(NH_4)_2S_2O_8$ | 228.19 |
| $KSCN$ | 97.18 | | |
| $K_2CO_3$ | 138.21 | $Na_2B_4O_7$ | 201.22 |
| $KCl$ | 74.55 | $Na_2B_4O_7 \cdot 10H_2O$ | 381.37 |
| $KClO_3$ | 122.55 | $Na_2BiO_3$ | 279.97 |
| $KClO_4$ | 138.55 | $NaC_2H_3O_2$(醋酸钠) | 82.03 |
| $K_2CrO_4$ | 194.19 | $Na_3C_6H_5O_7$(柠檬酸钠) | 258.07 |
| $K_2Cr_2O_7$ | 294.18 | $Na_2CO_3$ | 105.99 |
| $K_3Fe(CN)_6$ | 329.25 | $Na_2CO_3 \cdot 10H_2O$ | 286.14 |
| $K_4Fe(CN)_6$ | 368.35 | $Na_2C_2O_4$ | 134.00 |
| $KHC_4H_4O_5$(酒石酸氢钾) | 188.18 | $NaCl$ | 58.44 |
| $KHC_8H_4O_4$(苯二甲酸氢钾) | 204.22 | $NaClO_4$ | 122.44 |
| $K_3C_5H_5O_7$(柠檬酸钾) | 306.40 | $NaF$ | 41.99 |
| $KI$ | 166.00 | $NaHCO_3$ | 84.01 |
| $KIO_3$ | 214.00 | $Na_2H_2C_{10}H_{12}O_8N_2$(EDTA 二钠盐) | 336.21 |
| $KMnO_4$ | 158.03 | $Na_2H_2C_{10}H_{12}O_8N_2 \cdot 2H_2O$ | 372.24 |
| $KNO_2$ | 85.10 | $NaH_2PO_4 \cdot 2H_2O$ | 156.01 |
| $KNO_3$ | 101.10 | $Na_2HPO_4 \cdot 2H_2O$ | 177.99 |
| $KOH$ | 56.11 | $NaHSO_4$ | 120.06 |
| $K_2PtCl_6$ | 485.99 | $NaOH$ | 39.997 |
| $KHSO_4$ | 136.16 | $Na_2SO_4$ | 142.04 |
| $K_2SO_4$ | 174.25 | $Na_2S_2O_3 \cdot 5H_2O$ | 248.17 |
| $K_2S_2O_7$ | 254.31 | $NaZn(UO_2)_3(C_2H_3O_2)_9 \cdot 6H_2O$ | 1537.94 |
| | | $NiSO_4 \cdot 7H_2O$ | 280.85 |
| $Mg(C_9H_6ON)_2$(8-羟基喹啉镁) | 312.61 | $Ni(C_4H_7N_2O_2)_2$(丁二酮肟镍) | 288.91 |
| $MgNH_4PO_4 \cdot 6H_2O$ | 245.11 | | |
| $MgO$ | 40.30 | $PbO$ | 223.2 |
| $Mg_2P_2O_7$ | 222.55 | $PbO_2$ | 239.2 |
| $MgSO_4 \cdot 7H_2O$ | 246.47 | $Pb(C_2H_3O_2)_2 \cdot 3H_2O$ | 379.3 |

| 化学式 | $M/(g/mol)$ | 化学式 | $M/(g/mol)$ |
|---|---|---|---|
| $PbCrO_4$ | 323.2 | $SnO$ | 134.69 |
| $PbCl_2$ | 278.1 | $SnO_2$ | 150.69 |
| $Pb(NO_3)_2$ | 331.2 | | |
| $PbS$ | 239.3 | $SrCO_3$ | 147.63 |
| $PbSO_4$ | 303.3 | $Sr(NO_3)_2$ | 211.63 |
| | | $SrSO_4$ | 183.68 |
| $SO_2$ | 64.06 | | |
| $SO_3$ | 80.06 | $TiCl_3$ | 154.24 |
| $SO_4$ | 96.06 | $TiO_2$ | 79.88 |
| $SiF_4$ | 104.08 | $ZnHg(SCN)_4$ | 498.28 |
| $SiO_2$ | 60.08 | $ZnNH_4PO_4$ | 178.39 |
| | | $ZnS$ | 97.44 |
| $SnCl_2 \cdot 2H_2O$ | 225.63 | $ZnSO_4$ | 161.44 |
| $SnCl_4$ | 260.50 | | |

# 附录三
# 常用一般溶液的配制

## 一、常用缓冲溶液

| 缓冲溶液组成 | $pK_a$ | 缓冲溶液 pH | 缓冲溶液配制方法 |
|---|---|---|---|
| 氨基乙酸-HCl | $2.35(pK_{a_1})$ | 2.3 | 取氨基乙酸 150g 溶于 500mL 水中后,加浓 HCl 80mL,再用水稀释至 1L |
| $H_3PO_4$-柠檬酸盐 | | 2.5 | 取 $Na_2HPO_4 \cdot 12H_2O$ 113g 溶于 200mL 水中,加柠檬酸 387g,溶解,过滤后,稀释至 1L |
| 一氯乙酸-NaOH | 2.86 | 2.8 | 取 200g 一氯乙酸溶于 200mL 水中,加 NaOH 40g,溶解后,稀释至 1L |
| 邻苯二甲酸氢钾-HCl | $2.95(pK_{a_1})$ | 2.9 | 取 500g 邻苯二甲酸氢钾溶于 500mL 水中,加浓 HCl 80mL,稀释至 1L |
| 甲酸-NaOH | 3.76 | 3.7 | 取 95g 甲酸和 NaOH 40g 于 500mL 水中,溶解,稀释至 1L |
| $NH_4Ac$-HAc | | 4.5 | 取 $NH_4Ac$ 77g 溶于 200mL 水中,加冰醋酸 59mL,稀释至 1L |
| NaAc-HAc | 4.74 | 4.7 | 取无水 NaAc 83g 溶于水中,加冰醋酸 60mL,稀释至 1L |
| $NH_4Ac$-HAc | | 5.0 | 取 $NH_4Ac$ 250g 溶于水中,加冰醋酸 25mL,稀释至 1L |
| 六亚甲基四胺-HCl | 5.15 | 5.4 | 取六亚甲基四胺 40g 溶于 200mL 水中,加浓 HCl 10mL,稀释至 1L |
| $NH_4Ac$-HAc | | 6.0 | 取 $NH_4Ac$ 600g 溶于水中,加冰醋酸 20mL,稀释至 1L |
| $NaAc$-$Na_2HPO_4$ | | 8.0 | 取无水 NaAc 50g 和 $Na_2HPO_4 \cdot 12H_2O$ 50g,溶于水中,稀释至 1L |
| Tris-HCl[三羟甲基氨基甲烷 $H_2NC(HOCH_3)_3$] | 8.21 | 8.2 | 取 25g Tris 试剂溶于水中,加浓 HCl 8mL,稀释至 1L |

| 缓冲溶液组成 | p$K_a$ | 缓冲溶液 pH | 缓冲溶液配制方法 |
|---|---|---|---|
| $NH_3$-$NH_4Cl$ | 9.26 | 9.2 | 取 $NH_4Cl$ 54g 溶于水中,加浓氨水 63mL,稀释至 1L |
| $NH_3$-$NH_4Cl$ | 9.26 | 9.5 | 取 $NH_4Cl$ 54g 溶于水中,加浓氨水 126mL,稀释至 1L |
| $NH_3$-$NH_4Cl$ | 9.29 | 10.0 | 取 $NH_4Cl$ 54g 溶于水中,加浓氨水 350mL,稀释至 1L |

注:1. 缓冲液配制后可用 pH 试纸检查。如 pH 不对,可用共轭酸或碱调节。pH 欲调节精确时,可用 pH 计调节。

2. 若需增加或减少缓冲液的缓冲容量时,可相应增加或减少共轭酸碱对的物质的量,然后按上述调节。

# 二、常用指示剂

## 1. 酸碱指示剂

| 名称 | 变色范围(pH) | 颜色变化 | 溶液配制方法 |
|---|---|---|---|
| 甲基紫 | 0.13~0.50(第一次变色) | 黄色~绿色 | |
| | 1.0~1.5(第二次变色) | 绿色~蓝色 | 0.5g/L 水溶液 |
| | 2.0~3.0(第三次变色) | 蓝色~紫色 | |
| 百里酚蓝 | 1.2~2.8(第一次变色) | 红色~黄色 | 1g/L 乙醇溶液 |
| 甲酚红 | 0.12~1.8(第一次变色) | 红色~黄色 | 1g/L 乙醇溶液 |
| 甲基黄 | 2.9~4.0 | 红色~黄色 | 1g/L 乙醇溶液 |
| 甲基橙 | 3.1~4.4 | 红色~黄色 | 1g/L 水溶液 |
| 溴酚蓝 | 3.0~4.6 | 黄色~紫色 | 0.4g/L 乙醇溶液 |
| 刚果红 | 3.0~5.2 | 蓝紫色~红色 | 1g/L 水溶液 |
| 溴甲酚绿 | 3.8~5.4 | 黄色~蓝色 | 1g/L 乙醇溶液 |
| 甲基红 | 4.4~6.2 | 红色~黄色 | 1g/L 乙醇溶液 |
| 溴酚红 | 5.0~6.8 | 黄色~红色 | 1g/L 乙醇溶液 |
| 溴甲酚紫 | 5.2~6.8 | 黄色~紫色 | 1g/L 乙醇溶液 |
| 溴百里酚蓝 | 6.0~7.6 | 黄色~蓝色 | 1g/L 乙醇[50%(体积分数)]溶液 |
| 中性红 | 6.8~8.0 | 红色~亮黄色 | 1g/L 乙醇溶液 |
| 酚红 | 6.4~8.2 | 黄色~红色 | 1g/L 乙醇溶液 |
| 甲酚红 | 7.0~8.8(第二次变色) | 黄色~紫红色 | 1g/L 乙醇溶液 |
| 百里酚蓝 | 8.0~9.6(第二次变色) | 黄色~蓝色 | 1g/L 乙醇溶液 |
| 酚酞 | 8.2~10.0 | 无色~红色 | 10g/L 乙醇溶液 |
| 百里酚酞 | 9.4~10.6 | 无色~蓝色 | 1g/L 乙醇溶液 |

## 2. 酸碱混合指示剂

| 名称 | 变色点 pH | 颜色 | | 配制方法 | 备注 |
|---|---|---|---|---|---|
| | | 酸色 | 碱色 | | |
| 甲基橙-靛蓝(二磺酸) | 4.1 | 紫色 | 绿色 | 1 份 1g/L 甲基橙水溶液<br>1 份 2.5g/L 靛蓝(二磺酸)水溶液 | |
| 溴百里酚绿-甲基橙 | 4.3 | 黄色 | 蓝绿色 | 1 份 1g/L 溴百里酚绿钠盐水溶液<br>1 份 2g/L 甲基橙水溶液 | pH=3.5 黄色<br>pH=4.05 绿黄色<br>pH=4.3 浅绿色 |

| 名称 | 变色点 pH | 颜色 | | 配制方法 | 备注 |
|------|-----------|------|------|----------|------|
| | | 酸色 | 碱色 | | |
| 溴甲酚绿-甲基红 | 5.1 | 酒红色 | 绿色 | 3 份 1g/L 溴甲酚绿乙醇溶液<br>1 份 2g/L 甲基红乙醇溶液 | |
| 甲基红-亚甲基蓝 | 5.4 | 红紫色 | 绿色 | 2 份 1g/L 甲基红乙醇溶液<br>1 份 1g/L 亚甲基蓝乙醇溶液 | pH=5.2 红紫色<br>pH=5.4 暗蓝色<br>pH=5.6 绿色 |
| 溴甲酚绿-氯酚红 | 6.1 | 黄绿色 | 蓝紫色 | 1 份 1g/L 溴甲酚绿钠盐水溶液<br>1 份 1g/L 氯酚红钠盐水溶液 | pH=5.8 蓝色<br>pH=6.2 蓝紫色 |
| 溴甲酚紫-溴百里酚蓝 | 6.7 | 黄色 | 蓝紫色 | 1 份 1g/L 溴甲酚紫钠盐水溶液<br>1 份 1g/L 溴百里酚蓝钠盐水溶液 | |
| 中性红-亚甲基蓝 | 7.0 | 紫蓝色 | 绿色 | 1 份 1g/L 中性红乙醇溶液<br>1 份 1g/L 亚甲基蓝乙醇溶液 | pH=7.0 蓝紫色 |
| 溴百里酚蓝-酚红 | 7.5 | 黄色 | 紫色 | 1 份 1g/L 溴百里酚蓝钠盐水溶液<br>1 份 1g/L 酚红钠盐水溶液 | pH=7.2 暗绿色<br>pH=7.4 淡紫色<br>pH=7.6 深紫色 |
| 甲酚红-百里酚蓝 | 8.3 | 黄色 | 紫色 | 1 份 1g/L 甲酚红钠盐水溶液<br>3 份 1g/L 百里酚蓝钠盐水溶液 | pH=8.2 玫瑰色<br>pH=8.4 紫色 |
| 百里酚蓝-酚酞 | 9.0 | 黄色 | 紫色 | 1 份 1g/L 百里酚蓝乙醇溶液<br>3 份 1g/L 酚酞乙醇溶液 | |
| 酚酞-百里酚酞 | 9.9 | 无色 | 紫色 | 1 份 1g/L 酚酞乙醇溶液<br>1 份 1g/L 百里酚酞乙醇溶液 | pH=9.6 玫瑰色<br>pH=10 紫色 |

## 3. 金属离子指示剂

| 名称 | 颜色 | | 配制方法 |
|------|------|------|----------|
| | 化合物 | 游离态 | |
| 铬黑 T(EBT) | 红色 | 蓝色 | 1. 称取 0.50g 铬黑 T 和 2.0g 盐酸羟胺,溶于乙醇,用乙醇稀释至 100mL。使用前制备<br>2. 将 1.0g 铬黑 T 与 100.0g NaCl 研细,混匀 |
| 二甲酚橙(XO) | 红色 | 黄色 | 2g/L 水溶液(去离子水) |
| 钙指示剂 | 酒红色 | 蓝色 | 0.50g 钙指示剂与 100.0g NaCl 研细,混匀 |
| 紫脲酸铵 | 黄色 | 紫色 | 1.0g 紫脲酸铵与 200.0g NaCl 研细,混匀 |
| K-B 指示剂 | 红色 | 蓝色 | 0.50g 酸性铬蓝 K 加 1.250g 萘酚绿,再加 25.0g $K_2SO_4$ 研细,混匀 |
| 磺基水杨酸 | 红色 | 无色 | 10g/L 水溶液 |
| PAN | 红色 | 黄色 | 2g/L 乙醇溶液 |
| CuPAN<br>(CuY-r-PAN) | Cu-PAN<br>红色 | CuY-PAN<br>浅绿色 | 0.05mol/L $Cu^{2+}$ 溶液 10mL,加 pH=5~6 的 HAC 缓冲溶液 5mL,1 滴 PAN 指示剂,加热至 60℃ 左右,用 EDTA 滴至绿色,得到约 0.025mol/L 的 CuY 溶液。使用时取 2~3mL 于试液中,再加数滴 PAN 溶液 |

### 4. 氧化还原指示剂

| 名称 | 变色点 | 颜色 | | 配制方法 |
|---|---|---|---|---|
| | $V$ | 氧化态 | 还原态 | |
| 二苯胺 | 0.76 | 紫色 | 无色 | 1g 二苯胺在搅拌下溶于 100mL 浓硫酸中 |
| 二苯胺磺酸钠 | 0.85 | 紫色 | 无色 | 5g/L 水溶液 |
| 邻二氮菲-Fe(Ⅱ) | 1.06 | 淡蓝色 | 红色 | 0.5g $FeSO_4 \cdot 7H_2O$ 溶于 100mL 水中,加 2 滴硫酸,再加 0.5g 邻二氮菲 |
| 邻苯氨基苯甲酸 | 1.08 | 紫红色 | 无色 | 0.2g 邻苯氨基苯甲酸,加热溶解在 100mL 0.2% $Na_2CO_3$ 溶液中,必要时过滤 |
| 硝基邻二氮菲-Fe(Ⅱ) | 1.25 | 淡蓝色 | 紫红色 | 1.7g 硝基邻二氮菲溶于 100mL 0.025mol/L $Fe^{2+}$ 溶液中 |
| 淀粉 | | | | 1g 可溶性淀粉加少许水调成糊状,在搅拌下注入 100mL 沸水中,微沸 2min,放置,取上层清液使用(若要保持稳定,可在研磨淀粉时加 1mg $HgI_2$) |

### 5. 沉淀滴定法指示剂

| 名称 | 颜色变化 | | 配制方法 |
|---|---|---|---|
| 铬酸钾 | 黄色 | 砖红色 | 5g $K_2CrO_4$ 溶于水,稀释至 100mL |
| 硫酸铁铵 | 无色 | 血红色 | 40g $NH_4Fe(SO_4)_2 \cdot 12H_2O$ 溶于水,加几滴硫酸,用水稀释至 100mL |
| 荧光黄 | 绿色荧光 | 玫瑰红色 | 0.5g 荧光黄溶于乙醇,用乙醇稀释至 100mL |
| 二氯荧光黄 | 绿色荧光 | 玫瑰红色 | 0.1g 二氯荧光黄溶于乙醇,用乙醇稀释至 100mL |
| 曙红 | 黄色 | 玫瑰红色 | 0.5g 曙红钠盐溶于水,稀释至 100mL |

# 附录四
# 实验室管理制度

 **实验室安全管理制度**

一、所有药品、标样、溶液都应有标签，绝对不要在容器内装入与标签不相符的药品。

二、禁止使用实验室的器皿盛装食物，也不要用茶杯、食具盛装药品，更不要用烧杯等当茶具使用。

三、浓酸、烧碱具有强烈的腐蚀性，切勿溅到皮肤和衣服上，使用浓硝酸、盐酸、硫酸、高氯酸、氨水时，均应在通风橱或在通风情况下操作，如不小心溅到皮肤或眼内，应立即用水冲洗，然后用5％碳酸氢钠溶液（酸腐蚀时采用）或5％硼酸溶液（碱腐蚀时采用）冲洗，最后用水冲洗。

四、易燃溶剂加热时，必须在水浴或沙浴中进行，避免使用明火。切忌将热电炉放入实验柜中，以免发生火灾。

五、装过强腐蚀性、可燃性、有毒或易爆物品的器皿，应由操作者亲手洗净。空试剂瓶要统一处理，不可乱扔，以免发生意外事故。

六、移动、开启大瓶液体药品时，不能将瓶直接放在水泥地板上，最好用橡皮布或草垫垫好，若为石膏包封的可用水泡软后开启，严禁用锤砸、打，以防破裂。

七、取下正在沸腾的溶液时，应用瓶夹先轻摇动以后取下，以免溅出伤人。

八、将玻璃棒、玻璃管、温度计等插入或拔出胶塞、胶布时应垫有棉布，两手都要靠近塞子或用甘油甚至水，这些都可以将玻璃导管很容易插入或拔出塞孔中，切不可强行插入或拔出，以免折断刺伤人。

九、开启高压气瓶时应缓慢，并不得将出口对人。

十、使用易燃易爆物品的实验，要严禁烟火，不准吸烟或动用明火，易燃易爆物品的储存必须符合安全存放要求。使用酒精喷灯时，应先将气孔调小，再点燃。酒精不能加的太多，用后应及时熄灭酒精灯。

十一、严禁用湿手去开启电闸和电器开关，凡漏电仪器不要使用，以免触电。

十二、消防器材要放在明显位置，严禁将消防器材移作别用。

十三、发生事故，必须按规定及时上报有关部门，重大事故要立即抢救，保护好现场。

十四、保持实验室环境整洁，走道畅通，设备器材摆放整齐。实验室用的所有仪器，都应严格遵守操作规程，仪器使用完毕后拔出插头，将仪器各部旋钮恢复到原位。

十五、下班时，整理好器材、工具和各种资料，切断电源，关好门窗和水龙头。

 ## 仪器使用管理制度

一、实验室仪器安放合理，贵重仪器由专人保管，建立仪器档案，并备有操作方法、保养、维修、说明书及使用登记本。

二、各仪器做到经常维护、保养和检查，精密仪器不得随意移动，若有损坏不得私自拆动，应及时报告通知相关人员，经系里同意后送仪器维修部门。

三、实验室所使用的仪器、容器应符合标准要求，保证准确可靠，凡计量器具须经计量部门检定合格后方能使用。

四、易被潮湿空气、酸液或碱液等侵蚀而生锈的仪器，用后应及时擦洗干净，放通风干燥处保存。

五、易老化变黏的橡胶制品应防止受热、光照或与有机溶剂接触，用后应洗净置于带盖容器或塑料袋中存放。

六、各种仪器设备（冰箱、温箱除外），使用完毕后要立即切断电源，旋钮复原归位，待仔细检查后方可离开。

七、一切仪器设备未经系里同意，不得外借，使用的按登记本内容进行登记。

八、仪器设备应保持清洁，一般应有仪器套罩。

九、使用仪器时，应严格按操作规程进行，对违反操作规程和因保管不善致使仪器、器械损坏，要追究当事人责任。

 ## 药品管理制度

一、依据本实验实训室教学和培训任务，由实验实训室负责人制订各种药品、试剂采购计划，写清品名、单位、数量、纯度、包装规格等。

二、各药品应建立账目，专人管理，定期做出消耗表，并清点剩余药品。

三、药品试剂应分类陈列整齐，放置有序、避光、防潮、通风干燥，标签完整，剧毒药品加锁存放，易燃、易挥发、腐蚀品种单独储存。

四、剧毒药品应锁至保险柜，配置的钥匙由两人同时管理，两个人同时开柜才能取出药品。

五、称取药品试剂应按操作规程进行，用后盖好，必要时可封口或用黑纸包裹，不得使用过期或变质药品。

六、购买试剂由使用人和部门负责人签字，任何人无权私自出借或馈送药品试剂，外单位互借时需经部门负责人签字。

 ## 学生实验守则

一、学生必须按规定的时间到实验室上实验课，不得迟到、早退、旷课。

二、进入实验室必须遵守实验室的一切规章制度，应保持安静，不准吸烟，不准随地吐痰，不准乱扔纸屑、杂物。

三、学生应听从指导教师的指导，不准动用与本次实验无关的仪器、设备和室内其他设施。

四、学生实验前要做好预习，认真阅读实验指导书，复习有关基础理论并接受教师提问检查。

五、一切准备工作就绪后，必须经指导教师同意，方可动用仪器设备进行实验。

六、实验中要仔细观察，认真地记录各种实验数据和现象，不得马虎从事，不允许抄袭其他组的数据，不得擅自离开工作岗位。

七、实验中要注意安全，使用仪器设备要遵守操作规程，注意节约水、电、煤气和其他消耗材料。

八、实验过程中出现事故时要保持镇静，迅速采取措施（包括切断电源等），防止事故扩大，并注意保护现场，及时向指导教师报告。

九、实验后，须将使用的仪器、设备交还指导教师检查，并清扫实验场地，经教师同意后，方可离开实验室。

十、凡损坏仪器、设备、器皿、工具者，应主动说明原因并接受检查，填写报废单或书写损坏情况报告，根据具体情节进行处理。

十一、凡因违反操作规程或擅自动用其他仪器、设备造成损坏者，由事故人做书面检查，视其情节轻重赔偿部分或全部损失。

# 参考文献

**教材**

[1]  初玉霞.化学实验技术［M］.北京：高等教育出版社，2006.

[2]  姜洪文.化工分析[M].北京：化学工业出版社，2007.

[3]  王桂芝.化学分析检验技术[M].北京：化学工业出版社，2015.

[4]  王秀萍.实用分析化验工读本[M].北京：化学工业出版社，2011.

[5]  刘珍.化验员读本[M].4版.北京：化学工业出版社，2004.

[6]  凌昌都.化学检验工（中级）[M].2版.北京：机械工业出版社，2014.

**引用标准**

[1]  GB/T 4472—2011.化工产品密度、相对密度的测定.

[2]  GB/T 617—2006.化学试剂熔点范围测定通用方法.

[3]  GB/T 6682—2008.分析实验室用水规格和试验方法.

[4]  JJG 196—2006.国家计量检定规程（常用玻璃量器检定规程）.

[5]  GB/T 261—2008.闪点的测定　宾斯基-马丁闭口杯法.

[6]  GB/T 3536—2008.石油产品闪点和燃点的测定　克利夫兰开口杯法.

[7]  GB/T 601—2016.化学试剂标准滴定溶液的制备.

[8]  GB/T 603—2002.化学试剂　试验方法中所用制剂及制品的制备.

[9]  GB/T 3535—2006.石油产品倾点测定法.

[10]  SH/T 0248—2019.柴油和民用取暖油冷滤点测定法.

[11]  GB/T 616—2006.化学试剂沸点测定通用方法.

[12]  GB/T 6679—2003.固体化工产品采样通则.

[13]  GB/T 6680—2003.液体化工产品采样通则.

[14]  GB/T 8170—2008.数值修约规则与极限数值的表示和判定.

[15]  GB/T 8929—2006.原油水含量的测定　蒸馏法.

**网络资源**

[1]  化验员培训网（www.hy1234.com）.

[2]  中国化工信息网（http://www.cheminfo.cn）.

[3]  国家标准网（http://www.Biao Zhunb.com）.

[4]  学院精品课程网（http://jpk.jvcit.edu.cn:8001/yjhg）.